光尘
LUXOPUS

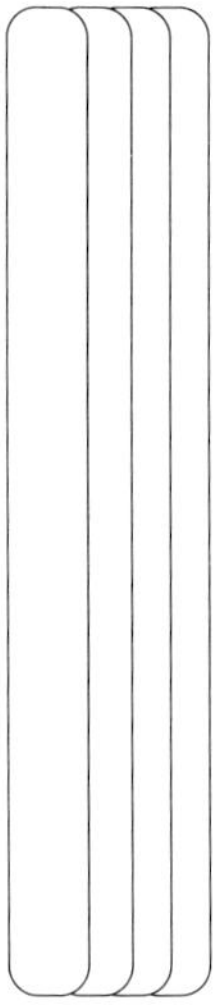

LA JALOUSIE
UNE PASSION INAVOUABLE

Giulia Sissa

嫉妒：一桩不可告人的心事

[法] 茱莉娅·西萨 著　郑园园 译

生活·讀書·新知 三联书店　生活書店出版有限公司

图书在版编目（CIP）数据

嫉妒：一桩不可告人的心事 /（法）茱莉娅·西萨著；郑园园译．— 北京：生活书店出版有限公司，2022.2
ISBN 978-7-80768-368-1

Ⅰ．①嫉… Ⅱ．①茱… ②郑… Ⅲ．①嫉妒－通俗读物 Ⅳ．①B842.6-49

中国版本图书馆 CIP 数据核字（2022）第 006320 号

策划编辑 李　娟
执行策划 邓佩佩
责任编辑 程丽仙
特约编辑 袁晓芳
出版统筹 慕云五　马海宽
封面设计 潘振宇
版式设计 申亚文化
封面插画 罗可一
责任印制 孙　明
出版发行 **生活書店**出版有限公司
（北京市东城区美术馆东街22号）
图　　字 01-2016-2769
邮　　编 100010
印　　刷 北京中科印刷有限公司
版　　次 2022年2月北京第2版
2022年2月北京第1次印刷
开　　本 880毫米×1230毫米　1/32　印张11.125
字　　数 267千字
印　　数 00,001-10,000册
定　　价 58.00元
（印装查询：010-69590320；邮购查询：15718872634）

序言　我非常生气

爱情，时而让人冲上幸福的云霄，时而让人跌落到痛苦的深渊。而使人从狂喜激荡到悲痛、从信任摆渡到焦虑、从从容掉到绝望谷底的，往往正是——嫉妒。

它是多疑而悲伤的幽灵，是残酷而卑微的激情，是埋在心底的羞耻感的表露，是毫无价值却无法避免的感受；它是饥饿、贪婪、害怕缺乏的动物所表现出来的担忧；它是一种症状，暴露低下的自我价值感，同时显出对手的优越；它是焦虑，往往会加速嫉妒者所担忧的不幸结局的到来；它是那么卑下的激情，以至于人们总想隐藏它；它是骄傲的白痴，脆弱的爱情，毒蝎的心肠，荒谬的小资；它是教育带来的偏见，被日复一日的习惯强化；它是病理性幻想症；它是出轨倾向的投射；它是从同性恋倾向转化而来的偏执；它是无法勃起的男根，自恋的危机，自我憎恨，觊觎，不安全感与自卑。

指责如潮水涌动，蔑视如鞭笞袭来，嘲笑如水柱喷射。我们不会因嫉妒而自豪。“我们在承认自己有过嫉妒时会感到羞耻，”拉罗什富科（La Rochefoucauld）在他著名的《道德箴言录》里说，“而我们又以有过这种羞耻和有能力经历这种羞耻为傲。”[1]

他道出了一切，是那么精准。

我们当中有谁能拍着胸脯发誓，一生当中绝对没有体验过这种羞愧呢？我自己第一个举手承认自己嫉妒过，那让人颤抖。当爱情变得扑朔迷离，共同生活的愿景如沙被风吹散，嫉妒便吸附在内心深处，让你极其无力。而承认它，就是在已经极其脆弱的情绪上，再加上羞辱的重量。就在承认的这一刻，交织着所有习惯、所有共同时刻的关系网，不管是已知的还是未察觉的，彻底地瓦解了。所有日常相互性的表现，此刻突然定格了。尽管我们都非常清楚，爱情稍纵即逝，难以长相厮守，但我们还是忍不住慌乱不堪。谎言动摇了信任。我们越震惊，就越痛苦。此后，不管是物质条件、社会境况或工作环境怎么变化，都无法改变这个事实：再也回

1　F. de La Rochefoucauld,《Maximes》(édition de 1678), 472, in *Œuvres complètes*, édition établie par L. Martin-Chauffier, revue et augmentée par J. Marchand, Gallimard,《Bibliothèque de la Pléiade》, 1964, p. 465.

不到从前了，我们心知肚明。永远不再一样。一切化为乌有，而羞耻，还屹立在这废墟之上。

我曾体验过这种羞耻。在焦虑的最深处，我的感受是不公平。凭什么被背叛的那个女受害者（众多女受害者中的一个）要忍受这双重的折磨？在寻求慰藉的路上，她会转向哲学或心理治疗，但作为承认自己嫉妒的人，总是不受待见。现有的对于嫉妒的言论，千篇一律。社会学、伦理哲学、政治理论和医学理论的大佬们，一致邀请人们给嫉妒做出负面的评价。不可避免地，我们躲着它，以它为耻，竭力否认它。我嫉妒？绝不！

而我，曾试图向这愚蠢的观念挑战。我不仅要光明正大地谈论，绝不刻意弱化或美化我的嫉妒，还要按着它本来的样子接受它——不加委婉地修饰，不自我压抑，不媚俗地禁欲[1]。我要从历史的角度来解读这情绪。在我们的爱情经历中，到底发生了什么，使我们学会把明明是让人受折磨的情绪，当作是一种耻辱呢？维护情欲尊严（dignité érotique），一直以来都是不合宜的吗？如今，不再有决斗，名誉杀人被取消，通奸不再天理难容，各种引诱可以堂而皇之登上台面，

1 sans stoïcismekitsch，媚俗，kitsch出自米兰 · 昆德拉的《生命中不能承受之轻》。现在学界比较多音译为“刻奇”，简单来说，意思为自媚、迎合自己。媚俗的禁欲主义简单来说是指为了表明自己很高的道德水准，可以克制痛苦而不嫉妒。作者在第四章中会更详细地解释。——译者注

欲望不再被压抑，得以随意四处流窜：所有这些都无与伦比，是社会文明前进的明证。可是，在这些洒脱而多重的欢愉中，唯独容不下嫉妒的人，尤其容不下嫉妒的女人。过往对性的责难，如今转移到了爱情上。爱情是两人间互相归属的期待，是独一无二的。爱情是欲望中的欲望。爱情就是嫉妒——但如今我们不再被允许说出口。

嫉妒是一种不可言说的激情。

走进嫉妒的历史，我们不难发现：过去人们不是这样看待嫉妒的，只是现在变成了这样而已。因此我斗胆接续孟德斯鸠本想完成的工作：写一部关于嫉妒的历史[1]。由此，我发现一件奇怪的事。形形色色的道德家认为嫉妒的特性就是羞耻，仔细想想，这样的羞耻不过回应了众多沉重的压抑文化，还是一种被迫的回应。我们觉得羞耻，是因为人们让我们觉得这样是丢脸的。我们害怕给人留下不好的印象，是因为人们总告诫我们要维持好的形象。我们担心变得可笑，是因为人们嘲笑我

1　C.-L. de Secondat, baron de Montesquieu,《Sur la jalousie》, *in Œuvres complètes*, texte présenté et annoté par R. Callois, Gallimard,《Bibliothèque de la Pléiade》, vol. 1, 1949, pp.1066-1076. “我原本打算写一部名为《嫉妒的历史》，后来我改了名字：《关于嫉妒的一些思考》。” 关于《波斯人信札》提及的嫉妒与那个著名宫廷之间的关系，详见C. Martin,《Une “histoire de la jalousie” ? Différence des sexes et différence des mœurs dans les *Lettres persanes*》, *in* C. Martin (éd.), *Les Lettres persanes de Montesquieu*, Presses de l’université Paris-Sorbonne,《Vif》, 2013, pp. 185-209.

们。我们掩饰自己，是因为我们无力承受尖酸刻薄的指指点点、居高临下的建议和不怀好意的窃笑。羞愧是一种社会性的激情。

我们越来越明白所有情绪微妙的文化性，嫉妒也一样，值得深思。而我，远不是第一个对嫉妒感兴趣的人。它囊括了非常丰富、久远的哲学和文学含义。若我们逆着时间洪流回到路易十四时期，根据拉罗什富科给我们所提供的一整套卓越、简练的诠释，从当时的视角来看这个悸动，我们将会发现，它与其他情绪有着极大的区别。比起那些我们很愿意自夸的精神状态——例如勇气、竞争等，嫉妒则非常不同，它是尴尬、困窘的源头，因此，我们更愿意把它隐藏起来。“我们承认自己有过嫉妒时感到羞耻。”他写道。困难的是，承认它，还取决于社会知觉。拉罗什富科对此非常清楚：“人们对羞愧和嫉妒感到非常痛苦的原因是虚荣心忍受不了它们。”[1]司汤达与他遥相呼应地补充道：“让人看出心里有一个极大的欲望没有被满足，不仅是允许别人看低你——这在法国，甚至对于社会最底层的人都是不可能的——还是任凭别人尽可能取笑你。[2]”虚荣心是法国全

1 F. de La Rochefoucauld,《Maximes》(édition de 1678), 446, *Œuvres complètes, op. cit.*, p. 461.

2 Stendhal (1819), *De l'amour*, Gallimard,《Folio》, 1980, p. 149.

国性的情绪。如此一来，自尊心就横在了爱情前面。

而嫉妒与其他同样不那么体面的情绪，例如觊觎，都不相同，嫉妒使人变得碎嘴，尤其在自己的回忆和假设里。“而我们又以有过这种羞耻和有能力经历这种羞耻为傲。”嫉妒作为现在时是不被允许的，可在过去时和条件式下居然是被称赞的，甚至是光荣的。它既是令人羞耻的，又令人心生敬意；既是卑贱的，又可以充满英雄主义色彩；既是失败的耻辱，又可理解为爆发的荣誉感。嫉妒的人们，对于嫉妒的感受随时间推移而改变，最明显的就是他们谈论它的方式。当下无法说出口的话，拉开一段时间后，就变得可被称颂。这正是嫉妒矛盾的地方。让我们循着历史的踪迹，花时间好好来思考思考这矛盾吧！

嫉妒可以代表着某种胜利。曾经，对所有那些自我尊重的人来说，尤其对于女人而言，必须向背叛爱情的人有所表示。无论背叛已经坐实或仍在猜疑中，被背叛者的处境古今一致——期待被另一个人唯一爱着的愿望落空了、彻底失败了，然而，情绪的定位、在思想里的成形方式和其语言表达形式都是不同的。在过去，嫉妒是一种情欲的愤怒。嫉妒所代表的，是伤痛、崩溃、被遗弃，但同时人们有着承认它的自由和大声宣告出来的勇气。当它被表达出来，混合着面对它的痛苦、复仇的快乐和旁观者的同情。这就是在古希腊时的情形。

古时，嫉妒的女人因愤怒而大放异彩。那时，愤怒是公认的崇高而尊贵的激情，配得上女神、战士、皇后的称号。我们得摘掉我们的“有色眼镜”重新读那些经典，才能发现这件事。法国精神分析家雅克·拉康（Jacques Lacan）在1960年的《讲座》中邀请我们如此行事。他补充道：在古希腊，女人“有一个角色，尽管这角色对现在的我们而言已遮上了面纱，却正是她们在爱情中最重要、最完整的角色——主动的角色，就是这么简单。古代女性与现代女性最大的不同，在于古代女性非常在意她们所应得的，并可以为此攻击男性”。[1]他说这话的时候，非常有可能指向了某一个女人，她为了一个曾经是她全部的男人，抛开面具、破坏一切。她就是美狄亚[2]。

我们随着美狄亚来到古希腊。在这里，我们会发现人们关于情感的思考很丰富，对表达痛苦、承认痛苦给予极高的评价。自我麻痹是愚蠢的、懦弱的，只有奴隶才这么做，亚里士多德这样说道。拒绝被人毁谤的人知道怎样在合适的时间，按照合适的方式生气。这样，在

1 J. Lacan (1991), *Le Séminaire,* livre VIII*: Le Transfert*, Seuil, 2001, pp. 44–45.

2 J.-A. Miller,《Des semblants dans la relation entre les sexes》, *La Cause freudienne*,1997, 36, pp. 7–15.

美狄亚还未愤怒至极地杀害自己的幼子之前，所有人都站在这个被嘲弄的妻子这边。直等到斯多葛学派的出现，她的情绪才被诠释成恐怖、残暴、不可原谅的。塞内卡（Sénèque）描述的美狄亚残暴到了极点：忽而暴怒，忽而狂喜，如蛇蝎般狠毒、阴冷，仿佛全身流着黏液，令人作呕。这部悲剧仿佛就是这个失意哲学家的讽刺漫画。到了17世纪，皮埃尔·高乃依（Pierre Corneille）在法国的戏剧舞台上给我们展现了一个邪恶却能博取基督徒观众同情的美狄亚。她曾被压制得那么厉害，以至于观众可以理解她所发的是义愤，而很容易地就站在了她这边。她的丈夫伊阿宋（Jason）却麻木不仁、漫不经心地嘲笑她。高乃依并非是那个对美狄亚盖棺定论的人，只是他诠释出一种全新的情绪感受，让人们不再理解情欲的愤怒。

在现代，嫉妒又完全变成另外一件事。对现代人而言，嫉妒更多意味着与竞争对手的角力。嫉妒应该表达出来的愤怒面目全非，而唯一的情感所属成为“对一个有感知能力、思考能力、自主能力及自由的对象的所有权”[1]。自此，嫉妒成为一场血脉偾张的对抗，这场斗争所引起的无意识的暴怒，只不过是滥用怒气的外在表达

1　D. Diderot (1772),《Supplément au voyage de Bougainville》, in *Œuvres*, Robert Laffont,1994, t. 2, p. 572.

形式，并不能真的解决什么问题。“高尚的情人们都害怕把嫉妒说出来。”[1]在启蒙运动幸福的光环中，哲学家们变本加厉地指责嫉妒这件事，而我们都是这些思想的继承者。伊曼努尔·康德（Emanuel Kant）提出一个我们现在非常熟悉却荒谬的观点：所有的情欲关系不过是器官和性能力的互相使用。显然，在这里，他把人转化成了物件来谈论。欲望对象不过是一个对象—物品（Objet chose）——它正准备好被使用、致力于交换、可在市场上买到、可被拥有和占有。而性对象的观念正是我们无法忍受嫉妒的先决条件。

马克思主义著作在分析妇女受压迫的根源时，把占有一位女性和私有财产的所有权进行类比，让-保罗·萨特反对这种观点[2]，西蒙娜·波伏娃则使其成为女权主义思想的主要观点。女性的“客体化”成为众人接受的标准概念。从此之后，对资产阶级的仇恨让嫉妒成为众矢之的，人们谴责资产阶级把爱情当成是一场房产交易。这些正是勒泰尔侯爵夫人的言论：“不管在宫廷还是在城里，我们都不嫉妒，嫉妒只不过是可笑的资产

---

1 D. Diderot,《Jalousie》, *in Encyclopédie ou Dictionnaire raisonné des sciences, des arts et des métiers*, Briasson, David, Le Breton, Durand, 1751-1780, t. 8, p. 439 (cité dorénavant *Encyclopédie*).

2 J.-P. Sartre, *L'Être et le Néant*, Gallimard, 1943, p. 407: “人们如此经常地用来解释爱情的‘占有’这个概念事实上不可能是最根本的。如果恰巧只是他人使我存在，为什么我想把他人划归己有呢？”

阶级情怀。”她如此打趣道，此时为1752年[1]。在同一时期，梅黛侯爵夫人写信给凡尔蒙子爵，提及她的情人将与一位年轻女性结婚。“我非常生气……后来我平静下来，复仇的希望使我的灵魂恢复平静。”[2]《危险关系》的开头这样写道，而它的作者拉克洛也承认“嫉妒因爱情和美貌而诞生”[3]。孟德斯鸠男爵这样反省：“在爱情中，人们总是希望付出能与收获持平，这是所有利益中最个人化的一种。因此人们开始比较、算计，虚荣心开始作祟，让人永远无法满足。”[4]贵族最明白如何在不忠诚和嫉妒之间游刃有余；资本家这种想象力丰富的病人，却被嫉妒压得喘不过气来。而我们，则深受其影响。会赚钱和敛财的男人，理应为自己购买女人。我们混淆了占有

---

1 C. Pinot Duclos, *Mémoires pour servir à l'histoire des mœurs au XVIIIe siècle*, Londres, 1752, p. 38. 在一次愉快的对话中，这位非常有魅力的人物和一个情窦初开的年轻男人谈及爱情。她说：“有一些相对比较通情达理、文明开化和自命不凡的资本家，这些人不会嫉妒。”回忆录最终的结局为有情人终成眷属。勒泰尔侯爵夫人关于嫉妒的言论（是教育带来的偏见，被日复一日的习惯强化；骄傲的白痴；了无价值却无法避免的感受；坏心肠；不堪忍受的暴政和残酷的疯狂）与德尼·狄德罗和让-雅克·卢梭的观点遥相呼应。

2 P. A. F. Choderlos de Laclos (1782),《Les Liaisons dangereuses》, *in Œuvres com-plètes*, texte établi, présenté et annoté par L. Versini, Gallimard,《Bibliothèque de la Pléiade》, 1979, p. 14.

3 P. A. F. Choderlos de Laclos,《Des femmes et de leur éducation》, *in Œuvres complètes*, *op. cit.*, p. 422.

4 C.-L. de Secondat, baron de Montesquieu,《Sur la jalousie》, *in Œuvres complètes*, *op. cit.*, p. 1073.

(possession)和拥有(propriété)[1]。

这是多大的误解啊！我们想要的，不是另外一个人，而是他人的欲望。我们所做的，不过是将他人对象化。爱情是相互性的欲望，正因如此，才让关系里有感恩、感激和情欲尊严(la dignité érotique)存在的空间。从欧里庇得斯到司汤达，萨福到普鲁斯特，奥维德到卡特琳·米勒，文学(连同精神分析学，但与哲学背道而驰)教导我们简单的道理，这些我们在自己的爱情生活里都经历过：在我们欲望依附的对象身上，不管我们的依附是多么有保留、多么短暂，我们总是期待对方偏爱我们。不忠的人也会嫉妒的。多配偶制的婚姻里，无论妻子们嘴上怎么说，实际上她们不得不屈服，且无法要求相互性。现代人崇尚自由恋爱和偶发爱情，却也跌跌撞撞、不停地与脆弱爱情里的变数抗争，被嫉妒折磨着。

对古人而言，嫉妒显示的是需要纠正背叛的错误，在我们这些现代恋人的眼里嫉妒却成了不可言说的失败、犯了政治性错误。不可以嫉妒，就算嫉妒也不可以说出来，更有甚之，连聆听我们的爱人说出嫉妒也是

---

1 J'emprunte l'expression《haine du bourgeois》à F. Furet, *Le Passé d'une illusion. Essai sur l'idée communiste au xxe siècle*, Robert Laffont/Calman-Lévy, 1995. 我从中借用了“资产阶级的仇恨”一词。为了阐释嫉妒是拥有而举出来的例子，我们参考M. Belensky, *The Anxiety of Dispossession. Jealousy in Nineteenth-Century French Culture*, Bucknell Publishing, 2008, pp. 3–5, *et passim*.

个禁忌。总而言之，就政治性来说，嫉妒是政治不正确的。它算是所有情绪里最猥琐的！

今天，在书籍、博客、网页上，嫉妒一致被认为暴露了不安全感、被肯定的需求、二联性精神病[1]（une folie à deux）；心理学的陈词滥调集结了所有关于嫉妒的幻象：不独立的个体、自负、自尊心膨胀——简单来说就是骄傲。心理学家总是一副谴责的口气，总是暗示我们在夸大其词。只要你能够再自信一些、更爱自己一些，如果你小时候没有嫉妒你的妹妹，若你没有父母等各种假设的描述，让你相信只要自己坚不可摧，你就会快乐无忧了！仿佛，这个世界上不存在漂亮迷人的年轻人的诱惑；仿佛，众所周知那是你的丈夫，没人打他的主意，而后者恰巧那么完美，完全忽视性诱惑和别人的崇拜。

嫉妒是正常的。越实际的人，越容易嫉妒。

嫉妒是一个事件。当它到来的时候，你会震惊。大多数情况下，嫉妒是有理由的。它并不像那些批评者所叫嚣的那样，是偏执狂的特征；经历过嫉妒的人知道恋人总是惶恐不安，因为他们，尤其是她们，很清楚他人的欲望是流动的。这确是言之有物。在那些容易发生诱

---

1 “二人共享的疯狂”。形容一个有精神病症状的人，将妄想的信念传送到另一个人。同样的症状可传达至三四人，甚至更多。——译者注

惑和不忠（男性特别容易不忠诚）的地方和年代，嫉妒发生的频率比较高，就是这么简单。在古希腊，在奥维德笔下的罗马，在司汤达所描述的欧洲，比如巴黎，简而言之，在整个西方世界，欲望引导着整场爱情游戏。要是由我来决定和谁玩这个游戏，要怎样玩，对我来说就完美了。我自己的不忠诚是清白的；可别人的就无法忍受了。被我逮到机会的情色娱乐无伤大雅；可相反地，我所爱对象（l' objetaimable）的冒险就很可怕了。

爱情赐给我们的智慧，让我们知道自己永远不能完全被理解。现在正是时候，来探索这个智慧的历史了。

目 录

第一章

美狄亚，是我！

Médée, c'est moi !

对于所爱之人在性行为上出轨引起的挫败感、痛苦、羞辱、激动的情绪，以及被背叛后情非所愿地置身于与人竞争的地步——从此无论如何都是失败的地步，古人知道得非常清楚，用非常清楚都不够说明他们的了解程度！这些情绪反应，正是最强烈的叙述动机，只是，要找出适合描述这些情绪的词和对应的内涵，千万不能用我们今天习惯翻译的词——“嫉妒”。其实问题不在于如何翻译，而是如何理解，我们需要沉浸在古希腊、古罗马时期的叙事文体、诗歌、戏剧和关于爱的理论中。在所有这些定义爱、描述爱、分析爱的文字里，我们要识别出爱这一激情中好斗的冲动，更重要的是情感和自恋之间的协调。届时我们将会发现，在古希腊时代，真正的嫉妒，其实就是愤怒。情欲之爱（*éros*，古希腊语）是挑起这场愤怒的主要角色。嫉妒，就是情欲的愤怒。

亚里士多德，一如既往，做出了最好的文化诠释。他对愤怒的定义非常有启发性。愤怒是人在被无理冒犯后的感知，让人痛苦，同时也让人燃起复仇的焰火。这是非常深沉的痛苦，因为受伤的自尊心吞噬着我们，让我们觉得自己被忽视、一无是处；它也是快乐的体验，因为当我们镇静下来，内心又燃起回敬对方的希望。这种情绪很复杂：既被动又主动，既痛苦又愉快，既负面又正面。表面看上去很冲动，事实上你的内心必须经历一连串复杂、悲剧性的思考和自我问答过程。它是合理的情绪，甚至可称为高贵的激情。若说易怒的人夸大了他们的情绪，那么从来不生气的人在亚里士多德的眼中，就该受到严厉的责备，因为从不发怒，表现出来的不是个性的温和，而是奴隶的脾气。古希腊诗歌里那些易怒的人物怒气冲天的场景正是对这个定义的诠释。

史诗巨著《伊利亚特》开篇就描述希腊最英勇的战士阿喀琉斯，因眼睁睁看着国王阿伽门农掳走自己俘虏的一个女人而愤怒的场景。阿喀琉斯怒火冲天。他的天神之怒正是史诗的第一个词，我们甚至可以说，这也是该叙事诗的写作目的。尽管这不是浪漫爱情电视连续剧，却不代表该愤怒的情欲原动力不重要。情欲作为动机当然是光荣的……这是讽刺。阿喀琉斯是战士、贵族和竞争者，他当然无法忍受当众的侮辱，无法抹去这痛苦带来的主观感受。尽管年轻的布里塞伊斯并非他宠爱的情妇，当他提及她时，也不是用儿女情长的言辞，且并未觉得她完美，但这不表明她无关紧要。阿喀琉斯愤怒了，因为他爱这个年轻女人。他说，她是他心爱的伴侣。他真心热爱（*philein*，古希腊语）她，用他的怒心[1]（*thumos*，古希腊语）爱她。他的怒心，就是他人格的情感组成部分，这里的怒心，也是勇气和怒气的原动力。

《伊利亚特》是最早描述了因爱受挫而情绪大爆发的文本。直到公元5世纪，才慢慢出现一系列雅典悲剧来展现这些情绪微妙的变化。我们可以在舞台上看到得伊阿妮拉，赫拉克勒斯之妻，终于等到丈夫的胜利归来，而后者却带回一个年轻的女囚犯并打算与之有染，苦恼的得伊阿妮拉向丈夫献上了催情药，这药最终让他走上了死亡的不归路。我们可以看到克吕泰涅斯特拉也处在类似的境况中，因长女伊菲革涅亚被献为祭，她出于母亲的本能而对丈夫阿伽门农怨恨不平，因此设下死亡的陷阱在日后杀害了他。而我们最熟悉的，莫过于美狄亚，科尔喀斯神圣的公主，因为心爱的丈夫伊阿宋为了另一个女人离开她而杀害了与他所生的两个孩子。

如拉罗什富科所说，这些女人以大声宣扬她们的情欲尊严为荣，确切地说，情欲尊严表现出来就是愤怒。怒心，烈怒（*cholos*，古希腊语），愤怒（*orgè*，古希腊语），这一系列不同的词表达了人们尊严被践踏之后的愤怒。阿喀琉斯愤怒了，克吕

1　Homère, *Iliade*, 9, pp. 336–342:《*alochon thumaréa...ek thumou philéon*》.

泰涅斯特拉和美狄亚愤怒了。就算侮辱因情欲而起，也丝毫不能改变愤怒这一激情。因爱而产生愤怒，正是古希腊人所定义的“愤怒”本身：遇到冒犯行为之后的感受，所谓冒犯行为，从字面意思上来看，就是那些贬低人、小看人、侮辱人的行为。这里面隐含着不公平，因为人们忽略了对方应该被尊重；这是不合理的，因为正在进行的互通交流突然被停止了。这冒犯让人痛苦，尤其当被冒犯之人内心燃烧着复仇的火焰时。定下复仇的目标后，他仍然痛苦，并且要让别人痛苦。在爱情中如是，在战争中如是。请拿出气冲霄汉的勇气和智慧吧！

如上述这些悲剧中的女性，无法忍受丈夫与情妇或另一位妻子同床共枕取代了她的位置，觉得被羞辱而打算扭转局面。而正是在此过程中，她觉得沮丧、消沉、颓废，却又清醒、有远见，并且有着异常的行动决心。在古希腊，这大致就是烈怒的定义。当男人们毫不迟疑地去享受欢愉，这些女人们的回应就是接受挑衅：从大声宣称这不公平开始。她们说，竟然侵占她们情欲之爱的领地，也就是婚姻伊始，衾枕放置之处，行鱼水之欢的床上，这绝对是不公平的[1]！因为在她们情欲之爱的最深处，期望对方心怀感激。这些女人看上去显得很危险——当然，我们不是要用她们的谋杀行为树立榜样。关于这点，悲剧的合唱所表明的非常清晰：谋杀（不管是蓄意或是过失，杀

---

1 Euripide, *Médée*, p. 265. Je cite d'après Euripide, *Médée*, introduction, traduction et notes de M. Gondicas et P. Judet de la Combe, Les Belles Lettres, 2012.

害不忠的丈夫或无辜的孩子）本身不是件好事。[1]可是，她们没有违背嫉妒本身所禁止的事，即愤怒，嫉妒尤其不会令人沉默。在她们的痛苦中，她们并不觉得羞耻，她们承认自己的嫉妒，并不为此觉得尴尬。她们承受着痛苦，并引以为豪。

美狄亚，或为妒妇之最

在古希腊这个世界里，承认痛苦并不低贱，恰恰是高贵的。正因如此，美狄亚，妒妇之最，承受着痛苦并沉溺其中："因我在极大的折磨中，我的心里满是痛苦。"[2]说出精神上所受的折磨，意味着公布侮辱、屈辱、不公，目的就是为了讨回对方的感激之情，所以需要让人知道对方引起的破坏：首先是身体被蹂躏，双颊消瘦、"容颜异形"[3]；其次是感知变得迟钝，不停喊叫、不修边幅；最后还有喋喋不休详细地解释发生了什么，这人做了什么，好让曾经的旧时光赋予现在这个当下意义。美狄亚哭天喊地："我有祸了！我六神无主！已经无法感受到痛苦！我，正是我，有祸了！怎么死才好？"所有人都听见她的声音（*phonè*，古希腊语），她的喊叫（*boa*，古希腊语），

1 Euripide, *Médée*, pp. 811–816.
2 Ibid., p. 334.
3 Ibid., p. 689.

和她的歌声（*melpein*，古希腊语）[1]。狄俄尼索斯的圣殿中应该回荡着她不断的哀嚎：呜（*io*）！哎哎（*Aiai*）！

美狄亚并不觉得羞耻。尽管她的情绪翻江倒海：害怕、情欲之爱与母性的温柔。在这些情绪中，没有一丝羞耻的踪迹，更没有"不敢言说"的羞耻。所以拉罗什富科在《道德箴言录》里的话，对她没有任何意义。在悲怆的古希腊语中，羞耻（*aischunè*）被定义为由"恶"引起的忧伤。所谓的"恶"就是指一些罪恶、恶行，例如胆怯、谄媚、疏懒、吝啬，所有那些让人失去名誉的事。[2]美狄亚所做的和这里的"恶"没有任何关系。相反地，她所呈现出来的，是一个受害者的无辜，她为自己的痛苦感到自豪。她所说的话引导着整个悲剧的走向，因为她的话让人更加不齿伊阿宋的所作所为。通过她的陈述，让人渐渐意识到伊阿宋行为的严重性：毫无道理，不可原谅，让人十分痛苦，这些就是她要反抗的理由。看看吧，他所做的事给我带来多大的灾难，看看这些后果吧！对于她，美狄亚，除了太爱她的丈夫这一点，人们没什么可指责的。千夫所指的，理当是伊阿宋。她毫无保留地将一切矛头直指伊阿宋。[3]所有

1 Euripide, *Médée*, pp. 96–97, p. 111, pp. 132–133 (*phonè, boa*), pp.144–147, 150 (*melpei*), pp. 204–210.关于沉默和话语的限制，参考了S. Montiglio, *Silence in the Land of Logos*, Princeton University Press, 2000.关于症状的戏剧化表现参考了：B. Holmes, *The Symptom and the Subject: The Emergence of the Physical Body in Ancient Greece*, Princeton University Press, 2010.

2 Aristote, *Rhétorique*, p. 2, p. 6.

3 尤其在作品中心部分的对话：Euripide, *Médée*, *op. cit.*, p. 465 *sq*.

的感受，她都用言语表达出来。所以，没有局促不安的沉默，完全不同于沉默，是她烈怒的爆发。美狄亚抱怨被“错待”，“忍受”了太多太多：伊阿宋背弃了曾经的誓言和承诺，单方面毁“约”；他忘记了她赋予的最大的信任（在当时的习俗里用握手来表示该信任）；还有他的薄情寡义，她为帮助他做了那么多事，而他竟以此相报！总之，伊阿宋有好几重背叛：婚姻的誓言和承诺，她的恩情，感情的相互性。伊阿宋一一毁约、食言。所有这些揭示的不仅是一种恋情的失败，那崩溃还带来社会性的效应：伊阿宋不单是个违约者，更让第三者介入婚姻之床——发生情欲和爱情的最隐私之处[1]，这等于在所有人面前羞辱了美狄亚。[2]他毁了婚姻之床的公平。由此，一个原本关乎感情和性的事件，借由美狄亚的诉苦升华到伦理和社会层面，这样，这件事同时涉及了公平、荣誉和情欲之爱。

用亚里士多德学派的放大镜来看，上述场景正与愤怒的辩证法吻合。孩子们的乳娘向众人解释了美狄亚的愤怒表现出来的文化内涵和悲怆性。美狄亚的痛苦是如此合理、如此容易理解，以至于她可能正在酝酿一个计划，虽然乳娘无法感知计划的细节，但她认为美狄亚能做出让人难以置信的事，一个了不起却令人退避三尺的女人会做的事：“因为她看上去非常

1 Euripide, *Médée*, p. 26, p. 165, p. 265: l'injustice, *adikein*.
2 Ibid., p. 20: le déshonneur, *atimazein*.

吓人……我已经注意到，她看孩子们的眼神就像发了疯一样，似乎打算犯罪。除非她找到人发泄怒气，否则她决不会善罢甘休。”[1]

乳娘所强调的话非常具有诊断性。我们前面说过，愤怒是这样一种情绪：它是人被侮辱时的感受，自尊心因侮辱受到伤害，产生复仇的欲望。更确切地说，愤怒隐含着对实施伤害者的衡量：因为从社会地位和感激之情或报恩的角度来说，这都是被伤害者不应当得到的侮辱。在过去的关系里，现在受害的那一方曾施恩于现在损害自己的人。接受恩惠的人现在竟是用这样的方式来报恩！

美狄亚正是完全处在这样的情况里：对方藐视她、忘恩负义，这带来的主观情绪就是希腊人称为怒心、烈怒、愤怒，也就是愤怒。欧里庇得斯的描述里充满了这些词汇[2]。要知道美狄亚愤怒的情绪是如何发展的，就得参考欧里庇得斯创作的这个神话故事革新版的整个架构。当美狄亚意识到伊阿宋狠狠地羞辱了她，而这羞辱不是她应得的，她在保持着明智和客观性的情况下，容许自己承受痛苦。她陷入几乎毁灭她的痛苦中；可她带着复仇的计划，重新振作起来。起初，她想杀死伊阿宋，毁了他的新家。后来她改变了主意。当伊阿宋假意说，离开她

1 Euripide, *Médée*, p. 44, pp. 92–94.

2 Ibid., p. 121, p. 176, p. 447, p. 615, p. 870, p. 909 (*orgè*), p. 94, p. 98, p. 172, p. 520, p. 590, p. 898 (*cholos*), p. 108, p. 271, p. 1056, p. 1079 (*thumos*).

是为了孩子们的好处时，她决定要杀死孩子们，留下父亲的性命——为了让他痛苦，在他自己所谓脆弱的地方狠狠捅一刀。故事情节、美狄亚的肢体表达和情绪的外在表现，还有其他人物的对白，无一不在重复着：美狄亚愤怒了。

也就是说，美狄亚嫉妒了。其他悲剧人物也会愤怒，例如小埃阿斯、阿喀琉斯或赫库芭，只是美狄亚的烈怒不同。她所表达的是情欲的愤怒，由她口中描述的伊阿宋对他新妻子“强烈的情欲之爱”引起，而她自己呢，对这个男人也充满了情欲之爱，正是这份爱使她为了他，舍弃了她曾拥有的一切[1]。伊阿宋却用他自己对另外一个女人的情欲之爱来报答美狄亚，他用这种方式羞辱了她。这段震憾人心的文字，突显了美狄亚复仇这一行为的女性特征和情欲特征，她如此沉重痛苦的起因和因爱而起的报复之心，跃然纸上。因为她爱得那么深切，才会那么深刻地感到不公平、被羞辱和背叛。所以在这里，应该被论及的，是床的公平，而非城邑的公平；关乎的，是一个妻子的尊严，而非一个战士的尊严；背叛，就是抛弃了婚姻。美狄亚承受的，是特定的痛苦：作为女人，已婚者和爱人的痛苦。她在性上对于“情人”的专一，是现在流泪不止的原因[2]。我们还要说，她的情欲之爱与伊阿宋对他年轻的新妻子“强烈的情欲

1 Euripide, *Médée*, p. 8, p. 152, p. 228 (l'amour de Médée pour Jason), p. 698 (*mégas éros*, l'amour de Jason pour sa nouvelle femme, voir aussi 491).

2 Ibid., pp. 154–159.

之爱”发生了冲撞，这是伊阿宋唯一理解了的事。不论是明里还是“暗里”[1]，她从不反驳这一点。只是，在美狄亚的经历里，有一个焦点，或者说，是她的悲剧开始酝酿出行动的地方，我们要再次重复，那就是婚姻之床，整部作品中到处看得到这个非常有象征意义的物品[2]，婚姻之床，其实就是性的指代。

美狄亚的嫉妒，和任何一个女人嫉妒的一般经历一样。弗

---

1 一些专家驳斥美狄亚的悲剧情欲之爱（éros，古希腊语），这些观点的概述，参考了一本学术文章汇编（D. Stuttard, *Looking at Medea*, Bloomsbury, 2014），这本书一方面充满了英美人所谓的“性嫉妒”（sexual jealousy），另一方面又做了标准的诠释：把美狄亚描述成和其他任何一个女英雄一样。美狄亚另有别的抗争原则，乳娘预先猜想到：与其说是根据性爱的激情，不如说是建立在公平，荣誉和背叛的基础上。伊阿宋指控美狄亚嫉妒，并说她因为性需求而侮辱他，乳娘的言论暗中全部否认了，参考艾恩·鲁菲（Ian Ruffel）的《乳娘的叙述》（“The nurse's tale”）第79页。这是错的。伊阿宋并不承认美狄亚对他有主动的爱，他认为她只是因为爱神的介入而爱他，这样一来，他就可以把在寻找金羊毛的过程中，美狄亚给予的帮助化约到最小。伊阿宋指责美狄亚把一切问题都指向床（性），这样他自己就可以合理地，以爱为理由与另一个女人结婚。通过这些章节，我们可以很清楚看出来伊阿宋在撒谎：他再婚了，而且欣然接受美狄亚带着孩子被流放。他提议给她一些钱以帮助她的流亡生活（459–462页），而且并未反对孩子被流放。孩子反而好像是他的负担，作为他们的父亲，他对他们完全不感兴趣。这就给了美狄亚一个理由，向国王克瑞翁求情，请他暂缓执行流刑（340–344页）。伊阿宋责备美狄亚将一切都归咎于性，而关于他自己的情欲之爱给出的解释却极不可信。美狄亚从不否认她的爱：床，对于女人来说，从来不是件小事。

2 影射“床”的古希腊语如下所示：léchos：489页，555页，568页，571页，697页，1291页；léktra：140页。涉及床的不公平为euné, 265页。古希腊学者中，艾德·桑德斯（Ed Sanders）是少数几个直视美狄亚在情欲上所受的折磨的人之一，他清点了荷马作品和其他悲剧诗歌中指向床的术语出现的次数。他发现，出现频率最高的就是在与《美狄亚》相关的描述中（*Envy and Jelousy in Classical Athens: A Socio-Psychological Approach*, Oxford University Press, 2014, pp. 130–168, notammentp. 132）。桑德斯最终认为美狄亚的嫉妒由复杂的情绪组成，是情欲的激情，也是一种社会性的激情。他的研究是我的榜样。我个人的诠释是独立发展出来的，但很大一部分与桑德斯的观点吻合。我的立场更加激进，因为我认为愤怒不是“嫉妒复杂性”的所有情绪中的一个而已，而是建构美狄亚这个神话以及这个人物最关键的激情。为了反驳现在的一些读者，桑德斯所做的转折具有决定性，长期以来我致力于捍卫他的观点（G. Sissa, *Sexe et sensualité. La culture érotique des Anciens*, Odile Jacob, 2011），在性欲和那些激情的历史中，我们应当正视情欲之爱这个主角。这个转折也让我们接近妮克尔·洛罗（Nicole Loraux）的研究，她一向注重性别与社会之间的相互影响。关于婚姻之床，房屋里最主要的装饰物，也是悲剧女性们存活和自刎的地方，关于这点我们参考了：*Façons tragiques de tuer une femme*, Hachette, 1985. Sur l'entente brisée entre Jason et Médée, on verra: D. Boedecker, 《Euripides' *Medea* and the vanity of *logoi*》, *Classical Philology*, 1991, vol. 86, n°2, p. 95–112.

洛伊德这样描述嫉妒：失去爱情对象的痛苦，自恋的创伤，针对对手的敌意。那么按照他的描述，美狄亚缺乏的仅仅是自省。弗洛伊德确信，事实上，嫉妒的人总是倾向于极度地自我贬低，甚至会觉得爱人出轨是因为自己的错。也就是说，嫉妒的人会认为自己是发生这么不幸的事情的原因。然而，美狄亚的嫉妒，与他定义的嫉妒完全不同。诚然如她所说，自己已被摧毁，例如："我快死了！"[1]始料未及的事发生在她身上，几乎使她的灵魂被毁灭[2]。这些语言非常精辟，正如杰尔姆·诺伊(Jérome Neu)所注意到的，被摧毁的感受，是嫉妒最细微的现象学表征之一（那些同意这观点的，也可以做证经历过同样的感受）；而趋于灭亡的感受，深刻说明了嫉妒引起的痛苦的强度和性质[3]。所以，美狄亚沉浸在空虚中，这绝对不是她的错。她为自己所做的——就是为那个拙劣的男主人公伊阿宋的福祉所做的一切，感到骄傲。

这位古代女性，更符合拉康学派，而非弗洛伊德学派。她攻击男人，夺回自己应得的。我们将会更加仔细地看这个部分。然而现在，让我们先停在这里，解释一下为何古人的情欲的愤怒与现代的嫉妒最有可比性，这两者当然有一定的差异，

---

1 Euripide, *Médée*, p. 704 (*olola*), *op. cit.* Voir pp. 146–147, sur son désir de《se défaire dansla mort》, p. 277:《Hélas! Totalement détruite, misérable, je meurs.》

2 Ibid., pp. 225–226.

3 J. Neu,《Jealous thoughts》et《Jealous afterthoughts》, *in A Tear Is an Intellectual Thing*, Oxford University Press, 2000, p. 41–67 et p. 68–80. Voir aussi M. Chapsal, *La Jalousie*, Gallimard, 1985.

但在同等条件下，是最合适进行比较的。

百分之百的混蛋

美狄亚的言辞不仅是她自己的呐喊，更是对所处情况进行的理智、合理的分析。其他人也同意她的言论。“合唱队，乳娘，信差，还有美狄亚自己，开始分析，关于幸福、美德、女性处境、权威的智者所犯的错误——或者说眼前所发生的一切过于粗暴，为了让孩子们不受这一切影响所做的决定有其缺陷，关于这一切，他们做了全面性、决定性的总结。”[1]美狄亚讲述着，把这一切理论化。她正忍受的是涉及对她荣誉的侮辱[2]。她本来不应得到这样的不公平，却被击中：“伊阿宋对我不公平，我没有做任何对不起他的事。”[3]埃勾斯（Egée），雅典国王，毫不迟疑地支持她到底[4]。“百分之百的混蛋”，缺少男子气概的懦夫、恬不知耻[5]，那个容许自己如此卑鄙无耻的人，正是伊阿宋，他自己也这样承认[6]：这罪恶，正是背叛。哥林多女

---

1 M. Gondicas et P. Judet de la Combe,《Introduction》, *in* Euripide, *Médée*, *op. cit.*, pp. XXIV–XXV.

2 Euripide, *Médée*, *op. cit.*, pp. 695–696.

3 Ibid., p. 692.

4 Ibid., pp. 695–707.

5 Ibid., pp. 465–472.

6 Euripide, *Médée*, p. 695. Voir aussi p. 461.

人的合唱队也非常同意这一点："在我们看来，你背叛了妻子，你所做的极不公平。"她们这样对他说。[1]在美狄亚把自己的孩子们作为目标锁定之前，所有人都还站在她这边。[2]

女人的荣誉是叙述的核心。这些陈述让愤怒的动力清晰起来。既然美狄亚已经想用行动来扭转自己的命运，[3]她就已经没有任何可失去的东西了，甚至是她的荣誉。然而，她正承受着让她心如刀割的羞辱。[4]通过毫不迂回地接受这羞辱，她表现出了给予自己的尊严和对自己完全的尊重。说出我们正在承受的，就是释放情绪。美狄亚清晰、诚实且有尊严，又非常出色地诠释了这一个双重的情绪，即我们前面说过的，既消极又积极、既痛苦又享受、既负面又正面的情绪——古希腊的愤怒：就是遭受侮辱后复仇的欲望。她的嫉妒只有一个名字，就是愤怒——那是战士和国王的激情，对厄运的高贵回应。

从来没有一本书，像欧里庇得斯的《美狄亚》那样清晰地把悲剧里的嫉妒、愤怒和喜剧里的嫉妒区分开来。前者显出洞察力、勇气，简单来说是英雄式的；而后者是笨拙的、不得体的，我们之后会看到，阿里斯托芬的读者和观众们最喜欢对此大肆嘲讽。喜剧告诉我们：嫉妒很主观、令人尴尬、很愚蠢。

1 Euripide, *Médée*, 578 (le chœur reprend a son compte l'idée que Jason a trahi) ; *cf.* 17 (la nourrice), 489, p. 778.

2 Ibid., pp. 811–813: le changement d'avis du chœur, lorsqu'elle annonce l'infanticide.

3 Ibid., pp. 163–165.

4 Ibid., p. 255. Médée a subi une *hubris*.

悲剧的回应却是：嫉妒值得被认真对待，并且，没有人应该拿它开玩笑。

欧里庇得斯称得上是两者间的博弈大师，他甚至揣测出自己笔下人物的悲痛，以及喜剧对此情绪的回应方式。他用美狄亚自己的思想说出来：人们可能会嘲笑她！想到可能成为她的敌人——尤其是那个可憎的竞争对手的笑柄，美狄亚极其痛苦，可她并没有因此陷入瘫痪，这样的想法恰恰使她燃起斗志、决定采取行动[1]。“我是怎么回事呢？”她充满焦虑地自问道，“难道我本该接受嘲笑，而我的敌人却不会受任何惩罚吗？”[2]她再一次说出自己的感受，这完全没有把她吓倒；事实上，正是为了不让人们嘲笑她，她才勇于付诸行动。不复仇，才是真正可笑的。采取复仇的行动，反而让她能够保住英雄式的荣誉[3]。把这一切说出来，让她的情感得到社会性的认同。实际上，所有人都同意她才是悲惨的。

记得我们现在在另外一个世界，公元前5世纪，在雅典(和欧里庇得斯想象出来的哥林多)。美狄亚是太阳神的孙女、蛮族公主、魔法师、巫师，她不是随便的一个普通女人。她当然也不是资本家，我们如此说，并非因为她不是一个“单纯的嫉妒的妻子”——如果此处的“嫉妒”会让人联想起19世纪那

1 Euripide, *Médée*, pp. 381-383, pp. 404-406, p. 797, pp. 1049-1050.

2 Ibid., pp. 1049-1050.

3 Ibid., pp. 807-810 (*kléos*).

些媚俗的描述夫妻生活的油画，仿佛嫉妒是一种非常粗俗的情绪[1]。美狄亚是位女英雄，恰恰因为她是个嫉妒的妻子，此处的嫉妒，在古希腊，与我们现在所定义、所想象的嫉妒不同。当我们在读古典文本的时候，尤其要注意不能误会作者要表达的情绪：不能戴着有色眼镜，要知道对古人来说，嫉妒是对忘恩负义的抗争，是唤醒关系里相互性的手段，也是对尊严的确认。美狄亚就是全然以她的荣誉（*kléos*）、她的名望和胜利的希望之名，愤怒了！这不仅合理，更令人钦佩。

一种高贵的激情

嫉妒的伦理特性会让我们大致觉得，嫉妒是粗鲁的、危险的、前现代的。复仇的时代已经过去了，在当今社会，我们有权利和自由在任何时候去爱任何一个我们想爱的人。就算是意大利，也在1981年取消了荣誉犯罪[2]。然而，在我们愤愤不平之前，先来仔细看看亚里士多德如何谈论愤怒吧[3]：

“不管复仇行动的暴力强度如何，真正算数的，是社会和

1 F. Dupont,《*Médée*》*de Sénèque ou Comment sortir de l'humanité*, Belin, 2000, p. 5.
2 L. Lipperini, M. Murgia, *L'ho uccisa perché l'amavo. Falso!*, Laterza, 2013, p. 22.
3 关于这段详细的评论，我们将参考 P. Aubenque,《Sur la définition aristotélicienne de la colère》, *Revue philosophique de la France et de l'étranger*, 1957, vol.147, pp. 300-317. 然而，我并不认为冒犯必须是“公开的”才能被定义为冒犯。对于因被冒犯而生气的人来说，冒犯是“不容置疑的”。

情感的辩证：我期待被尊重。为了持守我的地位，也因着我过去所做的，我这样期待。因着我曾为别人的好处着想，我有权要求感激、感恩。可我没有得到这应得的回报，收获的只是藐视。人们忽视我、诋毁我心里看重的，取笑我，那么我就不能袖手旁观、苦苦干等着。侮辱就是挑衅，它违背了一个人当尽的义务。我必须反抗：这和我的荣誉挂钩[1]。”亚里士多德如是说，这就是为什么人们歌颂那些不过分发怒的人，因为他们能够控制情绪，明白如何按着缘由合乎情理（*dei*）地发怒。他们的性情是平静的。因为他们倾向于原谅，我们可能会以为他们对羞辱无感。但事实正相反，他们并非无感，发怒是他们的美德，只是他们发怒是有条件的：有正当理由，向着那些与之发怒是合理的人，寻找最合适的时机，在一段恰当的时间长度内[2]。那些随意发怒的人，很显然无法满足这些条件。

> 那些有生气的理由却不发怒的人，还有那些对着一些人应该生气却不发怒的人，或是在该生气的时候不发怒的人，在我们看来就是傻瓜（*elithioi*，古希腊语）。事实上，这些人好像感受不到任何东西（*ouk aisthanesthai*，古希腊语），甚至感受不到痛苦（*ou lupeisthai*，古希腊语）。一个从不生气的人，是不懂得自卫的人，而可以忍受流言毁谤或者不在

1 Aristote, *Rhétorique*, 2, 2.
2 Aristote, *Éthique à Nicomaque*, 4, 5, pp. 3–4.

意亲近的人（即被对待的方式），应该被当作奴隶来对待[1]。

一个擅长管理愤怒情绪的人，是行为举止得体的人。然而，要“合乎情理”地发怒非常不容易，因为要做一系列小决定：为什么生气，向谁发怒，什么时候愤怒，怒气可以持续多久。在暴怒和冷漠之间，要找出一个居中的位置，这样的愤怒才是美德。只是，我们经常过激或不及。如果说真的要选择，我们宁愿偏向于过激，因为那样可称之为“有魄力、有能力的诉求[2]”。相反地，从不发怒，是愚蠢且可耻的，那样的人“只配被我们称为人脚边的宠物（*andrapododès*，古希腊语）”，也就是奴隶。

最纯粹的勇气，就是在追寻“高尚”——美善（*to kalon*，古希腊语）的过程中，勇于冒风险，敢于超越惧怕。那些愿意为拯救祖国而不惜牺牲自己性命的战士，就是最好的代表。然而，这目标清晰、决心满满的勇气，需要情绪动力（*l'énergie passionnelle*），也就是怒心的助益。“勇敢的人以高尚为由做出行动，其实是怒心在帮助他们[3]。”亚里士多德说，情绪动力引

1 Aristote, *Éthique à Nicomaque*, 4, 5, pp. 5–6.

2 Ibid., 4, 5, pp. 13–14.

3 Ibid., 3, 8, p. 11; voir aussi 3, 11, 1116b 26:《Il n'y a rien de tel que la colère pournous pousser à affronter le danger.》*Thumos* est responsable du courage des animaux (*Histoire des animaux*, 9, 1). Sur *thumos*, dans son rapport à la colère et à l'affectionentre proches, on verra E. Belfiore,《Tragédie, *thumos* et plaisir esthétique》, *Les Étudesphilosophiques*, 67, 2003, pp. 451–465.

发的勇气是所有勇气中最天然的，再加上以崇高为理由的决心，就完美了。那些单单因为怒气上头就发泄情绪，而不是深思熟虑之后再动怒的人，他们其实是好斗、暴躁的，并不是真的有勇气。可是，亚里士多德这样总结："这两者间有相似之处[1]。"一方面，根据亚里士多德对勇气的定义：为了冒险追求美善而做的深思熟虑的决定，他这么定义显然意味着这种英雄式的行动要求一种协同合作（synergie）——从其字面上来解读就是怒心与勇气的合作。为了达到美善，做出美善的行为，我们需要有冲劲。另一方面，纯粹而单纯的勇气，却仍是一阵情绪，因此脾气暴躁的人仍然和勇敢的人有相通的"地方"。正是如此，在政治领域，刺杀暴君的人，就是凭着这股愤怒行动的[2]。

不要像一个奴隶一样，对痛苦和尊严毫无感觉，任凭别人羞辱却无动于衷；要做个有价值、有气魄的人：感受勇气这种激情，它在政治领域是卓越的美德！带着温和的情感，完全"合乎情理"地体认这个激情，是内在的美德，也就是宽厚；这激情表现出来就是愤怒，是在伦理层面和心理层面如此复杂的愤怒。

1 Aristote, *Éthique à Nicomaque*, 3, 8, pp. 10-12 (*paraplèsion d'échousi ti*). Voir aussi *Éthique à Eudème*, 3, 1, 1229a 25; *Rhétorique*, 1, 9, 1367a 19; 1, 12, 1372b 31.

2 Aristote, *Politique*, 5, 8, pp. 8-13:"谋反有时直接威胁君主的人身安全，有时目的则在于倾覆其权位。由凌辱所激发的叛乱往往要剥夺君主的生命。凌辱的种类有多少种，它所造成的感受也就有多少种不同的特征。大多数情况下，谋反的愤怒一般不是因谋反者有什么政治野心，而只是志在复仇……人们常常因个人所受到的错待引起的愤怒而发动革命。行政官员、皇室成员甚至都曾弑君，或至少参与过倾覆其权位的叛变，就是为了回应愤怒这种感受。"

亚里士多德不是黑格尔，可我们看到这里勾勒出了一个辩证的画面：一场为了认知而进行的抗争。试图修复自己的荣誉，意味着清楚自己所失去的。对亚里士多德而言："愤怒促使我采取行动，但是，在真正做出修复的动作之前，首先我必须明白我被冒犯了，我能够意识到冒犯本身。所有的事情开始于：好像我被侮辱了，这个感受让我痛苦。侮辱（*oligoria*，古希腊语）向我现身（*phainoménè*，古希腊语）；我必须按照它出现的样子承认它。我所经历的难以忍受的感觉使我有复仇的欲望，我这样想的时候，开始感到快乐。我要夺回主动的地位。"

经历愤怒这一激情有双重的感受：痛苦和快乐。最不应该做的，就是好像什么都没有发生，这是一种奇怪的自我麻痹和痛觉缺失，非常愚蠢，比奴颜婢膝还糟糕。"如果我当作什么都没发生，这让我丧失行动的能力。所以我自己需要采取行动对付践踏我尊严的事，捍卫关系的相互性。我需要指出对方冒犯了我。痛苦是愤怒动力（la dynamique colérique）的推手。"[1]在亚里士多德学派的伦理学范畴里，痛苦正是最重要的。对他们而言，情绪分为两种：痛苦的和愉快的。戏剧的价值，不管是悲剧还是喜剧，取决于痛苦和快乐的经历。戏剧中的情感净化（catharsis），疏导了让人煎熬的感情。幸福是人类生活的目标，通常情况下，要获得幸福，需要愉悦的感觉，懂得在该享受的事上获得快乐。

---

1 关于引发愤怒的痛苦的重要性，参考了 C. Viano,《Le paradigme des passions》, *Journal of Ancient Philosophy*, 2014, vol 8, n°1, pp. 1-19.

由此可见，这个情感伦理要求一个被冒犯的人有承受痛苦的勇气，只有意识到自己的痛苦，也就是说要与之共存，容许它，表达它，才算是预备好了进行有力的反击。反击是必需的，理解了这一点，首先就得采取措施对付内心的恐惧，而不是自己说服自己（这没什么，是我的想象吧，是我太夸张了，这会过去的，这太可笑了，没用的，这显得太小资了，等等）；接着，承受那种幻灭的感受，直到最后一刻。然后，在合适的时间、合适的地点，反击吧！

这就是为什么，愤怒是一种层次极高、风险极大的情绪，也是一种高贵的激情。

喜剧里的嫉妒：热心过度

在我们来到古希腊这片土地时，必须清晰地意识到一件事：通常，语言史学家在这片土地上探险时总是小心翼翼，尽可能找出合适的翻译。我们可以跟随着他们的脚步，但是，请稍候片刻，先来查看一下这种方法可能把我们引向何处。

事实上，法语中“嫉妒”这个词从古希腊语的“热诚”（*zélos*）派生而来，后者含有竞争、对抗的意思。这层意思，在法语和其他现代语言中，则用“热心”（zèle）这个词传承下来。嫉妒就是犯了热心过度的错误，或者说热心过度就是嫉妒的标识。我们当然可以在词源学的游戏里娱乐一下，但这些词语的关联性并不能帮助我们更深刻地认识这种情绪。语言本身不是字典，只有对这些字的定义才能帮助我们明白它们之间的区别。所以此时我们需要绕道而行，求助于元语言[1]（métalgngage）。让我们再次打开古希腊语化的大百科全书：亚里士多德的著作。

亚里士多德是第一个对情绪进行系统分类的人，该分类记载在他的《修辞学》里。嫉妒（*zélos*）作为特殊的情感被归类在令人不快的痛苦（*pathèmata*）里。嫉妒是一种不快的感觉，当我们看到别人和我们不相上下，却享有让我们觊觎且自认为能够得到却没得到的东西时的感觉。然后我们就会尝试得到同样的东西[2]。亚里士多德用两种相近的情绪把它们与“热心”（zèle）区别开来：愤怒（*némésis*）是说看到别人的成功而我们认为他们不配得到这些时的痛苦[3]；觊觎（*phthonos*），是在与我们相似（*homoios*，古希腊语）却比我们拥有更多财富的人面前所承受的痛苦[4]。也就是，愤怒的人会在毫无道理的不公平面前抗争：“就他？真是太骇人听闻了！”觊觎之人在困扰他的优越感前面自怜：“就他？为什么不是我？”“热心”暗含着

1　元语言是指讨论或研究语言本身时所使用的语言或符号。在逻辑和语言学里，元语言是用来对其他语言的句子形成另一个句子的语言。——译者注

2　Aristote, *Rhétorique*, 2, 11.

3　Ibid., 2, 9.

4　Ibid., 2, 10.

挑衅的意味："就他？那我也可以！"所有这些在别人快乐时体会到的不快，和物质财富有关，更与象征性的东西相关，如权力、名望、荣誉、友情。然而，亚里士多德完全没有用这两个词影射情欲。我们要看看这是为什么。

古希腊语组合词"*zèlotupia*"使嫉妒多了一层意思：情人之间强烈、排他、竞争的爱慕，也就是说，他们被嫉妒震惊了。"*Zèlotupia*"第一次出现，是在喜剧里面，阿里斯托芬在他的《财神》里第一次用到了这个词。一位老妇人被一个穷困潦倒的年轻人假装出来对她的爱迷瞎了眼，看不出后者别有动机。当年轻人不再需要钱时，就弃她而去。老妇人极其震惊，喧嚷着：他是爱我的啊！证据就是，当她去密斯特尔时，年轻人还威胁那些斗胆盯着她看的人呢。"他疯狂地嫉妒着！"[1]柏拉图在《会饮篇》中有一段奇异的对话，这段爱的颂词里，重新使用*zèlotupia*这个词的动词形态*zèlotupein*，苏格拉底和他的朋友们，包括阿里斯托芬自己，都在诗人阿加顿家参与了这场对话。在交谈快要结束时，克雷尼亚斯的儿子亚西比德，一个漂亮的年轻人，喝得烂醉如泥、步履蹒跚地来敲门。苏格拉底对他很熟识，后者甚至说爱上了苏格拉底，然而，却总是疯狂地嘲笑他。苏格拉底叙述道：自从这个年轻人爱上他，就表现出了强烈的占有欲——每次只要苏格拉底看一眼其他年轻人，

1 Aristophane, *La Richesse*, pp. 1014–1016.

跟他说话，亚西比德就表现出“*zèlotupia*”[1]和觊觎，对苏格拉底破口大骂，就差没有动手打他了！简单来说，亚西比德疯了[2]！

阿里斯托芬造了这个词，柏拉图借以用来回应他，甚至在这样一个诗人明显在场的对话里。就场景看，合成词*zèlotupia*让我们看到的是喜剧幻想出来的嫉妒。这是一种可笑的激情。年轻男人假装自己爱上老妇人，另一个年轻人则完全没有搞清楚苏格拉底情欲之爱的观念。很明显，两个例子中，*zèlotupein*不过是愚蠢的、虚荣的。我们仿佛在看滑稽歌舞剧剧场中最喜欢展现的那些被戴绿帽的角色的搞笑表演。他们的情感是愚蠢的，他们的苦恼是无益的，他们的威胁更不值得一提。从*zèlotupos*这个字出现直到后来的使用，都持续保留了嘲讽的特征[3]。在戏剧之外，这个词流露出来的口气，则断定爱情中必然

1 为了不与*zélos*混淆，下文中会继续使用*zèlotupia*这个词而不进行翻译，因为按照作者这一段当中所讲的，*zèlotupia*比*zélos*多一层意思，不能简单翻译为我们现在语言环境下所熟悉的嫉妒，也不是前文中所说美狄亚的情欲的愤怒和嫉妒。——译者注

2 Platon, *Le Banquet*, 213d. J. Gregory et S. B. Levin,《*Philosophia aphthonos* (Plato, *Symposium* 210d)》, *The Classical Quarterly*, 1998, n.s., vol. 48, n°2, pp. 404–410.

3 伊莱恩·范瑟姆（Elaine Fantham）在他所发表的一篇宝贵的文章里总结了这个合成词在古希腊语和拉丁语中的演变历史：《ΖΗΛΟΤΥΠΙΑ: A brief excursion into sex, violence, and literary history》, *Phoenix*, 1986, vol. 40, n°1, pp. 45–57. Fantham avance l'hypothèse qu'Aristophanepuisse avoir inventé le mot, mais finalement la rejette (p. 47)。她概括了埃斯基涅斯使用该词的频率，特别在他的演讲《驳提马尔科斯》中使用该词的次数。该演讲充斥着对提马尔科斯自己与他的情人们：皮塔拉科斯（Pittalakos）、埃热桑德罗斯（Hégésandros）和密斯高拉斯（Misgolas）之间的性伦理的蔑视。描述皮塔拉科斯嫉妒时用的是*zèlotupei*这个词（卷一，章五十八）。直到在米南德（Ménandre，前342年－前291年，古希腊剧作家，被认为是古希腊新喜剧的代表）的新喜剧和滑稽剧中，才再一次出现表达*zèlotupos*特征的代表性人物，而且这些人物通常在充满恶意的环境中出现。我们可以在D. Konstan, *The Emotions of the Ancient Greeks: Studies in Aristotle and Classical Literature*, University of Toronto Press, 2006, 中找到对该词的研究和它的出现频率，但最完整的研究和概括，还是d'Ed Sanders, *Envy and Jelousy in Classical Athens. A Socio-Psychological Approach*, *op. cit.*, pp. 130–168.

有依恋过度、不得体、不合意的特性。举两个例子，地理学家斯特拉波曾描述女神勒托与宙斯结合，在奥提伽岛（Ortygia）生下阿尔忒弥斯和阿波罗。宙斯在奥林帕斯山的妻子赫拉则不停地带着*zèlotupôs*查探她[1]。弗拉维奥·约瑟夫斯（Flavius Josèphe）则把大希律王对他第二个妻子米利暗一世过于狂热、灾难性的激情定义为*zèlotupos*[2]。

普拉塔克（Plutarque）在他的作品《给夫妻的忠告》里建议妻子不要为丈夫在性行为上的小差错愤愤不平，却把底比斯王后伊诺因丈夫出轨的行为而崩溃的状态总结为既*zèlotupia*又*mania*，也就是既嫉妒又疯狂[3]。失去爱的时候，大体总是这样，没有别的，只有痛苦！

这几个古希腊语在拉丁语中直接根据字母对译成了*zelotypia*和*zelotypus*。这两个字给许多讽刺文学体裁带来了极大的财富：比如喜剧、讽刺诗、小说。不要掉入那些装作嫉妒的荡妇的陷阱里！尤维纳利斯（Juvénal）在一篇抨击爱和女人的讽刺诗里这样警告他的读者[4]："小心你的恋人们或那些假装是你情妇的人啊！这些女人佯装抱怨、痛苦呻吟，其实不过是为了掩饰她们自己的不忠诚罢了。"在《讽世录》这部展示古罗马放荡糜烂夜生活的叙事文本中，佩特罗尼乌斯（Pétrone）所

1 Strabon, *Géographie*, 14, 1, 20.
2 Flavius Joseph, 1, 22, 3.
3 Plutarque, *Œuvres morales*, 276d.
4 Juvénal, *Satires*, 6, 278. Voir 5, 45: *zelotypus Iarbas*; 8, pp. 196–197: *zelotypus Thymeles*.

做的，不过是嘲讽其中爱的誓言和因爱而生的痛苦[1]。

因此我们可以发现，这几个词无法表达出爱情受挫或被背叛时所受的痛苦，我们不能拿痛苦开玩笑。当我们严肃地对待痛苦时，不管这痛苦是自己的还是他人的，嫉妒就完全变成另外一件事。在悲剧的舞台上，美狄亚以情欲之爱深深恋慕丈夫，他却背叛了她，因此美狄亚彻底崩溃。为了让他付出抛弃她的代价，她甚至不惜亲手杀害了自己的孩子；这个女人的嫉妒，绝对不可以用*zèlotupia*表达的色彩来描述，不管是欧里庇得斯还是塞内卡都没有用这个词所表达的情绪来描述她。在古罗马时期，那些哀歌诗人和描述爱的艺术的诗人，论及爱时当然常讨论嫉妒，但他们从来不用*zelotypia*。在悲剧里，也是同样。当人们要表达比较高雅的风格时，尤其当人们停止嘲笑别人的爱情时，我们会选择用另外一些词，于是也就看见了不一样的风景。

根据这些文本和语境简单的定位，我们不得不做出相对负面的结论。也就是说，在古希腊语里，没有一个特别的专用词完全符合我们今天的“嫉妒”——特别是“爱情中的嫉妒”所指出的语义场域[2]。我们可以确定，对古人而言真正重要的，是

1 Pétrone, *Satyricon*, 45, 7; 69, 3.

2 M. Pizzacaro, *Il triangolo amoroso. La nozione di《gelosia》nella cultura e nella lingua greca arcaica*, Levante, 1994. 皮扎卡洛特别小心留意着词汇学通常应该注意的事项，与此同时，他分析了有第三者介入的爱人或配偶之间的互动关系。在这个主题上，他的研究从长远来看，非常实用。

一个以荣誉和权利而非性为中心的概念网[1]。我们可以用“前嫉妒”[2]（avant la jalousie）来概括。我个人并不希望将它的定义只局限于言词，因为这些词语并不互相吻合。古希腊人所认知的嫉妒，和我们今天所定义的并不一样。这与千真万确、毫无疑问的差别非常大，而且我们得重视这种差异。然而，若我们只停留在这里，就是个错误[3]。若我们停留在词语的不和谐中，就无法理解更多的事：首先，我们用语言说出句子、解释，进行引用、比喻，可语言到底是怎么运作的呢？其次，思想如何通过动态

1 吕克·布里松（Luc Brisson）的思考就是朝着这方向,《La notion de *phthonos* chez Platon》, F. Monneyron (éd.), *La Jalousie*, L'Harmattan, 1996, pp. 13–34.

2 D. Konstan,《Before jealousy》, *in* D. Konstan et K. Rutter (éd.), *Envy, Spite and Jealousy: The Rivalrous Emotions in Ancient Greece*, Edinburgh University Press, 2003. Pour une critique de cette approche, on verra le compte rendu de Robert Kaster à D. Konstan, *The Emotions of the Ancient Greeks: Studies in Aristotle and Classical Literature*, University of Toronto Press, 2006, dans *Notre Dame Philosophical Review*, 5 septembre 2006, en ligne. 卡斯特在书中总结：首先，他指出康斯坦只把希腊语学和“现代”定义放在一起对比，这方法过于简化。康斯坦所用的“嫉妒”，是非常普遍意义下的定义，就是《牛津英语词典》中给出的：因猜疑、惧怕或竞争意识而显出的精神状态。他把情爱中的嫉妒定义为：在感情中害怕被取代，或对所爱之人，尤其是妻子、丈夫或情人的忠诚度的不信任。卡斯特认为这些定义不恰当，因为没有涉及尊重、荣誉的向度，只是一味地考虑到“现代而浪漫”的夫妻。接着他问了一个根本性的问题：我们可以那么确定，古人从来没有深入、多方位地思考过并意识到嫉妒时容易失去“善”吗？如果我们扩大现代“嫉妒”的定义，那么我们可能在缩小我们与古人之间的距离。

3 我完全同意d'Ed Sanders (*Envy and Jelousy in Classical Athens: A Socio-Psychological Approach*, *op. cit.*, p. VII)的论点。他写道：“词汇学的研究方法有其价值和意义，但也有局限。首先，觊觎是一种庸俗的情感，论及自己时，人们不会用这个词，而当人们用这个词论及别人时，会用感情色彩改变这个词的内涵。其次，并不存在特别指称性嫉妒的经典标签。”正因如此，为了弥补词汇学研究方法的不足，应该使用不同的方法，全面考虑所处的情境下，对所表达的语义和行为内涵进行解读。一种跨学科、同时注重精神分析和人类学的方法，可以发展出清晰的理论，“取捷径”来理解这些不同种类的情绪。为了全面考虑文化背景，而不仅仅把这些情绪简化、全然当作社会性结构，我们将研究一本经典著作：Jon Elster, *Alchemies of the Mind: Rationality and the Emotions*, Cambridge University Press, 1999. 作者把古人的爱情看作是一种原情感，包含了对一个人强烈的兴趣、与这个人在一起的欲望、失去他可能引起的痛苦和对第三者的嫉妒。现代的爱情观，也“囊括”了这些现象，只是我们更加清晰地意识到这些现象的发生，以至于我们会等待这些现象的出现。我认为小说和古哲学正呈现了全面被了解、高度复杂的爱情。作者能够把嫉妒总结为爱情的元素之一，这个观点非常出色。

的语言领悟复杂的情况，因为在说话的同时，我们不停地定义、再定义一些概念；再则，这些情绪的历史，要如何在现象学的比较表格中呈现它们的演变过程？既然我们只能用语言的复数形态来思考它们的历史，我们必须借用“不可译”（intraduisibles）的概念，但同时，仍然需要尽力去发现如何最贴切地翻译出来[1]。情况是可以被定义的，而定义是可以被翻译的。如果我们最终找到一条路，就是逐字翻译，这样又会让我们快速地陷入错误、困惑的死胡同里。没有字句？就没有物品！然而，逐字翻译，就会扼杀美狄亚的主体丰富性，情欲之爱就从中消失了。

一位杰出的美国历史学家大卫·康斯坦（David Konstan）这样写道，这段恋情一开始，她就失去在原来家庭中的地位，直到最后被流放，美狄亚描述这一切的口气，都在谴责伊阿宋。国王埃勾斯很在意她所遭遇的厄运，只是，“埃勾斯所关心的，包括美狄亚自己，从始至终，都是对于她福祉的威胁，而不是她在爱情中的感受性”[2]。带着对这位专家的敬仰，我仍然希望问我的读者们一个简单的问题：我们真的可以把这些人物所提及的、合唱所唱的，关于情欲之爱、床的不公平、美狄亚的沮丧，尤其是她的愤怒，简化为是因生存所需吗？如果仅

1　此处我暗指Barbara Cassin dans *Vocabulaire européen des philosophies*, Seuil, 2004. 中提出的理论：不可译的概念和可译的概念。

2　D. Konstan,《Before jealousy》, *in* D. Konstan et K. Rutter (éd.), *Envy, Spite and Jealousy, op. cit.*, p. 22:《*Aegeus' concern, like Medea's own, is focused throughout on the threat to her welfare, not her amorous sensibilities.*》

仅为了活下去，她只需打包行李、料理完后事，然后逃到另外一个地方，继续运用她的超能力就好了啊！美狄亚不是神，但她是一个被神化了的人，毕竟，她是个女巫。她是使人返老还童的专家，完全可以泡在返老还童泉里。而且，在雅典时，埃勾斯完全被她伤痛的经历打动了，决定接纳她，她的前途一片光明，不是吗？只是，她仍然承受着巨大的痛苦。为什么？一起来听听她怎么说。

当她向埃勾斯坦言伊阿宋背叛了她时，她称伊阿宋为朋友，埃勾斯非常清楚这里涉及了性关系，所以他问道：在她心里是因“情欲之爱而忧伤，还是对床充满憎恨”[1]？当伊阿宋在孩子们的尸体前惊慌失措地问她：“你为了床，杀害了孩子们？”她毫不迟疑地回答道：“你认为这对一个女人来说是很小的不幸吗？”[2]美狄亚的嫉妒在这些对话中显露无遗。这嫉妒绝不是*zèlotupia*那种喜剧中的嘲讽漫谈。当然是这样，因为我们现在在一出悲剧中。在这里，人们承受痛苦，人们复仇，双手沾满鲜血。这些，是严肃的事。这是情欲的愤怒，这种激情及情绪的外在表现，可以与我们所称为“嫉妒”的情绪比对(而不是完全相同)。但愿我们能够理解美狄亚和情欲之爱，语言学家喜闻乐见的对某一个充满魔力之词（即*zèlotupia*）的崇拜，在这里对我们而言，是无关紧要的。

1 Euripide, *Médée*, *op. cit.*, pp. 696–697.

2 Ibid., pp. 1367–1368.

古罗马时期：美狄亚和她的副本

亚里士多德合理地解释了愤怒，他的解释非常具有前瞻性，完全符合雅典悲剧舞台上发生的事，这些悲剧比他几乎早了一个世纪。欧里庇得斯笔下的美狄亚没有隐藏她所忍受的羞辱，她将她所忍受的痛苦的“现象”面敞露在光中。她高声喊叫出来。她陷入绝望的深渊，却靠着复仇的欲望重新爬上来。欧里庇得斯仿佛预感到了亚里士多德学派解说的愤怒，而亚里士多德好像正是通过虚构舞台，尤其是悲剧舞台的表演来思考关于情绪的理论。诗人和哲学家的思想在此汇聚到了一起。

而在另外一个完全不同的文化环境中，公元1世纪，有一位诗人，同时也是一位哲学家，塞内卡，重新改写了美狄亚的故事。他顺着古希腊前人留下的故事脉络书写，只是他彻底改变了这个角色。塞内卡是古罗马时期斯多葛主义最杰出的代表。作为伦理学家、悲剧作家，他在《美狄亚》里掺入了自己的情绪理论，在他的专著《关于愤怒》（*De Ira*，拉丁语）里阐述了关于情绪，尤其是愤怒的理念。美狄亚的嫉妒和愤怒出现在一个新的语境下：这种激情该被谴责！在这当中，人们不再考虑所有那些可能使人痛苦的情感。有一种情感，斯多葛主义者宁愿称之为*perturbatio*（拉丁语），也就是“干扰”的意思，而非“情绪”。亚里士多德学派邀请我们在情绪平衡、理智、有益的情况下享受情绪，而斯多葛学派则觉得人应该迫使心灵的这些扰乱消失：绝对不可以容忍它们，应该清除、根除、杜绝它们！这个转变非常突兀，然而又很重要，它使伦理学出现了新的、决定性的方向。

人们本来对情绪和品性的看法很温和，但斯多葛主义动摇了这个看法，并借此在我们的知识文化历史上起着举足轻重的作用。斯多葛学派的这个转折，彻底地改变了我们思考情绪的模式，尤其是我们思考愤怒——也就是情欲之嫉妒的方式。如果我们把这个罗马帝国时期的美狄亚放入反亚里士多德伦理的框架里，我们这位虚构的人物，尽管非常残忍，却是有代表性的，并成了这个转折带来的断层的象征。贯穿欧里庇得斯戏剧的观点，与亚里士多德的伦理观念很类似，所以我们把他们放在一起比较。而同样的观点也把哲学思考和塞内卡的戏剧串联起来，因此我们接下来要把《美狄亚》和《关于愤怒》对照着一起读[1]。

复仇是对痛苦的供认

愤怒就是复仇的欲望。正如心灵中其他任何的干扰一样，这欲望带着能量，令人震惊，不可饶恕。事实上，愤怒只是

1 柏拉图和斯多葛主义者关于美狄亚的讨论，我们将参考以下作者的著作：de John Dillon et de Martha Nussbaum dans J. J. Clauss et S. I. Johnston (éd.), *Medea: Essays on Medea in Myth, Literature, Philosophy and Art*, Princeton University Press, 1997.

评估的失误：我们无法自制，是因为我们认同感觉太快，而没有花时间好好思考，并且把影响我们情绪的人事物摆在正确的位置上。“你们想知道情感是怎么出现、壮大、发展的吗？”塞内卡这样问道。他的理论如下：第一个活动是不由自主的（*non voluntarius*，拉丁语），正如领跑者，或可称之为情绪的恐吓者；接着意志被动摇了——人们开始认为复仇是受到侮辱后的义务，或者说，一旦出现伤害，就该有惩罚；再下一刻，人就不再是自己的主人了——他复仇，不是理应如此，而是因为他付上一切代价要这样，他已经失去了理智（*rationemevicit*，拉丁语）。[1]因此，意愿是一种不理性的激情。激情，就是固执的意愿。更准确地说，意愿和情绪会启动，是因为两者达成了一致。[2]

快乐、欲望、痛苦、惧怕，这些建构所有情绪最基本的情感元素，必须由节制、稳定的感觉所代替。务必排除这些强烈的干扰，尤其要特别警惕其中一项，它很特殊，在这些元素中居于首位，那就是痛苦。斯多葛学派的智者可不会轻易被痛苦击败。当他感到痛苦的时候，必须要进行思考、给自己一个理

1 Sénègue, *Deira*, 2, 4.

2 Ibid., 2, 1, pp. 3–5:“毫无疑问，表面上被断定为侮辱的行为，确实会激起愤怒；但愤怒是突然被这表象迷惑的吗？在没有取得自己心灵赞同的情况下就往前冲的吗？或者该问，愤怒需要获得自己内心的认同才开始行动的吗？我们希望能够明白这一点。我们的观点是，没有心灵的认同，愤怒自己断不敢有轻举妄动。因为在稍微感受到冒犯然后产生复仇的欲望，或在我们不应感受到冒犯和应该处罚冒犯者之间思考、定夺，这些都不取决于冲动，冲动出现在我们的意愿之前。意愿很简单，可心灵产生的行动相对复杂且不止由意志这一个因素决定。当我们的心灵感受到侮辱，它需要谴责侮辱我们的人事物，并惩罚之，但如果不是它自己认同外在的东西干扰了它，就什么也不会发生。

由，最后会推导出一个结论：看上去这么灾难性的打击，其实并没有那么严重。忧伤是一种选择，更确切地说，是一个错误。

> 补充一点，愤怒，是为夸大的自我形象所发的怒气，表面上很尊贵，实际上既卑微又狭隘。不管你是谁，只要觉得别人藐视你，就显出你比他低下。一个伟大的人，应当知道自己灵魂的价值，从不复仇，因他感觉不到侮辱；就像箭投在坚硬的物质表面反弹，扎实的一团物质反而让击打它的手疼痛。一个伟大的灵魂，绝不会感受到羞辱，绝不会！因为他比羞辱更强大。能够对所有冒犯和藐视刀枪不入比感受到羞辱而不得不承受更伟大！复仇是对痛苦的供认。而对侮辱屈服，不是一个强大的人应该做的事。伤害你的人比你软弱吗？宽容他吧，更强大吗？为了保全你自己，原谅他吧。[1]

斯多葛主义者坚定不移，从不屈服；刀枪不入，对所有一切均无感受，仿佛穿着铠甲，笔直地站立着，坚决而从容。他者的恶意不能伤害他，因为他不在意侮辱的行为和攻击。冒犯？他完全感受不到，这种真实的自我麻痹，客观上使他真的比别人优越，因为他从不指责别人的伤害；同时主观上也

---

1 Sénègue, *Deira*, 3, 5, 7.

使他确实比别人高尚，因为他只用自己的标准进行自我评判。他自认为高尚，并打算一直持守下去。总之，斯多葛主义中“我”（moi）的概念，无法用辩证法解析，因为辩证法让人分析他者的眼光，并使他为了认知他人的眼光而抗争。对这个刻板、自信的“我”而言，重要的是自我评估和自我认同。能够自我尊重，对“我”来说已经足够了。凭着他的心灵宁静——就是斯多葛智者著名的“无欲无求”（*apatheia*，拉丁语），他可以凌驾于他者之上，当然不会因重整被伤害的自尊而挣扎，仅因在他看来，从来没有羞辱。我再次强调：一个伟大的人“不为了被侮辱而复仇，因为他感受不到”[1]。而这对亚里士多德来说，正是带着奴性的白痴最好的写照。对西格蒙德·弗洛伊德来说，正是被压抑的自我最理想的定义[2]。

弗洛伊德定义的“本我”（moi），会为了自我保护而进行冲动的压抑，而压抑的后果，就是形成另外一些症状，对自己的欲望失去控制，直至意识不到自己的欲望。我们不可能逃离自己，弗洛伊德这样说。斯多葛学派的“我”，为了自我保护，

---

1 Sénègue, *Deira*, “一个伟大的人不为了被侮辱而复仇，因为他感受不到侮辱。”

2 S. Freud (1925), *Psychanalyse et médecine ou la Question de l’analyse profane*, traduction de l’allemand par Marie Bonaparte, revue par l’auteur lui-même, Gallimard, 1950, p. 26: “‘本我’(moi)处理由本能引起的内在伤害，如同处理外在危险一般；‘本我’总是倾向逃避，从‘自我’（ça）的场域抽身，并且在挪走给本能的悸动一切基本的支持之后，让它自生自灭。此时，我们说，‘本我’正压抑（Verdrängung，德语）着本能渴望。这是面对危险即刻的反应，但我们不分青红皂白地混淆了内在伤害和外在危险。我们可以逃离外在危险，却无法逃避我们自己。‘本我’进行压抑的同时，遵循获得快乐的原则，而它平常的功能是调适，所以这时，它必须为此付出代价。代价就是‘本我’因此永远限制了自己的涉猎场域。被压抑的内在渴望现在被隔离了，被自我放逐，永不可触及，也永远不再有影响力。”

强迫自己在情感刚刚冒出一点苗头的时候，就埋葬（*obruere*，拉丁语）、隐藏（*abscondere*，拉丁语）它们，即拒绝这种感性。正如精神分析法一样，斯多葛主义的伦理学表达了这样的观念：主体人在面对一些表现和某些事件的发生时，有机会制造愉快，减少不愉快。这一切只取决于对欲望和憎恶进行筛选的策略性工作。“我”并不拒绝影响其情感的人事物，换句话说，他只是选择性地接受他能承受的，掩埋让他不快的部分。一个神经官能症患者承受着自我压抑的痛苦，只因这种自我压抑是无用的；而斯多葛主义者却可以成功、自豪地建造他们的自我防御机制和坚定的自我满足系统。对弗洛伊德学派的人来说，那可能是神经官能症，而对斯多葛主义者来说，恰恰是培养美德的必经之路。

然而，不是所有人都有能力，为自己建设这样的防御机制。这正是这出戏剧本身要告诉我们的。在塞内卡的观众（或读者）眼中，美狄亚需要表现出：智慧在她身上彻底失败了，这也是斯多葛主义者的期待。塞内卡有双重任务：一是显出亚里士多德的伦理观过于放纵；二是矫正欧里庇得斯戏剧的情感表达过于细腻。美狄亚的任务则是展现出情绪的残酷面：情绪如何在意识层面成形；一旦认同情绪引起的刻板印象，所爆发的力量是多么难以抗拒；痛苦又该怎样为对己对人最有害的糊涂行为负责任。

现在，我是美狄亚！

从任何一个层面上来看，美狄亚都做得太过了：爱太多，欲望太多，尤其是痛苦太多。把她碾碎的暴怒（*furor*，拉丁语），正是斯多葛哲学家竭力避免的。那致命的旋涡，从痛苦（*dolor*，拉丁语）中诞生。“更深的痛苦涌上心头……用愤怒束腰吧！用极致的暴怒，预备你自己做出极端的事吧！”[1]那些听从别人善意哄骗的人，他们的痛苦只是微小的，而你的痛苦，却无边无际[2]。过去她因痛苦而犯下的罪，不过是序曲而已，是小女孩生气时才会做的事！“现在，我是美狄亚！”她大声宣告。她的领悟力在不幸的经历里成长了。[3]为了让自己获得动手的勇气，她同时求助于痛苦和愤怒：“哦，痛苦啊！寻找承受痛苦的猎物吧！在这上面，你可是个行家啊！哦，愤怒啊！你把手伸向何处呢？用什么武器指向你背信弃义的敌人呢？”[4]她仿佛身处狂风暴雨之中，从一个情绪被拖拽到另一个情绪：爱、暴怒、同情、忧伤。“怜悯赶走了愤怒；愤怒又再一次驱逐了怜悯。痛苦啊，向怜悯让步吧[5]！”只是，痛苦当然不会

1 Sénèque, *Médée*, pp. 49–52:《*gravior exsurgat dolor; accingere ira teque in exitium para furore toto!*》Voir aussi pp. 553–557, Médée demande à Jason d'oublier la colère provoquée par sa douleur (c'est un piège).

2 Ibid., p. 155.

3 Ibid., pp. 907–910.

4 Ibid., pp. 914–917.

5 Ibid., pp. 943–944.

让步，最终演变为："哦，愤怒啊！无论你带我去哪儿，我都跟随你！"[1]她用匕首刺死了第一个孩子。紧接着，愤怒终于平息下来，[2]快感淹没了她[3]。她品尝着这一切。而她仍需要最后一息的悲痛，才能进行第二桩谋杀：就算死两个人，都不够补偿我的。[4]"哦，痛苦啊，慢慢享受犯罪的过程吧，不要着急！今天是属于我的！我们有的是时间。"[5]第二个孩子被杀死了。最终，痛苦心满意足："好吧！这一切已经做成了！痛苦啊，我再也没有什么可献给你的了。"[6]

美狄亚在这些情绪扰乱的急剧转变中跌跌撞撞。不过不管如何，首先且最重要的一点，就是她很痛苦。必须强调这一点，痛苦产生负罪感，就是斯多葛学派的签名，是他们的标志。美狄亚解释了原因：痛苦是所有失控的复杂情绪的真正源头。她所忍受的痛苦需要杀戮的献祭，使她伸出了进行谋杀的手，而且是两次伸出了这双手。正是为了满足痛苦的索取，她才会迫不及待地讨它欢心，急切献上它所要求的一切。愤怒所做的，不过是加速使行动完成。愤怒，不过是痛苦达成其目的的一个转折：当痛苦开始启动行动的时候，就是愤怒爆发的时刻。

1 Sénèque, *Médée*, p. 953.
2 Ibid., p. 989.
3 Ibid., pp. 991–992.
4 Ibid., p. 1011.
5 Ibid., pp. 1016–1017.
6 Ibid., pp. 1019–1020.

受苦难的美狄亚（*Medea Dolorosa*）完美地演绎了反斯多葛主义的情绪障碍的乐章。斯多葛学派哲学家对侮辱和伤害无动于衷，美狄亚则不同，她从来没有自我蒙蔽。这些情绪在她身上留下深深的痕迹。她对侮辱非常敏感，忍受着极其沉重的痛苦。与坚不可摧的伟人不同，她清楚意识到自己所应得的，因而承受着令人撕裂的心烦意乱，她所经历的，正是这些。她的复仇，着实正是“对她所承受痛苦的供认”。她完全认同自己的情绪：更准确地说，她供认自己的情绪。让我们暂停在这一点上。

谱写压抑的颂歌

塞内卡在他的论文《关于愤怒》中强调，对于一个斯多葛主义者来说，介入情感体验的关键在于：最初的那个时刻，就是我们预知自己将要感受到的情绪。要么我们接受这个情绪给我们最初的印象，要么我们拒绝。在情感这条船上，我们是掌舵者，前提是必须清晰地分辨出，情绪在我们心灵里成形前最初的那些迹象。[1]最初的时刻是决定性的。如果没有我们自己

1 Sénèque, *De ira*, 3, 10, 2:“在最初、情感刚刚萌芽的时候，出其不意地逮住它是容易的：疾病有自己的征兆；雨、风暴来临之前，有一些前驱性的记号；同样地，愤怒、爱，所有这些困扰我们心灵的风暴，也有一些预兆。”关于愤怒的概述，请参考 R. Bodei, *Ira. La passione furente*, Il Mulino, 2011.

心灵的许可、认同，情绪不可能释放出把它表现出来的冲动。要是我们正在经历爱、欲望、恨或者害怕，那是因为我们已经认同了最初的感知，而这是错误的。我们可以有选择。这位哲学家在文稿里要求我们使用这选择权，不要给愤怒留任何余地！为什么？因为一旦让步，它就会占上风、做出任何可怕的事情。

> 与你自己抗争。如果你想胜过愤怒，它必败无疑。在它还未露出端倪之前，不给它任何存活的机会，那么你就已经开始胜过它了。埋藏它给出的信号，尽可能地把它藏在隐秘之处[1]。

我们需要付出难以想象的努力，因为愤怒这个情绪总要尽其所能地爆发、迸射，并扰乱我们，让我们面目全非。而一旦它显露出来，我们就被它控制了。

> 不管它被隐藏或埋葬于我们心底多么隐秘的角落，它需要被控制，而不是成为我们的主人。我们可以再进一步，不仅要把所谓领跑者的迹象扼杀在摇篮里，甚至可以引导它们走向反面[2]。

1 Sénèque, *De ira*, 3, 12, pp. 7–13, 1.
2 Ibid., 3,13, p. 2.

文稿中这擅于控制的口气，一方面向我们解释了，为什么一切都发生在最初的时刻——就是情绪将失控的预兆刚浮出意识层面时。我们需要学习通过情绪即将失控表达出来的符号（或症状），立马捕捉那些信号。另一方面，塞内卡进一步解释了为何需要紧急处理这些信号，因为只要慢一点点，就来不及了。愤怒是一个外向、有暴露倾向、爱炫耀的冲动，总是找一切机会通过脸色、声音和肢体动作表现自己。愤怒不可能倾向于羞涩、羞愧地隐藏自己，它总要在所有人面前展现自己、大声地宣布自己的存在。在自己之外，别人的面前，它不受控制地涌现出来，投射在人的外表上。正是它在外表躯体上的控制能力，超越我们本身，使我们不受自己控制。所以，要尽一切可能把它掩盖起来，在静默中、在我们的内心里。要埋葬它，隐藏它，使它见不了光、躲在秘密的地方。从字面意义上来说，就是要把它埋葬[1]。这种埋葬被精神分析师认定是通往精神官能症的捷径，对斯多葛主义者来说，则是通往美德的康庄大道。

塞内卡向我们展现了愤怒这个情绪冲动标准的现象学演示：它饶舌、蔚为壮观、极具演示性，简单概括就是：不知羞耻。我们要让它闭嘴、隐藏起来！我们在读这部悲剧的整个过程，都会感受到这强制性的命令口气；这是最具说服力的评

1　Ces mots se trouvent dans les passages cités dans les notes 81 et 82.

论。但这不意味着同一位作者的所有文本都会用此种口气。作为伦理哲学家，塞内卡就认为：愤怒属于戏剧。更进一步说，愤怒的哲学需要在戏剧舞台上的展现。《关于愤怒》让我们看见，愤怒的人像凶残的怪物一样，必须在人眼皮底下被看见[1]。神话里的暴怒者，例如堤厄斯忒斯、大力士赫拉克勒斯和美狄亚，都是这个愤怒哲学的样本人物。所有没有被埋藏在心底深处的愤怒，最终都以非常暴力的形式显现于舞台之上。所以，愤怒是出类拔萃的悲剧情绪。这种聒噪或是这注定被扼杀在沉默中的情绪，在悲剧的舞台上，最终总是在我们的眼前，被供认，从而爆发出来。

美狄亚，野蛮的母老虎

塞内卡推荐处理情绪的方式之一，就是在镜子中凝视自己，观察情绪的外在反应——在脸上、身上的表达。然而，塞内卡自己也不认为这种方式真的有效：首先，塞内卡反驳道，如果我们有能力走向镜子，说明我们已经能够控制自己了。更糟的是，对一个狂怒的人而言，没什么比看到镜子里当时自己

1 Sénèque, *De ira*, 3, 3, 2:“必须用论证加强（愤怒）的丑陋和兽性，必须在人眼皮底下被看见：一个对着别人发烈怒的人会变成怎样的怪物，而他又是怎样冲动而不顾一切地行动，他对人、对己都那么危险。”

发疯的样子更令他享受的了：既疯狂又可怕[1]。都已经发怒了，那时已经不会再担心自己的外在表现。换句话说，那时我们再去看镜子中的自己，已经没有必要了，因为要么那时我们已经可以平静下来了，要么我们会享受那个暴怒的形象。所以我们最好在还能预感情绪即将发作却还未爆发（这是斯多葛学派伦理的关键），也就是在我们头脑还清醒的时候，学习去控制愤怒。把情绪会带出来的肢体效果视觉化，确实有启发性，只是在镜子中看到自己发怒的形象毫无助益，唯有在我们的想象中看到他者失去理智的形象，才能帮助我们。无论如何，这个理论中重要的是，情感的虚构演示有其重要性。

> 反派形象或猛兽出现时总是浑身浸透鲜血，或总是急于奔向饮血之处；诗人们想象的地狱之兽以吐着火焰的毒蛇为腰带，从地狱之口释放出来的黑暗复仇女神吹出战争的气息，在各国之间散播不和、破坏他们缔结的和平……我们也这样刻画愤怒的形象：它有着冒火的双眼；如果有可能，它会发出最阴森恐怖的声音，同时呻吟着、怒吼着，发出嘶嘶声、尖叫声；两手同时晃着长枪，因为它完全不在意自我防守；顽强、血腥，全身布满自己鞭打自己留下的伤疤、瘀青；头脑发昏、失去理智，它跌跌撞撞，一会儿冲向这边、

1 Sénèque, *De ira*, 2, 36, pp. 2–3.

> 一会儿奔往那边，带着对一切，尤其是对自己的憎恶，它蹂躏、追赶一切；就算没有大灾难，它也希望天、地、整个宇宙都毁灭，好把别人带给它的仇恨，回赠于所有一切[1]。

诗人的想象，是最有效传递伦理观的方式。读一首诗或一个戏剧剧本，或是看一场戏剧，可以让你远距离地观看愤怒是如何行动的，这是最有利于思考的方式。这样，我们可以想象愤怒之神的样子，正如诗人描绘中的那样："贝罗纳手持鲜血淋淋的鞭子，或是凯旋的不睦女神展示她撕成碎片的裙子。"[2]与其去看镜子中的自己，不如看看小埃克斯愤怒的形象，"愤怒把他推向疯狂，疯狂把他推向自杀"。还需要想象一下，那些极其愤怒的人，失去理智到一个地步，以致要毁灭一切，包括他们自己："让我的孩子们灭亡吧！我是多么痛苦啊！愿我全家都毁灭！"这就是那些暴怒者的心愿。愤怒使你最好的朋友成为你的敌人；它让你成为你最爱之人最大的威胁；它叫你忘记一切法律[3]。我们需要好好练习，对自己强调愤怒带来的可

---

1 Sénèque, *De ira*, 2, 35, 5:《*Talem nobis iram figuremus, flamma lumina ardentia, sibilo mugituque et gemitu et stridore et si qua his invisior vox est perstrepentem, tela manu utraque quatientem (neque enim illi se tegere curae est), torvam cruentamque et cicatricosam et verberibus suis lividam, incessus vaesani, offusam multa caligine, incursitantem, vastantem fugantemque.*》

2 Ibid., 2, 35, 6. Les deux vers proviennent de Virgile, *Énéide*, 8, 702 et, probablement, de Lucain, *La Guerre civile*, 7, 568. Voir J. D. P. Bolton,《A curiosity in Seneca》, *The Classical Quarterly*, 1956, n. s., vol. 6, n°3-4, pp. 238-242.

3 Sénèque, *De ira*, 2, 36, 5.

怕而致命的后果，好好倾听这些声音，才能更加了解它。如果诗人的描述还不够，“那么可能的话，最后我们需要创造出更加可怕的线条描绘这恐怖的情绪”。[1]我们需要丰富多彩、令人毛骨悚然、细腻入微的语言，展现这一极端情绪可见、可听的外在表达。我们确实就是可以在文学领域汲取灵感，刻画愤怒鲜活的形象。在这传统的领域里，塞内卡又加入了他的悲剧。

他笔下的美狄亚，是只野蛮的母老虎。她像酒神的女祭司一样放纵，像女皇一样高傲，像孟加拉虎一样激动，她一刻也无法待在原地，总是在这里或那里转悠。她嘶吼着，跳来跳去。她一会儿满脸通红，一会儿脸色苍白。美狄亚不知道如何控制她的愤怒，节制她的爱；而现在，爱和愤怒同仇敌忾，将会发生什么呢[2]？她全然被自己的冲动所控制：热情似火，又冷漠如冰；爱之深切，怒之极致。就算她偶尔迟疑片刻停了下来，下一刻也绝对会跌落入极深的痛苦中。在她的行径中，看不到一丝克制，她没有办法拒绝认同痛苦、爱、恐惧和暴怒。她原本就是那些爬行动物的主宰，可以徒手搓揉浑身毒液的蛇蝎；此时，她更是召集了所有这些动物，它们比肩接踵，画面效果异常地令人作呕，让人甚至无法读下去。她坏透了，本质就是坏的，恶劣至极。她拥有所有令人恶心的特质：皮肤潮红、过度激动，如爬行动物一般，又像牛一样哞哞叫。毋庸置

1 Sénèque, *De ira*, 2, 35, 6.
2 Sénèque, *Médée*, pp. 849–869.

疑，她具有极大的震慑力。塞内卡在《关于愤怒》里就是这样描述，然而现实中，在戏剧的视觉部署中，悲剧作家塞内卡“摆在我们眼前”的是：一个对别人发烈怒的人会变成怎样的怪物，他又怎样冲动而不顾一切地行动[1]。这戏剧场景使我们可以比较、细究、评估、厘清，即理性地去了解这种激情，它甚至会摧毁发怒的人自己本身。了解它，就是谴责它[2]。

跳跃吧，怪物们！

在现代剧作家中，安东宁·阿尔托（Antonin Artaud）最能抓住充满塞内卡戏剧里虚构的怪物们非人性的特征。关于美狄亚，阿尔托进一步描述她拥有“塞内卡充满魔力的文本中涌现出来超自然的震慑力”，还有那些无法简称为“神人同形的悲惨人物”原始、神性的特征。在这出戏剧中，必须看到“怪

---

1 Sénèque, *De ira*, 3, 3, 2:《Il est indispensable de [···] placer sous les yeux [*ante oculos ponere*] [···].》

2 Ibid., 3, 4, 4:《N'est-il pas vrai que chacun veut se retirer de la colère, dès qu'il *comprend* qu'elle commence tout d'abord de son propre mal [*Nonne revocare se quisque ab ira volet, cum* intellexerit *illam a suo primum malo incipere*]?》Voir 3, 5, 3:《On se prémunira contre la colère en se remettant maintes fois sous les yeux [*nobis subinde proposuerimus*] tous les vices qu'elle renferme, en l'appréciant à sa juste valeur [*et illam bene aestimaverimus*]. Il est impératif de l'accuser [*accusanda*] et de la condamner[*damnanda*]; il faut examiner ses maux dans le détail [*perscrutanda*]; il faut les tirer au clair [*in medium protrahenda sunt*]. Afin qu'elle apparaisse telle qu'elle est, il faut la comparer avec les pires passions [*comparanda cum pessimis est*].》

物们跳跃着”，因为我们身处于“群魔乱舞”之中。当戏剧导演把这些神话搬上舞台的时候，绝对不可以降低神话的悲剧浓度，而让这些人物有着合情理、人性化的样子，例如一个“矮小、声音笨拙还一丝不挂”的人。现代剧作家应达到一种高度，呈现悲剧应有的残酷性，尤其当把那超乎寻常的声音效果表达出来时。人声必须被修正过，达到让人“五脏六腑被震惊、内心和灵魂都颤抖”[1]的效果。灯光则是至关紧要的，当然演员的台词表达，也要使我们身临其境，进入人物混乱的内心世界。

阿尔托完全理解（尽管他没有明说）古代悲剧的这种残酷性能引出哲学思考：把所发生的事展现出来，被看见、被听见，就能让人把本来应该只有自己知道的情绪搅扰释放出来，成为禁忌的话题，在观众心里发生共鸣。阿尔托写道，为了呈现这喧闹、混乱、失去理智的场景，我们必须先找出“寓意画”。

我们现在来参观帕多瓦的斯克罗威尼礼拜堂，在它的壁画区，其中就有一幅愤怒之神的寓意画。乔托赋予斯多葛派描述的这个怪物以女性形象，这样的定位很准确——我们可以看到一个丑陋的女人，张大嘴巴头向后仰着，蓬头散发；她用双手撕扯着自己的衣服，不得体地袒胸露乳。画面有着粉末的质感，显得苍白、简约，让人回味起我们前面提到的《关于愤怒》里所描述

1 A. Artaud,《Compte rendu de la *Médée* de Sénèque (en version d'Unamuno) représentée par la compagnie de M. Xirgu au Palais des Beaux-Arts de Mexico, dans *El Nacional*, 7 juin 1936》, *in* J. C. Sánchez León, *L'Antiquité grecque dans l'œuvre d'Antonin Artaud*, Presses universitaires de Franche-Comté, 2007, pp. 101–103.

的愤怒的细节[1]。把愤怒拟人化之后，完全突显了它的暴露倾向。愤怒之神不攻击人，但它总要把自己暴露出来，不管是通过身体姿势还是声音——我们想象它从它的大嘴巴里爆发而出。愤怒之神脱下衣服，赤裸着身体，这看起来非常像是美狄亚的剪影。

她自己还无法言说

塞内卡这出哲学戏剧刻画出美狄亚的愤怒，她先是小声地唏嘘，接着大喊大叫，再来破口大骂，最后喊叫声竟像雷鸣般震耳欲聋。他勾勒出了美狄亚愤怒的音调曲线，还描述了愤怒的发展过程。“女人啊，”塞内卡说，“需要时间慢慢热身才让愤怒爆发出来。”[2]在他的这部戏剧里，我们紧紧跟随愤怒的脚步，感受它一点点升级。我们可以特别观察到这个激情的两个极端——认同它或不认同它。作为哲学家，塞内卡认为就定言命令[3]有说“不”的绝对必要性。与你自己抗争吧！尽可能

1 P. Stacey, *Renaissance Rage. The Reception of Seneca's* De ira *in the Early-Modern Period*, à paraître.

2 Sénèque, *De ira*, 2, 19, 4.

3 康德的哲学概念。定言命令是无条件的、绝对的、必然的、客观的。无条件是由于定言命令本身就是行为的根据，遵从定言命令的行为是为了命令本身而行动，它唯一要遵守的是命令本身；这样，它就不需要根据别一意图或目的来制定行为的准则，不需要根据具体的或特殊的情况来改变准则。必然则因为它对一切理性存在都适用，它一旦被选择遵守就是确定的，不会因为行为的意图或目的的改变而改变，这根源于定言命令本身就是行为的根据目的。客观则指定言命令不因个人而不同，它排除了一切爱好欲望因素，对所有理性存在均是一样的。——译者注

早地停止一切冲动！注意你的手势、身体动作！把所有这些都留在心里，埋葬它们！不可以让愤怒泄露出一丁点儿来。作为悲剧作家，塞内卡把这出戏搬上舞台，继续他的伦理教育，清晰、鲜明又怪诞地诠释着不能认同这情绪的必要性。通过戏剧，我们更容易看出拒绝愤怒原本应该是多么容易的事，只是越到后面，就越不可能。

就在美狄亚杀死自己的两个孩子，认同以此来复仇的欲望之前，有一刻她感受到一股冲动，一个决定在她的心里滋生。“我躁动的心灵下了决定，‘我不知道那是什么’，她说，她自己还无法言说。”[1]我不知道那是什么，这一刻，是不确定的、暂停的、开放的，她还有回头路可走——通常这时，智者就会回头。《关于愤怒》解释道，这时一切都还是容易控制的，“就在情感开始产生的初期，就在这开始的时候，超越它们。”[2]而就是在这个时刻，美狄亚做了决定，她的决定不是转离这些情绪，反而推动了愤怒的发展。痛苦是产生复仇欲望的原因。在思想刚萌芽，还处在初始、半意识中，甚至还在无法言说的状

1 Sénèque, *Médée*, pp. 917–919:《*Nescio quid ferox decrevit animus intus et nondum sibi audet fateri.*》我们可以把这段文字与*Hippolyte*，pp. 101–103进行平行对比。他的后母淮德拉(Phèdre)开始向这位年轻人表白。这是一种压得人喘不过气来的痛苦，刚刚诞生的痛苦：“被滋养、不断壮大的痛苦，吞噬着心灵，仿佛从埃特纳火山洞口满溢而出的蒸汽。我无法理解这个描述被诠释成不同情绪之间简单的冲突，这与斯多葛注意的灵魂一元论相距甚远：参考A. Boyle, *Medea, Edited with Introduction, Translation, and Comment*, Oxford University Press, 2014, pp. CIV-CV.A. 左诺比（A. Zanobi）推测这场景的灵感来自哑剧，(*Seneca's Tragedies and the Aesthetics of Pantomime*, Bloomsbury, 2014, p. 136–137).

2 Sénèque, *De ira*, 3, 10, 2:《tout au début, lorsqu'ils commencent à naître [*cum primum oriuntur*]》.

态时，凶杀的念头悄然因着痛苦通过萌芽的思想而产生。

所以，在嫉妒的发展过程中，最具决定性的想法就是从这里开始产生：无法言说。在情欲的愤怒里，有某样东西是完全不被允许的，绝对不可以说出来。而与此同时，这也是愤怒之神展现它不知羞耻的特征的时刻，它会毫无廉耻之心地在众人面前自己脱光。塞内卡谆谆告诫我们，要想尽一切办法阻止它的自我暴露啊。正因它如此渴望爆发出来，我们需要把关于这痛苦的一切都埋藏在我们心底最深处。就在这里，是否言明，首次成为解决问题的关键。

一方面，这位斯多葛派哲学家宣称，容许情欲的愤怒发作就是说出自己的软弱。这不再是如亚里士多德所推崇的，关乎如何平复情绪、自我确认的问题；对塞内卡而言，这关乎我们是否承认自己处于失败、劣势（*minor*，拉丁语）的位置且正忍受着煎熬，以及是否承认自己受伤、被打败。几个世纪之后，诚如拉罗什富科所认同的：人们“羞于承认”这情绪，因它那么阴暗、令人忧伤，使我们看上去那么可笑，并且陷入“无法控制”的暴怒中，进而让我们颜面全失。在法国，“让人看低自己”是不被允许的，甚至对于社会最底层的人也是如此，司汤达如是说。塞内卡则认为，愤怒确实总是过于激烈、难以控制，而且产生非常有效的惊人效果。只是，他教导古罗马人，必须重新思考这情绪，它自以为高高在上，事实上，它是那么渺小、毫无价值[1]。愤怒不能使我们显得伟大，恰恰相反，复仇不过是对痛苦的供认。

另一方面，这位斯多葛学派诗人在关键的转折点，在黑白之间、阴暗与光明之间，刻画出这样的美狄亚：“一个‘我不知道那是什么？’在我的里面，”美狄亚说，“我还无法言说。”好像在承认，“我不知道那是什么（*nescio quid*，拉丁语）？”和把它重新压回到我心灵最深处之间，我可以选择。好像我可以否认这思想的萌芽，并遏制它进入我的意识。若我否认了，我还可以拯救我自己；可若我承认了，我就冲向了复仇的行动。我们再一次强调，复仇，不过是对痛苦的供认。

为了摆脱痛苦，我需要拒绝认同它，禁止自己把它说出来，甚至对自己也不能说。因为这是个表述行为，会非常有效地带出行动。承认它，就是赞成；赞成它，就是准许它的行为；而准许，则证实了情感本身。塞内卡的直觉告诉他，承认、言说，就是有所行动：“当我说出我的痛苦，是我自己让这痛苦存留下来，并且给它壮大的空间。”而美狄亚就是这样做了。这个不确定的时刻，在欧里庇得斯和亚里士多德的文本里都不存在。对他们来说，现象已经发生了，就在那里。“我很痛苦，我知道为什么，我知道我要什么。我要行使我的权利。我说出来。我说明一切。因为我不是白痴或奴隶。我只是嫉妒了。”

---

1 Sénèque, *De ira*, 3, 5, 7.

亚里士多德式的美狄亚，斯多葛式的美狄亚

塞内卡和亚里士多德对愤怒的诠释，完全相反。我们若在这强烈的对比中停留片刻，就会理解斯多葛学派的这个转折将如何完全地改变了人们对情欲愤怒的理解。

我们前面说过，亚里士多德如此定义愤怒：被不公平冒犯之后产生的痛苦，并伴随着复仇的欲望。同时他也强调这个反应在伦理层面的合法性："合宜"地发怒，也就是说，要知道为什么、冲着谁、在什么时候、可以持续多长时间地生气，上述一切都应当非常合理、恰当。合宜的愤怒是美德，并且是一种知性的练习，因它涉及评估所受到的冒犯。事实上，愤怒始于侮辱向我们"显露"它的面目之时（*phainoménè*，希腊语）。所有一切，从一个现象开始。我们得分析这个现象，并决定该如何应对：要知道夸大情绪非常卑劣，但也需要小心不能漠视它——因为不去感受，不去经历痛苦是愚蠢的，那是最低贱的人才做的事。这些人，阿谀奉承、毫无骨气、没有能力自我防御，也没有保护亲近之人的能力[1]。人们歌颂那些懂得如何发怒的人，而漠视愤怒的人则会遭到指责[2]。因此，在亚里士多德看来，不是单纯否定冒犯的现象就能解决问题，冒犯已经发生，

1 Aristote, *Éthique à Nicomaque*, 4, 5, pp. 5–6. Ne pas ressentir (*ouk aisthanesthai*), et ne pas souffrir (*oudé lupeisthai*). Les gens impassibles sont stupides (*elithioi*).

2 Ibid., 4, 5, pp. 3–4.

就在那里；也不是赋予“无动于衷”某一项伦理价值就能解决问题，痛苦已然存在，就在那里。重要的是在已经感受到痛苦的时候，学习如何慎重思考。

依此标准，阿喀琉斯就是英雄式愤怒的最佳榜样。他完美地展现出如何忍受痛苦的煎熬，同时又止住怒气引发的暴力。尽管他被阿伽门农侮辱，他仍成功地控制住自己，没有对后者举刀相向。然而，他无法止息内心的愤怒。控制自己不发怒，不立刻、过激地制裁冒犯者，并不表明他对所感受到的情绪已经释怀。他真实、持续地被痛苦煎熬着。阿喀琉斯来到沙滩上，大声哭泣并向他母亲求救。此时的他，伤心欲绝、泪流满面、怒气冲冠，他品尝着这一切。这样的他，全然不同于一个斯多葛智者。面对阿伽门农，他知道如何平静以待，只是他没有让自己变得对情绪无感，没有强迫自己不去感受。他完全沉浸在忧伤里，无心回到战场，不顾这让已经溃不成军的希腊军队付出多大代价。之后，他重新拿起武器，也只是为死去的朋友帕特罗克洛斯复仇。他确实展现了亚里士多德所理解的愤怒，理应成为范例。

塞内卡则公开批评亚里士多德。他们在问题的根源上就已经出现了分歧：关于情绪的价值。在亚里士多德的叙述中，痛苦作为决定人类生活幸福的重要因素，是自然的情绪，但应当被修正，并且有可能转变成美德。而古罗马时期的斯多葛主义者，宁愿把情绪定义为心灵的“扰乱”，认为这“扰乱”应该被驱逐、远离、彻底隔绝、连根拔起、清理干净，因为根本就不可能重新塑造、雕琢它[1]。他们与亚里士多德学派的伦理观是多么不同啊！在此不妥协的原则之上[2]，还有两个引起他们如此不同的因素：一是情绪的“现象学”体验；二是与戏剧的良好效果非常不同的观察角度。

我们前面说过，塞内卡严谨地遵循斯多葛主义的诫命，这诫命迫使我们拒绝对痛苦或愉快的认同。必须要说“不”，出于一个简单的理由：现象，在拉丁语中用“*species*”来表示，取决于我的认同感。一旦我拒绝认同它，也就是说为了我的好处而压抑它，我就停止去感受它了。这样，面对冒犯，我变得坚不可摧，麻痹，痛觉缺失。只是，我得立刻有所反应，在情绪扰乱使我左右摇摆、震荡不停、并开始控制我之前，我必须马上掩埋最先出现的一些迹象。只要这些迹象开始外显，只要我认同它，不再被理性而被情绪控制，就已经太晚了。这时，情绪已经满溢出来，开始自由落体，如旋风般席卷而来，把我

1 Sénèque, *De ira,* 2, 13, 3:《Doit-on écarter la colère? C'est en partie ce qu'avouent ceux qui sont d'avis de la modérer. Proscrivons-la tout à fait: rien d'utile n'en pourrait sortir. Qu'elle disparaisse, et plus facilement, plus efficacement le crime sera prévenu, le méchant puni et ramené dans la route du bien. Pour accomplir ses devoirs, le sage n'admettra point d'impur auxiliaire, point de mauvais principe dont il aurait à surveiller péniblement les écarts.》Ibid., 3, 42, 1:《Préservons-nous d'une telle maladie, purgeons-en notre âme [*purgare*], extirpons le vice jusqu'à ses racines qui, si faibles qu'elles soient et d'où qu'elles sortent, renaîtront toujours, et n'essayons pas de tempérer la colère; car de quel tempérament ce mal est-il capable? Bannissons-la tout à fait. La chose est possible, pour peu que nous nous en donnions la peine.》

2 对亚里士多德和亚里士多德学派的批评，我们将参考J. Fillion-Lahille, *Le De* ira *de Sénèque et la philosophie stoïcienne des passions*, Klincksieck, 1984, p. 203-220.

拖曳到旋涡的中心。斯多葛主义者所喜爱的这种物理学式和气象学式的比喻，正说明了情绪的发展过程是不可逆的[1]。要么完全爆发，要么一点儿也不显露出来。他们如此严谨地看待情绪，全因灵魂的一元论：他们认为在人类的心灵里，没有专门针对情感的思考官能，没有一个官能有能力控制情感壮大，判断是否合宜并且平息情绪。人只有一个理性的心灵，若没有说“不”，那么只能眼睁睁看着自己落入旋涡中[2]。

戏剧不会使用两种有助益的情绪：怜悯和惧怕，来做顺势疗法[3]，帮助我们排除或宣泄让人难以忍受的情绪。然而，并不存在情感的净化。塞内卡谈到的净化（*purgatio*，拉丁语），我们在前文已经提及，是要让心灵彻底痊愈：必须治疗、拔除、完全清除情绪扰乱，而非徒劳无功地寻找缓和药剂。“让我们从这样的疾病中恢复过来，净化我们的灵魂，把这罪恶连根

1 G. Sissa,《Pathos》, *in* B. Cassin (éd.), *Vocabulaire européen des philosophies*, Seuil, 2004.

2 Sénèque, *De ira*, 1, 8, pp. 2–3:《répétons-le: c'est dès la frontière qu'il faut repousser l'ennemi: s'ily pénètre et s'empare des portes de la place, recevra-t-il d'un captive l'ordre de s'arrêter? Notre âme alors n'est plus cette sentinelle qui veille au-dehors pour observer la marche des passions et les empêcher de forcer les lignes du devoir: elle-même s'identifie avec la passion. Voilà pourquoi elle ne peut plus rappeler à son aide les forces utiles et salutaires que sa trahison vient de paralyser. Car, comme je l'ai dit, la raison et la passion n'ont point leur siège distinct et séparé: elles ne sont autre chose que l'âme, modifiée en bien ou en mal. Comment donc la raison, envahie et subjuguée par les vices qu'amène la colère, se relèvera-t-elle après sa défaite? Ou comment se dégagera-t-elle d'une alliance où domine la confusion du mal?》

3 为一种替代疗法。顺势疗法的理论基础是“同样的制剂治疗同类疾病”，此理论是指如果某种物质能在健康的人身上引起病人患某病时的病症，将此物质稀释处理后就能治疗该病症。目前医学界一般认为，没有任何足够强的证据证明顺势疗法效果强于安慰剂。——译者注

拔起！”[1]只有毫无条件地拒绝认同所有的情绪，包括怜悯和惧怕，我们才能最终获得痊愈。想象出来的愤怒的形象，或被称之为戏剧的表现形式，帮助我们理解（*intelligere*，拉丁语）为何我们需要脱离愤怒的辖制而得自由：暴怒的人首当其冲是自己愤怒的受害者，这情绪的暴力让他们深受其害[2]。我们说，观看他们怒发冲冠、扰乱一切，有益于我们使用理性，做出正确的判断，自我省察和对观比较[3]。塞内卡并无意图要让观看这出悲剧的观众怕得浑身颤抖，或因剧中人物的激烈情绪而恶心得五脏六腑翻腾不已；他从不会把净化和因感动而得的释放连接在一起。看到激烈情绪的扰乱所产生的破坏力，其实并不能带来释放。若要获得情绪释放后带来的喜悦，必须先允许情绪本身，至少某一些情绪（例如怜悯和惧怕），给心灵以良好的滋养，这种释放只能是亚里士多德式的。斯多葛主义者难以想象这种逻辑。他们是如此严谨地预防任何一种情绪来扰乱心灵。

希腊式的美狄亚则确认她愤怒的依据：因为存在着床的公平，所以她承受着不公；她为自己的男人做了那么多，结果却成了忘恩负义的受害者；她的祖父是一位神，而人们却把她当作是不正派、可怜兮兮的怪人；明明是名正言顺的母亲，有

---

1 Sénèque, *De ira*, 3, 42, 1.

2 Ibid., 3, 4, 4.

3 Ibid., 3, 3, 2; 3, 5, 3. G. A. 斯塔蕾（G.A.Staley）的研究把亚里士多德和塞内卡在悲剧和戏剧效果上的理论整合在一起，我们将参考她的 *Seneca and the Idea of Tragedy*, Oxford University Press, 2010，本书首先低估了斯多葛学派在情绪理论上的不妥协和他们对亚里士多德学派情绪理论的批判，其次也误解了亚里士多德的理论。

人却想把她赶出家门；她心甘情愿所做的一切不被人承认，因为按照伊阿宋所说的，美狄亚对他所做的一切，只不过是爱神阿芙洛狄忒所做的，丝毫没有前者个人的功劳。用亚里士多德思想的光亮去审视欧里庇得斯创作中的美狄亚，她实在有千万种理由让愤怒爆发出来。伊阿宋大错特错，所以无论如何他欠她。这些非常真实。在每一个极大的痛苦深处，总有理由，因此就有了讨回公道的愿景。乳娘、合唱队、埃勾斯，所有这些人都站在难过、悲伤、绝望、被痛苦压得喘不过气来的美狄亚这边。只是当美狄亚选择她的孩子们作为受害者时，她就不再是对的，这时，所有人都不再同情她。人们容不下杀子。亚里士多德说得很清楚：杀害邻人，而且还清楚意识到这人是谁，这就不是一部好的悲剧了[1]。杀子，就是美狄亚反悲剧的错误了[2]。

斯多葛式的美狄亚——塞内卡向我们展现的怪物（*monstrum*，拉丁语），淋漓尽致地表达了一个执着的愿望：就是定义愤怒这个激情。她得为自己负责任，她所做的，是不可原谅的。就算她在感受到情绪的瞬间，那个关键的瞬间停下来，也只是为了在我们面前、在亮光之处、在舞台的正中央，做出一错到底的决定。没有人看见在她心里面愤怒与混乱逐渐

1 Aristote, *Poétique*, p. 14.

2 antitragique，作者意指在悲剧中，愤怒本是高贵的激情，美狄亚的杀子，却是让这悲剧的高贵落败。——译者注

增加；没有人——剧中人物也好、观众也好、读者也好，没有人同情她。而她终极的谋杀，竟让她成为她真正所是的："现在，我是美狄亚！"[1]这是她最杰出的作品。

巴黎：有待发掘的美狄亚

正是"必须要有一部杰作"这句话，给了皮埃尔·高乃依灵感，创作不一样的美狄亚。[2]在嫉妒的历史中，看过斯多葛学派的转折之后，我们将进入另一段旅程，这时的美狄亚，现代、法国式，又自相矛盾地充满基督教色彩。

高乃依笔下的美狄亚接近塞内卡的创作，他半翻译、半释义了后者的作品，他改写过的剧本，更符合他那个时代的需要，给我们提供了关于嫉妒全新的理论。单从字句的使用上，能看出作者一步步接近他给出的这个新理论：美狄亚愤怒了，被怒火、大怒、狂怒掳掠，正如古文中书写的一样，只是，高乃依开始谈到她的"嫉妒"和她"嫉妒的灵魂"[3]。从此，美狄亚成为一个"嫉妒的女人"。我们需要发挥想象力，才能进入角色

1 Sénèque, *Médée*, p. 910.

2 P. Corneille, *Médée*, p. 253.

3 P. Corneille, *Médée*, p. 199, p. 1120 (Cléone), p. 749 (Nérine), p. 575 (Jason), p. 1497 (Créuse), p. 980 (Médée elle-même), p. 587 (Créuse de Jason), p. 1014 (Nérine évoque la jalousie d'égée).

理解新的《美狄亚》，古罗马时期塞内卡刻画的人物，建立在斯多葛主义理论基础上，此时却已不再有怪物一般的形象。

1635年的巴黎，美狄亚不再是失意哲学家极现实主义的创伤。高乃依在这部戏剧的附言“信”里正是如此解释的：

> 诗向我们中立地描述好的和不好的行为，无意让我们把好的行为当作榜样，即便它真的想让我们因那些坏行为感到害怕而吸取教训，也不是通过坏行为带来的惩罚——它并没有假装毫不在意，而是有意让我们看到通过它努力而自然地向我们呈现坏行为本身的丑陋。此处，它并不肩负一项使命——警告观众悲剧中的那些行为是不可以模仿的，它只是给出足够的素材，等待深究、被发掘，却不想引起任何人的欲念。[1]

这半讽刺、半不耐烦的口气，却在这场关于愤怒在悲剧诗中审美、伦理作用的论战中占得一席之地。总需要讨好观众，总需要让行为和伦理处于被“发掘”的位置而显出没有人试图树立榜样。高乃依强调说，丑陋和恐惧不会激发人们做得更多更好。这样的愿望得自己由心而发。当然，高乃依不是邀请观众效法杀子行为，也没有必要为了陶冶情操而进入另一个极

1 P. Corneille,《Médée, Épître》, *in Œuvres complètes*, édition de Georges Couton, Gallimard,《Bibliothèque de la Pléiade》, t. 1, 1980, pp. 535-536.

端：对人物毫不留情、施以极刑。美狄亚，这个嫉妒的女人，忍受了那么多不公平待遇，在这里，理所当然成了女英雄。观众只会选择同情她。

高乃依这部作品的番外篇《审查》能带给我们不同的启示。克瑞乌萨——伊阿宋年轻的未婚妻，和她的父亲克瑞翁，两人都在戏剧舞台上被美狄亚魅力所发出的无形火焰慢慢灼烧而死。这两个可怜人，并未因悲惨的下场惹人可怜，反而因他们的叫喊声使人极其厌烦。事实上，人们把全部的怜悯都给了美狄亚，因为她是“不公正待遇”的受害者。这种不公正“吸引了所有的观众站在她这一边，在克瑞翁和她的丈夫对她百般侮辱，而她选择复仇之后，观众们甚至能原谅她如此激进的行为”。对高乃依而言，这是不争的事实：美狄亚落入“完全绝望”的地步，她“受到”百般折磨，人们只会更同情她，而不是那两个死掉的人，他们得为她的绝境负责任啊！克瑞乌萨和克瑞翁“活该遭受”这样的结局。[1]伊阿宋也是如此。值得一提的是，在高乃依的作品中，伊阿宋自杀了。

作者的意图再明显不过了，这意图在他刻画的人物对白中一览无遗。美狄亚不停地提到她的“义愤”[2]，她“怀恨在心是合理的”[3]和她所受到的“不公正的冒犯”[4]。乳娘内里纳认同她

1 P. Corneille,《Examen》, *in Œuvres complètes, op. cit.*, p. 540.
2 P. Corneille, *Médée*, p. 267, p. 1028.
3 Ibid., p. 947.
4 Ibid., p. 455.

“正当的激烈情绪”[1]。克瑞翁清楚地意识到自己有愧于她，克瑞乌萨甚至承认自己活该遭受酷刑[2]。而唯一什么也没明白，一如既往且最愚蠢的一个人，就是伊阿宋。他轻佻地说道：“我也不像那些粗俗的情人们一样。我只让爱情的火焰燃烧在对我有益的事上。”[3]此时，他对科林斯国王的女儿热情澎湃，他这么说只是为了澄清自己，可总是发生同样的场景：他爱过美狄亚（还有在她之前的许普西皮勒女王），每一次当他爱上一个女人，都是因为这女人能给他带来更多的好处。而现在，以国家为理由，他要与当地的公主克瑞乌萨结婚。他的朋友波鲁克斯试图让他反省一下，“如此残酷”地对待美狄亚，至少应该表达“一点”对她的“感激之情”。她为他所做的一切，却得到这样“糟糕的回报”。小心啊！或许应当留心她“被伤害后心肠发起狠来”。而他呢，毫不在乎，反而取笑她。就像曾经的许普西皮勒，美狄亚也一样，只会抽泣、哭哭啼啼、不停落泪罢了，大不了狠狠地诅咒他，骂他是“没心没肺”的负心汉。然后呢，她也会累的，会恢复正常。对伊阿宋来说，这些女人的声音，又能表达些什么呢？不过是“愤怒无用的发泄”[4]罢了。美狄亚很快会离开这里，他就落得一

1 P. Corneille, *Médée*, p. 345.
2 Ibid., p. 1385.
3 Ibid., pp. 29–30.
4 Ibid., pp. 9–17.

身轻松了[1]。

轻浮、自私、马虎的伊阿宋不懂愤怒的逻辑。他所关心的，只有自己的利益。从被他抛弃的女人们充满痛苦的言语中，他听到的，仅仅是重复的唠叨、哭哭啼啼、无止境的抱怨，简单来说，就是“无用的愤怒”。然而，美狄亚的愤怒，可以是一切，却最不能用“无用”来形容。她的愤怒是正当的、勇敢的，还有一点非常重要，她的愤怒惊人地有效。在伊阿宋和美狄亚所产生的这个分歧里，我们可以看到嫉妒再次被重新定义。一边，是美狄亚高贵、痛苦、不安分的嫉妒；另一边，同样的嫉妒，在伊阿宋眼中则显得那么微不足道、无杀伤力、碌碌无为、不值得一提。于她，是悲剧，于他，则是喜剧。在风流成性的伊阿宋唐·璜式的思想里，涌现的正是我们后面将要看到的司汤达说的所谓“无力的愤怒”。“让人看出心里有一个极大的欲望没有被满足，这在法国，甚至对于社会最底层的人都是不可能的”[2]，这荒谬的观念就是从这里开始出现的。

伊阿宋毫不怜惜地藐视这份强烈的爱，而即便被嘲笑，美狄亚仍毫不羞耻地言明她的爱。此刻我们并不是在观看一场通俗喜剧，高乃依的剧场仍是悲剧剧场：美狄亚用她“高贵的

---

1 P. Corneille, *Médée*, pp. 150–151.

2 Stendhal, *De l'amour*, *op. cit.*, p. 149.

自我”[1]，去爱、去忍受痛苦、去诉说。如此一来，她使“观众全站在了她这边”。伊阿宋终将发现，他口中的那个“他嫉妒的女人”，异乎寻常地有理。她救了自己。他却自杀了。帷幕落下。

伊阿宋是抛弃美狄亚的负心汉

伊阿宋自杀不是随意改编的。他自杀了，我们就能认同这样的结局是对这个人物最简洁明了的评价。高乃依在他的《关于悲剧诗的实用性和其篇章的论述》(1660年）里再次提到美狄亚。他把古人欣赏的悲剧和现代人喜爱的悲剧放在一起比较。古人喜欢看到坏人没有被惩罚，继续活着作为结局。法国人却不喜欢这样的情节，他们宁可选择另一种结尾：“恶人有恶报，好人能善终。”在《我们的戏剧》中，高乃依写道：我们希望在告别某一个角色时，看到他得到应有的结果。我们希望罪恶得到应有的惩罚。“若罪恶或不公最后获得了致命的成功，我们心里自然会惧怕，深恐这样的厄运有一天会临到我们自己头上。”[2]坏人必须要有坏的结局，然后我们为这结局战栗不已。人们就喜欢这样的套路。

---

1 P. Benichou, *Morales du Grand Siècle*, Gallimard, 1948.

2 P. Corneille, *Œuvres complètes*, *op. cit.*, t. 3, 1989, p. 122.

美狄亚是个例外。塞内卡笔下的其他人物：例如堤厄斯忒斯，这些人的复仇行为都过了头；而美狄亚与他们不同，她以受害者的形象出现。她荼毒自己的孩子，可在罪行之后，她反而活得大放异彩。这竟然更增加了观众对她的支持。在高乃依看来，虽然古罗马时期创作的美狄亚出奇地可怖、伦理观极端畸形，但在他的时代却仍能感动法国基督徒。人们替她辩解，理解她、原谅她。她做得有点儿夸张，确实是，可仔细研究一下她的情况，她不过是正当防卫啊。现代观众相当自然地站在了她的阵营里[1]。因此，高乃依时期的巴黎，仍可接受古代时期故事的结尾：在这件因情伤而起的谋杀事件之后，美狄亚带着胜利的姿态，坐着双飞龙战车凯旋而去[2]。

因此，高乃依没有改写美狄亚的结局：在杀死她自己的孩

---

1 P. Corneille, *Œuvres complètes*, p. 121–122:《La seconde utilité du poème dramatique se rencontre en la naïvepeinture des vices et des vertus, qui ne manque jamais à faire son effet. [···] Les anciens se sont fort souvent contentés de cette peinture, sans se mettre en peine de faire récompenser les bonnes actions, et punir les mauvaises. [···] Jason était un perfide d'aban-donner Médée, à qui il devait tout; mais massacrer ses enfants à ses yeux est quelque chose de plus. [···] Notre théâtre souffre difficilement de pareils sujets: le *Thyeste* de Sénèque n'y a pas été fort heureux; sa Médée y a trouvé plus de faveur; mais aussi, à le bien prendre, la perfidie de Jason et la violence du roi de Corinthe la font paraître si injustement opprimée, que l'auditeur entre aisément dans ses intérêts, et regarde sa vengeance comme une justice qu'elle se fait elle-même de ceux qui l'oppriment.》

2 关于高乃依剧作方法的基督教背景，我们将参考 M. Fumaroli, *Héros et orateurs. Rhétorique et dramaturgie cornéliennes*, Droz, 1996, pp. 40–43, p. 400–401. “教会法规的原则难道渗透进入美狄亚这个角色的创作里吗？从她的角度，如同从那些法规学者的角度看来一样，婚姻的要义，不在于神父的出席和众人的祝福，而在于夫妻双方忠于彼此的誓约，并被此誓约正式地约束着。婚姻圣事与誓约是同体的。众人的祝福，不过是让双方甘心说出来的誓言成为一种奉献。这样，高乃依处心积虑地引起观众对美狄亚的同情心，就是美狄亚拼命捍卫的‘正当’理由而导致的合理结果吗？”（401 页）。婚姻的法律和宗教背景（当时的社会处在托马斯主义的传统里）让美狄亚被冒犯的感受更加显得情有可原，高乃依更有理由替美狄亚开脱了。因为此时，问题不再仅仅涉及宽容地接纳一种情绪，而更要突显婚姻圣事里应尽的责任。

子们之后，美狄亚没有受到任何惩罚，就这样逃走了。“戏剧结尾，女神美狄亚胜利地狂笑。”马克·富马洛里写道，“随之而来的，是这位戏剧天才描述的懦弱、伪善、法利赛主义、愚蠢白痴式的大获全胜，说到底，其实是坏人成为合法的胜利者。”[1]高乃依杜撰的，其实是伊阿宋的自杀，欧里庇得斯和塞内卡都没有这样写过，而前者为了迎合大众口味才如此创新。美狄亚要为自己讨回公道，正是因为她“非常不公正地被冒犯”，要说错，全是伊阿宋的错，毫无疑问，他才应该得到惩罚。那就让他自杀吧！这样的赏罚分配销毁了美狄亚嫉妒的模糊性。在高乃依这里，这位杀子的母亲，演绎的是亚里士多德式自相矛盾的女英雄。她合宜地发怒。人们却不去指责她竟然选择无辜者——对她而言这么亲近的两个人作为受害者。人们“毫无困难地选择了她的阵营[2]”。

---

1 P. Corneille, *Œuvres complètes*, p. 504. Dans un langage autrement fleuri, A. Wygant (*Medea, Magic, and Modernity in France: Stages and History*, Ashgate, 2007, p. 23)花了两章的篇幅质疑高乃依的《美狄亚》——这位女巫的成功，在此之前，他用异常华丽的语言写道：“从愉悦和镜像逻辑的角度来看，观众和作者各取所需。美狄亚犯下的这桩大罪和林林总总的小错，有些应该被追究法律责任，有些则值得别人的同情，观众的反应可以被囊括成一个复杂的整体，我称这个整体为‘诱惑体’，这是一个新词，不仅表达出‘诱惑力’这个词的原意，诱惑力就是这个新词的“基础”，还包括了被这诱惑力本身所吸引、带着爱（观众或读者）的阅读行为。”

2 高乃依不仅洗白了美狄亚。在他的Clitandre中，有另外一个嫉妒的女人，多里斯（Dorise），在悲剧的结尾幸存下来：“嫉妒之虫”啊，把我们的灵魂丢进“迷恋”“盲目”和“放纵”中；这样的描述替我们开脱，好像我们配得到饶恕一样。关于“站在某人一边/某人的阵营”、喜爱、榜样，或者范围更宽地来说，关于人物与观众/读者的关系，我们将参考D. Blocker, *Instituer un《art》. Politiques du théâtre dans la France du premier XVIIe siècle*, Honoré Champion,《Lumière classique》, 2009; J. Harris,《Corneille and audience identification》, *The Modern Languages Review*, 2009, vol. 104, n°3, pp. 659-675.

这样的宽容，使我们离古时的斯多葛主义越来越远[1]。高乃依则自称忠于塞内卡的原著，所以站在他的位置上，我们可以说他是新斯多葛主义者[2]。只是，他们两者把情感戏剧化的过程是完全不同的。在这位法国悲剧作家与古罗马哲学家之间，有条不可逾越的哲学和宗教的鸿沟。他们关于情绪的理论和美学路径截然不同。对高乃依而言，有些情绪是可以原谅的，其中包括忠诚的妻子向机会主义、见异思迁、背信弃义的丈夫所发的情欲愤怒。这样的女人犯下的过错，人们应该原谅她。

同情？同理？这在塞内卡看来，简直闻所未闻！他绝不会表示，美狄亚该赢得观众的好感。塞内卡的美狄亚，凶残、怒气冲冲、嗜血、双手缠绕着许多蛇；除非观众是一群怪物，这样的美狄亚不会赢得任何正常人的好感！她在那里，是为了引起人们理性的思考。观众或读者，不是一群不可挽回的坏人，

---

1 在 *La Jalousie dans la littérature au temps de Louis XIII. Analyse littéraire et histoire des mentalités*, Droz，1981 中，马德莲娜 · 贝尔托（Madeleine Bertaud）激动地写道：“美狄亚确实是对的，因为她认识自己，而她对自己的信心正是源于斯多葛式的态度。嫉妒，作为情绪——灵魂的疾病，在这部悲剧中可以导致许多行为，而她却完好无损地保持了女主角了不起的勇气。”我们已经详细看过斯多葛主义者如何看待情绪，明白他们如何把我们引向与上述评论完全相反的方向。符合斯多葛主义的美狄亚是完全不可想象的：这个情绪激动的女人完全与斯多葛智者的形象相反。一个斯多葛主义者描述的美狄亚定然是不可原谅的，那就是塞内卡所说的怪物。除了上述错误的诠释，这本书充满了对哲学和文学文本的分析，这些分析主要都是关于嫉妒价值的争议。

2 关于这个问题，请参考G. A. Staley, *Seneca and the Idea of Tragedy*, Oxford University Press, 2010; J. Maurens, *La Tragédie sans tragique. Le néostoïcisme dans l'œuvre de Pierre Corneille*, Armand Colin, 1966; A. Stegman, *L'Héroïsme cornélien*, Armand Colin, 1968; A. Gabriel,《Corneille, vierge et martyr》, *Baroque*, 1987, 12, mis en ligne le 25 juillet 2013, consulté le 4 juillet 2014, http://baroque.revues.org/600; M. Cuenin-Lieber, *Corneille et le monologue. Une interrogation sur le héros*, Gunter Narr Verlag, 2002, pp. 160–162; J. Lagrée, *Le Néostoïcisme. Une philosophie par gros temps*, Vrin, 2010.

而是正常人，应该能从舞台上的情绪中习得该学的功课，以至于把这些情绪连根拔起、彻底排除出去。《关于愤怒》正是这样期待的：诗人们把情绪，尤其是愤怒的外在表现视觉化、表达出来、放大它们，用这种方式让我们衡量它的破坏性。剧中人物表演的愤怒，仿佛在我们面前立了一面防止我们自恋的镜子，让我们从中观察心灵扰乱的生理作用。双眼翻白、满脸通红、咬牙切齿、肢体动作失控、难以入耳的叫骂声，这一切是多么可怕啊！这一切正是摧毁了发怒者自己啊！残酷、令人作呕，最重要的是，非常愚蠢。这让人好好思考。

高乃依也向我们解释了戏剧怎样帮助我们净化心灵，就是通过感动的冲击，这是他在另辟蹊径[1]。首先，人们同情遭受厄运的人物；然后开始担心自己有一天也可能会落入同样有害的情绪里；最后为了免于如此糟糕的结局，人们会避开这些情绪扰乱。这样，由于其他治愈性情绪——例如怜悯和害怕——的带动，我们就从灾难性情绪里被释放出来了。这个过程与斯多葛主义的净化是完全不同的，他们的情感净化一词，用来比喻

1 P. Corneille,《Discours de la tragédie, et des moyens de la traiter, selon le vraisem- blable ou le nécessaire》, in *Œuvres complètes*, *op. cit.*, t. 3, p. 142–143:《Ainsi la pitié embrasse l'intérêt de la personne que nous voyons souffrir, la crainte qui la suit regarde le nôtre et ce passage seul nous donne assez d'ouverture, pour trouver la manière dont se fait la purgation des passions dans la tragédie. La pitié d'un malheur où nous voyons tomber nos semblables nous porte à la crainte d'un pareil pour nous; cette crainte au désir de l'éviter; et ce désir à purger, modérer, rectifier, et même déraciner en nous la passion qui plonge à nos yeux dans ce malheur les personnes que nous plaignons: par cette raison commune, mais naturelle et indubitable, que pour éviter l'effet il faut retrancher la cause.》

通过知性，排除所有扰乱心灵的情绪。再者，高乃依并没有把自己推出这个理论归功于塞内卡，而是亚里士多德。当然，这是他对亚里士多德在《诗学》[1]（*Poétique*）中提出的情感净化错误的诠释，虽然错误，却值得研究。

在这个逻辑底下，美狄亚的嫉妒与愤怒是许多不同概念的拼凑。高乃依肯定地说道：尽管不幸是情绪引起的，我们还是非常怜悯这些不幸的人，但怜悯作为结果引导我们害怕带来灾难性结果的那些情绪；而惧怕就会让我们对危险的情绪敬而远之。这样，就算美狄亚犯下了极端的罪行，我们仍然可以同情她。因此可以说，怜悯激励我们下决心不走上同样的迷途。可亚里士多德对于这样的理论会有什么想法呢？当然可以怜悯，前提是厄运并非由情绪、罪恶或其他性格缺陷引起，而是因过失犯错导致的。我们战栗着，唯恐自己也失误，跟戏剧中人物犯下同样的错误[2]。我们并不害怕情绪，恰恰相反，我们应该培

---

1 P. Corneille, *Œuvres complètes*, *op. cit.*, t. 2, p. 643:《Dans l'admiration qu'on a pourla vertu de Nicomède, je trouve une manière de purger les passions, dont n'a point parlé Aristote et qui est peut-être plus sûre que celle qu'il prescrivit à la tragédie par le moyen de la pitié et de la crainte. L'amour qu'elle nous donne pour cette vertu que nous admirons, nous imprime de la haine pour le vice contraire.》高乃依在怜悯和惧怕之上再加上一种更加强烈的情绪，他通过这种方式来纠正亚里士多德；这情绪就是爱，而它的反面则是立竿见影、罪恶满贯的恨。

2 关于亚里士多德主义情绪净化的诠释，有一篇简短的概述：D. Keesey,《On some recent interpretations of catharsis》, *The Classical World*, 1978–1979, vol. 72, n°4, pp. 193–205; W. Marx, *Le Tombeau d'Œdipe. Pour une tragédie sans tragique*, Minuit, 2012; P. Destrée,《Aristotle on the paradox of tragic pleasure》, *in* J. Levinson (éd.), *Suffering Art Gladly: The Paradox of Negative Emotions in Art*, Palgrave Macmillan, 2013, pp. 3–27; G. Sissa,《Comédies potentielles》, *in* P. Rousseau et R. Saetta-Cottone (éd.), *Diego Lanza, lecteur des œuvres de l'Antiquité. Poésie, philosophie, histoire de la philologie*, Presses universitaires du Septentrion, 2013, pp. 123–152.

养合宜的情绪，修成美德。塞内卡又会怎么回应呢？首先，应该驱逐怜悯，正如对待其他任何扰乱心灵秩序的情绪一样。怜悯或惧怕绝不能帮助我们排解其他情绪，只有坚决地拒绝认同它，才能把它从心灵里驱逐出去。

高乃依混合了所有的概念。我们希望“净化、缓和、调整，甚至连根拔起在我们内在的情绪”[1]，他这样写道。可是，“缓和”或“调整”并非“连根拔起”或“净化”。这正好是塞内卡对亚里士多德产生非议的地方：很单纯，就是完全不可能酌情处理、调节、缓和情绪嘛！所以，必须要把扰乱埋藏到我们心灵的最深处；必须立即否认它们，以防备它们外显；必须在旋涡形成之前就立马让它排泄出去，直到排泄干净。要么完全爆发，要么一点儿也不显露出来。一旦情绪开始露出一点儿苗头，就已经太晚了。这就是为什么斯多葛主义的悲剧人物，包括美狄亚这个怪物在内，总是一身黑。

高乃依大混合的结果，就是出现了这样一个美狄亚：她的情绪致命、无法抑制（如塞内卡所定义的），引导我们产生怜悯和惧怕（如亚里士多德所愿的）。这就产生了一个道德的混合体，一方面，亚里士多德会拒绝这个混合体，因为此处的情绪替代了悲剧失误行为产生了应起的警示作用；另一方面，塞内卡会憎恨这个混合体，因为放纵和主观的情绪（愤怒）被

---

1 P. Corneille,《Discours de la tragédie, et des moyens de la traiter, selon le vraisemblable ou le nécessaire》, *in Œuvres complètes*, *op. cit.*, t. 3.

用来唤醒其他情绪（怜悯和惧怕），而这些其他情绪对一个斯多葛主义者来说，也是心灵的疾病。我们确实需要一帖药剂，但他们不相信有以毒攻毒这回事。现代的美狄亚邀请“我们”——基督徒观众，站在她的阵营里；同情她的义愤，同时又恐惧震惊以至于不去模仿她的行为。换言之，这个路易十四时期的美狄亚，迫使我们原谅了她。

另一种不可言说

把嫉妒重新定焦到情欲愤怒，这让我们看到从一段较长的历史区间思考问题的重要性。这个视角很深刻，正如我们前文提到的，可以让我们把那些决定性的时刻放大观察。就是在这些时刻，哲学思想开始产生断裂，且裂痕越来越深；学术争论随之而起；观念也改变了。这样，我们可以描绘出一个文化历史的图表。

在这图表里，首先有斯多葛派的转折。其中的代表就是塞内卡的作品，他把愤怒从古人赋予它优越的位置上撵走，把它贬低为卑微、狭隘（*pusilla et angusta*，拉丁语）、失去理智的情绪。只是，基督教哲学家和神学家都不接受斯多葛主义。很快地，我们就可以看到基督教思想拒绝接受斯多葛智者描述的理想状态：不受任何事物搅扰，对情绪无感，对痛苦没有反应。

奥古斯丁在公元5世纪写的《上帝之城》中反驳道，只有过于骄傲的人，才不会因自己的罪感到痛苦，不会爱他的邻人，更不会敬畏（或译为惧怕）神[1]。托马斯·阿奎纳把亚里士多德的哲学封为经院哲学时，就建立了他自己的伦理学，所以他的研究也涉及情绪。愤怒、爱和嫉妒互相缠绕在他诫命式又细腻的伦理观里，容我们在后文中再仔细研究。至于嫉妒与爱，不可分割。

安德烈·勒·夏普兰（André le Chapelain），是名著《论爱情》的作者（12世纪），对他而言，情人总活在惧怕里，而嫉妒让爱意更加浓烈。当一个情人猜忌他所爱的女子时，嫉妒和爱的激情同时加增。不会嫉妒的人，不懂得爱。互相归属的欲望、独一性，这时再一次被合理化。从但丁到奥克语爱情诗，都延续了这样的精神，他们描述的爱情经历通常是一段不可能的三角关系。在《神曲》中，嫉妒不是罪，更不是重罪，相较之下，贪婪得到的惩罚更重：贪婪的人被罚入炼狱，眼睛被缝上，面如死灰[2]。保罗·马拉泰斯塔（Paolo Malatesta）和弗兰切丝卡·里米尼（Francesca da Rimini）因为通奸在地狱的纵欲层承受着永久的惩罚，而弗兰切丝卡的丈夫，乔凡尼·马拉泰斯塔（Gianciotto Malatesta），就是在他们没有防备时杀死他们的人，只在地狱的背叛者层。嫉妒不是罪。

1　Augustin, *La Cité de Dieu*, IX, pp. 4–5; XIV, 8–9. Voir t. H. Irwin,《Augustine's criti-cisms of the stoic theory of passions》, *Faith and Philosophy*, 2003, 20 (4), pp. 430–447.

2　Dante Alighieri, *Purgatorio*, XIII, p. 38.

到了伟大世纪，关于情绪的理论又被更新。皮埃尔·高乃依让我们看见，面对一群明白嫉妒/愤怒产生原因的基督徒观众，一个高贵个体的嫉妒/愤怒如何被原谅。一方面，观众同情嫉妒者；另一方面，伊阿宋却嘲笑她。然而，美狄亚的悲剧才是他要表达的重点。忘恩负义的那个人，则自杀了。同一时期，拉罗什富科的《箴言集》与这嫉妒的新理论形成令人忧伤的对比。嫉妒是合理的情绪（因为人们害怕失去拥有的东西），只是变得不可以言明（因为人们觉得羞耻）。情欲的嫉妒揭示了（并挫败了）人们想成为中心的自我意识，而这自我意识正是基督教伦理观痛斥的虚荣心[1]。

斯多葛主义者嘱咐我们压抑痛苦，而巴洛克时期的道德家却撕碎我们的面具，让我们难以自制地把它展现在众人的眼前、向别人述说我们的痛苦。嫉妒，让我们觉得何等耻辱！因为我们自尊心过强，所以才嫉妒以至于犯罪。我们太过虚荣，所以我们嫉妒。只是因着对手的成功，让我们的虚荣心无处安放，所以我们自然而然、小心翼翼地隐藏我们嫉妒的事实。从

1 关于《道德箴言录》里自爱的主题，我们将参考：V. Thweatt, *LaRochefoucauld and the Seventeenth-Century Concept of the Self*, Droz, 1980. Plusen général sur la jalousie, dans les théories des passions au XVIIe siècle, on verraM. Bertaud, *La Jalousie dans la littérature au temps de Louis XIII. Analyse littéraire et histoire des mentalités, op. cit.* On verra surtout les pages éclairantes sur les néo-stoïciens et leurs critiques, inspirés d'Aristote, en particulier sur Jean-Pierre Camus. L'évêque de Belley montra les issues funestes de la jalousie dans beaucoup de ses récits, ainsi que le montre Anna Karolina Dubois,《La conception du tragique dans les récits brefs de Jean-Pierre Camus》, *Réforme, humanisme, renaissance*, 2011, 73, pp. 163–177.

此，我们变得那么虚荣以至于无法说出我们已经嫉妒了。在沉默中，我们静静承受着痛苦，它比原来更加苦涩。

我们的先祖以他们高贵的嫉妒为豪——我们还需要教他们怎样忍住不嫉妒呢！现代人以他们的品格为豪，不管这些品格是真实的，还是想象中的——要让人看到他们最优秀的品格——这样的骄傲才是原罪！同一个情绪，同一种虚荣，使我们产生嫉妒，又耻于嫉妒。这就是另一种不可言说。

第二章

一种不可言说的激情

Une passion inavouable

于是，伦理标准改变了，欲望和欢愉，被当作男人女人应当享受的权利。我们下令解放了作为个体的现代人，同时给情绪一席之地——荣耀的地位，唯有嫉妒，成了应该被抨击的一个。

这股批评的浪潮始于18世纪，而我们，都是汹涌潮流的继承者。对我们而言——“我们”，是指我们尝试描绘的具有此历史性的我们——嫉妒是单单隶属于竞争的情绪。其他人拥有某一样东西，而我，我也想要。或是我有一样东西，我不想别人来跟我分享。就是在类似于上述情况的三角关系里——两个人和一件想要的“东西”，我们定义一种比较特别的嫉妒：因爱而嫉妒。

嫉妒，是在承认了别人的优越性的同时，显出自己的卑微感；也是承认了无法抵御衰老的无力感，“高尚的情人们都害怕把嫉妒说出来”。所有人说出自己的嫉妒时都感到羞愧，愤怒更是从明面上消失了。留给嫉妒的，只有羞耻。此外还有更多的评价，如拉罗什富科所言，嫉妒不再是理性的。它不过是让人尴尬的失败，我们总是试图抹掉它，迫不及待地希望把它藏匿起来。这感受本身，就是我们的失败和缺乏安全感不容置疑的宣言。这情绪是“残酷”的，因为它令人难以忍受，压得人喘不过气；同时也是“卑微”的，因为它揭示了我们的不安全感，使我们无法躲避、无法隐藏。只是，我们仍然可以看到嫉妒的“愤怒”表象，只不过完全在另一种情绪框架之下。曾经高贵的情绪，如今成为卑微的、可耻的、完全不文明且未开化的；它所到之处，不再有人恭维它，使它脸上笑开花。嫉妒变得越来越难以启齿。启蒙时期的嫉妒，只能通过我们身体的自我防御机制，来表达它自己。

嫉妒招致越来越厉害的藐视，它多疑而悲伤，残酷而卑微。为什么会变成这样？当我们把一个人放在生命中最重要的位置上，他却不以同样的态度回报我们时，凭什么我们感到痛苦是丢脸的呢？在我们爱和自我尊重的过程中，到底发生了什么让我们在保护尊严的时候学会了感到羞耻？

美狄亚一路带领我们到这里，她启发着我们。在古时，嫉妒之人情绪爆发时就显出愤怒来。尽管现代的嫉妒，也伴随着愤怒，但因着两个理由，嫉妒已经完全是另一回事了：此时的嫉妒，更多意味着与竞争对手的角力；此时人们对愤怒的定义，也与亚里士多德式的定义相差甚远。所以，嫉妒首先是一场血脉偾张的对抗；而它爆发出来的愤怒，效果也令人怀疑。

一个突然出现的障碍

17世纪的一个英国哲学家，驰名法国，被很多人喜爱，他从根源上改变了人们对嫉妒的看法；而法国许多思考“爱”这个命题的大思想家，例如让-雅克·卢梭、德尼·狄德罗、司汤达，他们都接续他所做的改变完成了对嫉妒的再定义。这位英国哲学家，对现代政治理论有重大的影响，此外，他的影响力还展现在哲学、人类学领域和对情绪的定义上。他就是托马斯·霍布斯（Thomas Hobbes）。

霍布斯曾长住巴黎，在这里遇见了伽利略，与梅森神父、复兴伊壁鸠鲁学派的唯物论思想家皮埃尔·伽桑狄（Pierre Gassendi）建立了深厚的友谊。他的思想被传播、被人占为己有、被指责，常常也被误解，引发许多议论和公愤。他所写的《自然权利与政治权利的要素》（*The Elements of Law，Natural and Political*）的法语译本一部分于1662年匿名出版。保尔-亨利·提利·霍尔巴赫男爵（Paul-Henri Dietriche，baron d' Holbach）翻译了这本书的前13章，并以《论人性》为书名于1772年出版，这本书里涉及了情绪的理论。过去的哲学家们都知道这些书。在《百科全书》中，德尼·狄德罗以令人敬仰的形象概括了这位思想家："他的思想公正、宽阔、深邃、犀利"，还特别向他"果敢独创的思维模式"致敬。"他的感情非常独特，"狄德罗这样写道，"鲜有人与他的哲学思想类同……就连他的错误，也比那许多堆叠普遍真理的书籍更能促进人类思想的进步。"[1]

霍布斯的理论认为人的本性取决于情感，这些情感让人去感受、思考、决策、行动。他认为愤怒只不过是因为在一个突然出现的障碍面前显露出来的急躁。彼时，在希腊古典悲剧时期、亚里士多德论述中，英雄式的情绪是一种"义愤"，在皮埃尔·高乃依眼中还称得上能够带来效果的行动模式；此时，则成了一种即刻的、机械性的、局限性的情绪，是缺乏合理性、策略上无能的表现。霍布斯建立了新的诠释系统，带来巨大的影响。

关于国家的建立，霍布斯写了《利维坦》。在这本书中，甚至在他更早之前的"英语小论文"《论人性》中，他早已重新检视、定义了情绪。他以运动的概念为基础，把情绪定义为某些意愿的表达，这些意愿能够转变为行动。首先，我们用感官去感知世界；然后这些感受在脑中被处理成我们的想象；最后，这些构想转移到了心里。而在心里，这些构想是运动随时

---

1 D. Diderot,《Hobbisme》, *in Encyclopédie, op. cit.* Sur la réception de Hobbes en France, voir surtout N. Malcolm, *Aspects of Hobbes*, Oxford University Press, 2002, pp. 493–510.

可去支配的。这些随时可被支配的构想，正面地表现出来时成为好感、爱慕、接近的渴望；或负面地表现为厌恶、反感、排斥的欲望。渴望和厌恶以不同的形式表达出来，从爱到恨、从希望到恐惧，这些，我们统称为“情绪”。情绪的确是行动的一个原因；它们甚至是我们所有有意识的运动的起始——难以被察觉的起始[1]。我们所谓的“意志”，无非是一些互相矛盾的情绪中最占上风的最后一种情绪的表现罢了，而我们竟错误地称该过程为“深思熟虑”[2]。

我们作为人，都具有天然的好斗性，虽然这天性已被文明社会驯化，而每个情绪所表现的，都是我们这个天性中的一个特殊面。这种生命个体里持续不断的竞争性，只是在与他人较量中速度的竞赛。这场生存的竞赛里，“努力，是执念和欲望的表现；放松，是沉溺声色的表现。使人对过去念念不忘的，是成功引起的骄傲情绪；而使人生发对未来展望的，则是成功引起的谦逊。向后看的同时失去领土，这是虚荣心形象的描述。而使人仿佛被囚的，是仇恨这个情绪。回转过来，被称为悔改。使人充满了干劲和动力的，是盼望；大动肝火，源自失望。争取超越更优秀的人，是竞争心；取代或颠覆更优秀的

1 T. Hobbes, *Léviathan*, I, 6, pp. 1–2. Voir *La Nature humaine*, VII, pp. 1–2. Sur l'importance des passions dans la philosophie moderne et leur mise en perspective, par rapport à la tradition classique, on verra surtout S. James, *Passion and Action. The Emotions in Seventeenth-Century Philosophy*, Oxford University Press, 2000.

2 T. Hobbes, *Léviathan*, 13, 10.

人，就是觊觎……”如此一长串的定义，直至死亡的定义。而死亡，只不过是从这场竞赛中弃权退出而已[1]。

在这份定义情绪的清单上，愤怒被认为是突发的胆量，也就是超越猝不及防的障碍时表现出来的果敢。“越过可预期障碍的决心，是勇气；而越过突如其来的障碍，就是愤怒。”因此，当某物突然挡在我们前行的道路上，或某个困难阻碍了我们的行动时，涌现出来突破的胆量，那就是愤怒了。

> 愤怒，或突然的勇气，仅是越过障碍或消除可能存在的对峙时产生的执念或欲望；人们通常把它定义为因藐视带来的忧伤，只是这个定义不符合我们常有的经验：我们时常对不会动的物品生气，要知道这些物品可不会藐视我们哪！[2]

这个定义并非那么自然而然。霍布斯解释为：愤怒，通常被定义为被冒犯之后衍生出来的一种不愉悦的感受，只是，这往往和经验自相矛盾。很多时候，是那些没有生命的事物让我们生气，这些事物并没有智慧，也不可能懂得如何藐视我们。

---

1 T. Hobbes, *La Nature humaine*, IX, p. 21 (traduction française de Paul-Henri Dietrich, baron d'Holbach, 1772). C'est le texte que les philosophes français ont dû lire. On verra une excellente traduction récente dans T. Hobbes, *Éléments du droit naturel et politique*, introduction, traduction et notes par D. Thivet et Y.-C. Zarka, Vrin, 2010.

2 T. Hobbes, *La Nature humaine*, IX, p. 5.

我们突然产生愤怒这个情绪，是因为令人不悦的某一样东西，不管是人、动物或事情，干扰了我们计划的执行，给我们的冲劲踩了刹车，拦在我们面前，让我们奔跑在竞赛场上的脚步慢下来[1]。

一种全新的情绪

那么，古时愤怒的剧场如今又成了怎样的呢？霍布斯以力量的较量场域取代了古时关乎荣誉的文化，以经验取代了自尊心表达的形象。他补充道：只有自命不凡的人，就是那些在自己想象出来的荣耀里神气活现的人，才会把自己每次生气的原因都归咎于冒犯[2]。虽然霍布斯在批评愤怒的传统定义时，思考的是政治问题，政治问题当然超过了本书讨论的范畴，只是，在情绪历史中的这个转折，也与我们正讨论的爱之愤怒有关。前文里，我们看到了亚里士多德在他的《修辞学》中检视并定义了阿喀琉斯史诗般英雄主义的情绪，也就是美狄亚悲剧性的情绪。霍布斯非常熟悉这些文本，正是他本人把这些文本翻译

1 这个定义和《利维坦》中给出的更简练的定义是一致的："突发的勇气是愤怒"。受伤，意味着"损失"；令人生气的事/人并不意味着必须存有"伤害"别人自尊心的意图，也就是所谓的"蔑视"（*Léviathan*，I，6）。
2 T. Hobbes, *Léviathan*, 2, 27, 17.

成了英语[1]。因此，他很清楚，在亚里士多德的思想中，愤怒是对冒犯的回应。他的批评，正正对准了亚里士多德式传统，只不过此时的亚里士多德思想，已经以其中世纪经院哲学式的版本出现。

霍布斯胆敢把亚里士多德的这套理论贬低至一般性的、有争议的、通俗的定义[2]，毫无疑问，是因为13世纪亚里士多德思想最系统的基督徒评论家——托马斯·阿奎纳延续了情绪的传统定义，给予它权威性的支持。托马斯·阿奎纳确实仍然认同：愤怒是由侮辱造成，人们因此产生强烈的复仇欲望[3]。但当托马斯在重新检视该诠释的错误时，他就回到当时已经浮出水面的机械论观点：有人认为，我们不只冲着人发怒，也冲着没有理性的活物和没有生命的物体生气。总体上来说，我们也会对那些没有能力冒犯我们的存在发怒。举个例子：我们都曾经

1 T. Hobbes, *A Brief of the Art of Rhetorick Containing in Substance All That Aristotle Hath Written in His Three Books on That Subject*, 2, 2:《La colère est désir de vengeance, joint au déplaisir parce que la personne qui se fâche (ou quelques-uns parmi les siens) semble avoir été négligée. L'objet de la colère est toujours quelque chose de particulier ou d'individuel. Dans la colère, il y a aussi plaisir dérivé de l'anticipation de la vengeance à venir. Négliger, c'est estimer peu ou pas du tout. Il y a trois types: le mépris, le fait de contrarier, l'arrogance. Le mépris, c'est lorsqu'un homme pense qu'un autre ne vaut pas grand-chose, en comparaison avec lui-même. Contrarier, c'est faire obstacle à la volonté d'un autre, sans l'intention d'en tirer profit. L'arrogance, c'est l'humiliation d'un autre, juste pour s'amuser.》

2 T. Hobbes, *La Nature humaine*, IX, 5:《On l'a communément définie comme un chagrin [*it hath been commonly defined*].》Dans sa traduction de la *Rhétorique*, Hobbes introduit comme《opinion commune》(*common opinion*) la définition de la colère (*A Brief of the Art of Rhetorick Containing in Substance All That Aristotle Hath Written in His Three Books on That Subject*, 2, 2).

3 Thomas d'Aquin, *Summa theologica*, première partie de la deuxième partie, question 46, article 1.

历过对着羽毛笔生气气得想丢掉它的时刻。

对此，托马斯·阿奎纳回应说：愤怒是一种复杂的情绪。有一种没有经过思考由想象引起的愤怒；还有一种理性的愤怒，这种愤怒取决于对冒犯的衡量，并且在复仇计划中，该愤怒带领我们计算成功的可能性。所有的动物，包括非人类的存在，都会经历第一种。只有人类才会经历第二种。对一支拒绝好好工作的羽毛笔发怒，显然是一种非理性的情绪，名副其实的动物性情绪。反击侮辱我们的人，同时计算着结果（轮到让侮辱我们的人痛苦了），成功的可能性（对方是非常强大的对手吗？），则完全是另外一回事。第二种情绪里，包含了策略、战术，唯有人类才如此发怒。这样的情绪，"这位大哲学家"（指托马斯·阿奎纳）声称，不可能指向没有生命征象的物品，例如骸骨。它们无法冒犯我们，向它们复仇就显得荒谬了。它们不能感受到任何东西，追着它们复仇毫无用处[1]。

尼撒的格里高利[2]（Grégoire de Nysse）认为愤怒，可以这么说吧，是欲望最大的武器，因它攻击所有一切拦阻它爆发出来的障碍。托马斯·阿奎纳的观点则不同，他认为愤怒瞄准的是复仇，也就是对伤害我们之人的惩罚[3]。并非障碍（*impedimentum*，障碍，拉丁语）使我们生气，它不过是个媒介，让我们产生有

1 Thomas d'Aquin, *Summa theologica*, 46, 7.

2 格里高利，约335—395年，他与该撒利亚的巴西流、拿先素斯的格里高利并称加帕多家教父。——译者注

3 Thomas d'Aquin, *Summa theologica*, 46, 2.

目的性的动作，是这动作本身有伤害我们的潜力。此时，愤怒重新回到古时所占据的地位：面对不公平、侮辱性的攻击，最有效找回公道的辩证方式。不仅如此，托马斯·阿奎纳还保留了暴怒英雄式的价值，根据复仇任务的难易程度，确定暴怒者的英雄气概。肉欲很容易把人引向其目标，而复仇的欲望却难以如此。我们不会为了鸡毛蒜皮的琐事发怒，只会在面对严重冒犯我们的行为或言辞时情绪大动干戈[1]。经院哲学思想深受亚里士多德影响，长达几个世纪培育着哲学家和神学家［托马斯·霍布斯称他们为“经院学者”（*schoolmen*，英语）］；在经院哲学中，愤怒仍然是杰出的、公正的、高贵、被重视的情绪[2]。

托马斯·霍布斯用一种全新的热忱批判之。对他而言，因暴怒被丢出窗外的羽毛笔——我想书写，而这工具居然不配合我，还阻碍我书写——成了发怒的范例。愤怒是在不可预期的障碍面前瞬间爆发出来的胆量。任何形式的障碍都可以引起这样的爆发。在这个定义中，冲突，或“现存的反对”，才是真正有意义的，这“冲突”或“反对”包括了人或者事物，只是特别排除了意图伤害我们的人，不管这意图是什么。

1 Thomas d'Aquin, *Summa theologica*, 46, 3.

2 这与斯多葛主义思想正相反，斯多葛主义认为这种情绪除了能用野蛮和自我毁灭来形容之外，不能证明任何问题。我们特别参考塞内卡的《关于愤怒》，对他来说，在愤怒这个情绪里，根本没有伟大性和高贵性可言。

独一的爱

托马斯·阿奎纳以机械和动力学为前提，用障碍的概念，重新思考愤怒的定义。我们前面说过，运动、超越、竞争、胜利，是以追逐形态出现的人生的各个面相。情人之间的关系，也被囊括在这个概念中。霍布斯在他自己翻译的《修辞学》中，通过亚里士多德的口说：当人们阻挠、反对或拒绝协助恋人（病人和穷人也是如此）时，他们就备受煎熬、甚至大发雷霆[1]。在爱情中，有一种苛刻、决绝的冲动，这冲动总想爆发出来，无法忍受敌意或漠视。而这对霍布斯自己而言是非常正确的。爱情，是独一无二地对待一个人，并期待对方如此回应的一种激情[2]。性冲动是对另一性别（霍布斯在这定义中只涵盖了对立性别）的欲望，这欲望却未明确指向特定某一个人，而爱情的对象，是特定的某一个人，爱上某一个人，我们会感受到真实的需要（*need*，英语，需求），并希望（*hope*，英语，希望、期待）对方也这样回应我们。

未明确指向特定对象的欲望与对特定对象的欲望很不

1 T. Hobbes, *A Brief of the Art of Rhetorick Containing in Substance all that Aristotle Hath Written in His Three Books on That Subject*, 2, 2:《Et comme le déplaisir d'être empêché, opposé ou non assisté. Et, par conséquent, les malades, les pauvres, les amoureux et, en général, ceux qui désirent sans atteindre le but se fâchent contre ceux qui, restant plantés là, ne sont pas émus par leurs souhaits.》

2 T. Hobbes, *Léviathan*, 1, 6.

> 同；而诗人们最爱描绘的，正是这种对特定对象的欲望；只是，不论他们如何歌颂此欲望，我们还是只能将其定义为需求；实际上，这个概念是这样的：这只是一个人的需求，只不过在这个需求里，涉及他渴慕的那个人。所爱之人的美貌或一些品德，往往不是引起这份激情的主要原因，他还得能带给对方期盼[1]。

就是上述这种爱之激情，带着害怕——担心对方无法反馈同样的爱，就是嫉妒了，霍布斯正是用英语中的“*Jealousie*”（嫉妒）这个词。过多的爱，加上嫉妒，就成了愤怒，过度的愤怒则成了暴怒[2]。

短短几行的描述，带我们进入丰富的内涵。当人坠入爱河，与纯粹的性欲不同，他迫切期待的，只有一件事：被爱。还不是随便怎么样被爱就可以的。他的欲望聚焦在特定的某个人身上，他期待成为对方的唯一。爱情不关乎占有。另外一个人仍然是另外一个人，我们所期待的，焦急地期待着，对方和我们做的一样多。爱情也不关乎成为一体。爱情不在乎合一，却在乎唯一性；不为把对方占为己有，却期待相互性。对双方而言，对方都是唯一，这就是双重的、双方互相模仿的唯一性。我对他或她而言，是不是与众不同的“那位”（the One）

1 T. Hobbes, *La Nature humaine*, IX, 16.
2 T. Hobbes, *Léviathan*, 1, 8.

呢？由于这个唯一性的倾向，同时热切地期待同样的回应，爱情本身就带着嫉妒的潜质。而当失败的惧怕代替了成功的期待时，爱情就成了嫉妒。所以，这与成功有关。若得不到答复，爱的欲望就失去了目标，它的前程就被毁灭了。这就是爱情里突然出现的障碍，它是愤怒甚至暴怒的原因。就在这个逻辑里，出现了“无力的愤怒”，即司汤达所使用的词语。

这个哲学家对竞争和虚荣心如此敏感，他完全可以用另一种论调谈论爱情。《利维坦》和《论人性》的读者们有理由相信，霍布斯会把嫉妒归类为一个基本情绪，即或不然，也应该是模仿性的情绪：为得到同一个目标，两个竞争对手处理冲突的情绪。可他完全没有这样做。嫉妒甚至没有按着它应有的位置，出现在《论人性》卷四的情绪清单中。在《利维坦》里面，只是给它多加了一个向度：主要是针对爱情这个欲望的惧怕——而非竞争、渴望；这惧怕投射在目的——爱情自身的目的之上。当人期待独一无二地被爱时，他已经坠入爱河，若有第三个人介入，就成了达成这期待的障碍。只要他不失去这份期待，就勇往向前。可一旦失去自信，担心无法达到目标，他就陷入嫉妒里了。

这些关于爱情和嫉妒的观点，谨慎，却很清晰，完善了霍布斯的司法架构，他把性欲放在这架构中。国家必须发展、保持人口数量，因此他必须写到性，但也仅限于自然律的范围：必须“颁发法律促使人口增长”，“不要保护妇女之间的社群；

不要维护一妻多夫；不要允许某些直系亲属、近亲结婚：所有这一切都是违反自然律的”。所有这一切，对霍布斯而言，对于“人类增长”是有害的、非常不利的。他理性地从这自然规律出发，认为制定民事法律的人应当提出一夫一妻制，禁止一夫多妻和一妻多夫制，禁止乱伦[1]。通奸就在此范畴内。[2]

从个人主管的角度来看，性欲并未特别指向某一对象，可不忠诚却会带来伤害。而嫉妒则是害怕失望，是清楚地意识到我们的计划那么脆弱，是预感或发现：原来我们深爱的、与众不同的那一位，有爱上别人的可能。这样定义的嫉妒，与已存在或潜在的三角关系里的嫉妒，没什么关系；而是关乎一对无法走到一起的男女——在我所爱的他或她和我之间，彼此相爱的奇迹并没有降临。介入的第三个人，不过是配角，或者可以这么说，是局外人。他只是我前行道路上令人气恼的原因。我并不觊觎他，我只是不高兴了。

---

1 T. Hobbes, *Du corps politique*, deuxième partie, IX, p. 3. Voir, sur Hobbes et la sexualité, O.Hoffmann, *La Femme dans la pensée des Lumières*, Association des publications près les universités de Strasbourg/Éditions Ophrys, 1977, p. 254–267. Cet ouvrage, d'uneampleur extraordinaire, nous permet des suivre les débats sur la différence des sexes, sur la sexualité et sur l'amour, aux XVIIe et XVIIIe siècles. Mon approche est différente, car je suis le fil conducteur de l'inavouable et du coût subjectif du blâme de la jalousie. D'où mon intégration du juridique et du passionnel, que Hoffmann ne prend pas toujours en considération. À propos de Hobbes, l'argument sur la loi naturelle reste incomplet si nous ne le lisons pas avec la description des passions (dans le même texte, dont les chapitres publiés comme *La Nature humaine* font partie).

2 T. Hobbes, *Du citoyen*, VI, 16:《Le larcin, le meurtre, l'adultère et toutes sortes d'injures sont défendues par les lois de nature.》

安心地享受欢愉吧

托马斯·霍布斯对经院哲学了解得非常透彻详尽。我们已经看过他对愤怒一般性定义的批判，这批判主要是针对亚里士多德和托马斯·阿奎纳的。然而，霍布斯却很认同后者给爱情下的定义。乍看之下，这很矛盾，但也很容易解释，如果我们认为在托马斯·阿奎纳看来，爱是一个运动（*motus*），导向具体目标的运动。友谊的目的是为了让朋友获得益处；肉欲（concupiscence）的爱，在另一方得到最深最完全的享受时达到顶峰[1]。而性欲的激情不是利他主义的。通过它的目标导向，表现出来的强度、张力、企图心，带着不达目的誓不罢休的气势。因此，在它前行的道路上，不允许有任何障碍。情欲这种激情，本身就带着嫉妒，这很合逻辑。

嫉妒（*zélos*），就是爱情的效应。事实上，当我们越热切地追求一项美德，它就会越用力地推开任何形式的障碍。既然爱是一个朝向所爱之人的运动（正如奥古斯丁认为的），浓烈的爱就更要排除所有反对它的力量。我们陷入肉欲之爱时，那欲望那么强烈，以至于一切阻碍所爱对象安心享受欢愉的事物，我们都要尽力清除。人们所说的，男人在婚姻中嫉妒心重，就是这么回事：担心妻子与其他男人有关系，他们就无法

1 Thomas d'Aquin, *Summa theologica,* première partie de la deuxième partie, question 28, article 2.

享受自己期待在她身上得到的独一性了（*ne impediatur*，拉丁语）[1]。托马斯·阿奎纳解释道，爱情热切地营造唯一、独特的亲密关系，出现妨碍该关系的人事物时，嫉妒是正常的反应。托马斯·霍布斯以机械模式认同这观念，仅仅在其中加上了愤怒。

托马斯·霍布斯是一位杰出的古希腊学者，他把欧里庇得斯的《美狄亚》翻译成了拉丁语[2]。遗憾的是，这个拉丁语译本已经失传；但我们仍可以推断这位科尔喀斯公主给他的思想留下了深远的影响。美狄亚，曾经是个快乐天真的小女人，演变成后来的样子，也只因为在她命运的途中出现了障碍。伊阿宋背叛她、羞辱她、抛弃她，所以她只能在原来的路径上戛然而止。对她而言，伊阿宋曾是生命的全部：为了他，仅仅只为了他，她离家出走、滥杀无辜，屈辱地被流放希腊。所以，应该受打击的是伊阿宋，就用那些让她最痛苦的东西：他的新家、他自己的孩子。我们说过，所有这一切，来自愤怒。希腊式高贵的愤怒，亚里士多德会这样定义，当然他强调的是美狄亚遭受的不公正待遇和别人对她的忘恩负义。霍布斯非常理解这样的愤怒，但以他自己的方式，强调这样的愤怒来自原本的生命

1 Thomas d'Aquin, *Summa theologica*, question 28, article 4.

2 D. Diderot,《Hobbisme》, *in Encyclopédie, op. cit.*:《Il avait traduit en vers latins la *Médée* d'Euripide dans un âge où les autres enfants connaissent à peine le nom de cet auteur.》Hobbes évoqua aussi la magie de Médée, comme allégorie de la révolution. Voir G. Goggi,《Dsiderot et Médée dépeçant le vieil Éson》, *in* A.-M. Chouillet (éd.), *Colloque international Diderot*, Aux Amateurs de livres, 1985, pp. 173-183.

目标被打断。从动力学的角度来看，伊阿宋的新婚姻，对美狄亚产生了巨大的冲击：这个意味着她全部生命的目标，也就是爱之激情，突然破碎了。

最初的激情

在托马斯·霍布斯之后继续思考嫉妒之爱的，有三个主要的代表人物：让–雅克·卢梭，颠覆了原始主义；德尼·狄德罗，修复了讽刺性；司汤达，则用小说形式来表达。

让–雅克·卢梭对托马斯·霍布斯的思想理解得非常深刻。[1]不仅如此，与他同时代的人在他的作品中，都能看到他刻意、有策略地反霍布斯主义。“来自日内瓦的卢梭先生的哲学，”德尼·狄德罗在《百科全书》的“霍布斯主义”词条里如此写道，“与霍布斯的哲学观念几乎相反。”他们两个，一个认为人性本善，另一个认为人性本恶。在卢梭看来，人的本性状态是平和的；而来自马姆斯伯里的霍布斯认为那是一种冲突、争战的状态。如果人们认同霍布斯的观点，就会认为是法律和社会教育让人变得更好；而如果认同卢梭先生，则会认为这些让人变坏。前者在动荡不安的时局中出生；后者在才学渊

1　R. Derathé, *Jean-Jacques Rousseau et la science politique de son temps*, Vrin, 1995.

博的人中长大。不同时机，不同环境，造就了不同的哲学。[1]

这两位思想家在现代政治哲学领域同样占据主导地位，在他们两者不同观念的对决中，爱和嫉妒的重要性不容置疑。作为理论家和小说家，卢梭给我们提供了一个看待爱的视角，嫉妒在其中饰演自相矛盾的角色：它揭示的是本源——爱，同时又说明了许多潜在的危险。如果说真的存在一种爱的艺术，如《爱弥儿》（*Émile*）向我们表明的，就是对嫉妒这个冲动的调节艺术。不过，要得出这个结论，必须先走进"寓言"或人离开原始野性的历史。因为，对卢梭而言，爱与性欲不同，不是与生俱来的——在霍布斯看来也是如此，爱是人类在学习共同生活时，一点点发现并习得又自我完善后的产物。

卢梭于1754年发表了《论人类不平等的起源和基础》，在其中反驳霍布斯关于本性状态为争战状态的理论。卢梭认为在这种状态下，社会生活终将停止。对霍布斯来说，人与人之间互相的敌意无法停止，除非这些天性暴力的个体——他们不断忧虑生存问题，决定把行使暴力的权力授权给一个人为的存在——国家。卢梭却把这个进化的过程完全颠倒过来。他描述的文明化进程，不是一种进步，恰恰相反，是一种倒

1 D. Diderot,《Hobbisme》, *in Encyclopédie, op. cit.* Voir L. Thielemann,《Hobbes dans l'*Encyclopédie*》, *Revue d'histoire littéraire de la France*, 1951, 51, pp. 333-346, et《Diderot and Hobbes》, *Diderot Studies*, 1952, vol. 2, pp. 221-278; M. Morris,《Le huitième volume de l'*Encyclopédie* et *Le Neveu de Rameau*》, *Recherches sur Diderot et sur l'Encyclopédie*, 1988, 5, pp. 33-44.

退。大自然的双手创造了善良、幸福的人类，人以一种内在的方式，天性就倾向自爱（l'amour de soi）——一种有助于自我保存（autoconservation）的天性，以及对他者的怜悯。社会生活反而衍生出自尊心，自尊心就是堕落的自爱，通过竞争、霸权欲望，最终引起不公平，导致对他者的剥削。这篇论述中，卢梭把农业的出现、私有财产的建立、开始有闭门不出的生活模式、一夫一妻制婚姻的建立以及家庭的创建紧紧联系在一起。人与自然的关系、社会关系和性关系同时也因此改变。

经过这个不幸的过渡，人类从森林进入了帐篷，从纯真进入了不公平，从幸福进入了不幸，从多夫多妻进入了一夫一妻，从性进入了爱，欲望本身也在改变。“原始森林供应人的一切需要，”瑞士文学批评家让·斯塔罗宾斯基（Jean Starobinski）写道，“欲望被限制在当下，从不逾越需求的严格要求。需求，是人天然就能感受到的，通常在人还没有意识到缺乏之前，需求是非常容易被满足的……这就是幸福的剪影。”[1] 无爱之性（le sexe physique）就在这种幸福的范畴之内。社会摧毁了它。更有甚之，性欲不仅单单受历史性约束，在卢梭看来，是它引发改变。社会生活始于爱，是在历史进程中首先产生的激情；而爱的终极命运，可悲又非常符合逻辑，就是嫉妒。性欲之嫉妒，与拥有土地、房子的倾向是一体的。既然文明始于此处，

1 J. Starobinski, *Jean-Jacques Rousseau. La Transparence et l'obstacle*, Gallimard,《Tel》, 1971, p. 343.

那么嫉妒这个基本的情绪就是理解卢梭政治理论的基石。

造出爱情

为了衡量嫉妒在卢梭的思想中所占的极其重要、却普遍被低估的地位，我们还是得从托马斯·霍布斯谈起。从卢梭的观点出发，霍布斯犯了两个错误。后者认为人只有一个原始情绪，就是生存下去的倔强；而卢梭觉得有两个原始情绪：当然是自爱，此外还有怜悯——“唯一一个天生的美德”。上天赐予人类怜悯，是为了缓和“其自尊心的残暴”和“为自身牟利的热切”。[1]霍布斯犯的第二个错误，就是错解了人天性中的心理和伦理基础。卢梭认为，野蛮人不做任何坏事，因为他们并不知道什么叫作好，“并非因为智慧的发展，或律法的制约，阻止他们无法做恶事，而是因为情绪的平稳和对恶的无知”。[2]由此看来，“情绪的平稳”是对最初人类的定义。

而在那些可能会破坏最初始平稳的情绪中，有一种“热切的”“急躁的”“可怕的”“暴怒的”和“破坏性”的情绪，它“无视所有的危险，扳倒一切的障碍”。它就是“过度、粗暴的

1 J.-J. Rousseau (1754),《Discours sur l'origine et les fondements de l'inégalité parmi les hommes》, *in Œuvres complètes*, Gallimard,《Bibliothèque de la Pléiade》, t. 3, pp. 153–156 (citation, p. 154).

2 Ibid., p. 154.

愤怒”，它是不合宜的、无法控制的、好斗的——正是这好斗性让它充满死亡暴力和血腥气息。它能最大程度搅动人心，论其缘由，不是别的，正是由爱而生[1]。爱不是与生俱来的。不论在我们可以猜测其生活方式的野蛮人身上，还是生活在几乎完全天然的自然环境中、欧洲旅行者描述过其风俗的加勒比人身上，都找不到爱的痕迹[2]。极其单纯的性行为和对爱的无知，使他们全然处于“情绪的平稳”（calme des passions）中；更确切地说，就是没有嫉妒。获得“情绪的平稳”这一幸福的关键在于，没有嫉妒。而爱就是嫉妒。由此看来，现存的所有民族中，加勒比人“拥有最温和的爱的经历，且最少被嫉妒占据”[3]。

卢梭描绘的爱之色彩，如此灰暗、可怕，是一种与偏爱（préférence）、占有欲和竞争关联着的情绪。由于人类的认知不断成熟，于是发生了首例把乡野的性行为（sexe pastoral）转变为都市爱情（amour urbain）的经历。在新的环境下，他们发现必须生活在一起时，就学会了比较拥有的东西，并拿自己跟别人比较。发现比较时，他们明白了人这个存在，非常不同：有性格好的，有性格较差的；有很多优点的，也有优点较少的。然后，就有了偏爱的选择。智性发展出了品味；从品味又到了酷爱；接着酷爱变成迷恋；迷恋最终发展出了嫉妒。这就是发现

1　J.-J. Rousseau (1754),《Discours sur l'origine et les fondements de l'inégalité parmi les hommes》, p. 157.

2　Ibid., p. 158.

3　Ibid., p. 158.

“美德”的第一步，“美德”的发现与对某些对象之爱大不相同：

> 我们首先要一起来理清，爱情这个情感中的肉体伦理。肉体是借由性行为与另外一人连合的一般欲望；而伦理则决定这个欲望，并将其固定在特定的一个对象之上，或至少使欲望最大限度地将精力倾注在这喜爱的对象身上。因此，这里很容易看出，爱情的伦理是一种人为的情感，为实现社会的功能而产生……这情感建基于美德或美的概念——一个野蛮人完全不拥有这些概念，此外还有比较的概念——他也还没有达到会比较的高度；所以情感对他是毫无意义可言的，只因在他的心智中，规则和协调的抽象概念尚未成型，他的内心并不敏感于敬仰和爱这些情感，甚至没有人会注意到，这些情感源自那些概念的应用；他仅仅只是听从大自然赋予他的天性，而非尚未习得的憎恶，他找任何一个女人，所有女人都毫无差别地适合他[1]。

第二步，所有权的确立。卢梭在《论人类不平等的起源和基础》中描述了这个关键性的转折——土地所有权的建立。第一个竖起篱笆并宣告圈住的土地属于他的人，给人类历史带来致命的冲击和巨大的灾难。幸福时光结束了！在此之前，在广

1 J.-J. Rousseau (1754),《Discours sur l’origine et les fondements de l’inégalité parmi les hommes》, pp. 157–158.

阔无边的土地上，独立的个体随心所欲地游荡、采摘野果、宿于树下、激动又咬字不清地喊叫，性事进行得毫无章法可言，不带着忧虑、不掺杂情感、不在意后果。最初的时候，只存在交媾：随机、享受、迅速。“这是一种轻率的‘恋情’，完全无须投入感情，产生的只是完全动物性的行为。需要被满足之后，男女双方不再认得彼此，甚至一旦孩子不再需要母亲，这孩子对母亲来说也就什么都不是了。”[1]之后，一旦这些最初的群体落地生根：在圈住的土地上种植，生活在乡间小屋里，一个男人与他孩子们的母亲之间的爱慕之情加强了人类群体生活的稳固性。人们尝到占有土地的滋味，当然还有占有他们妻子的滋味。

爱情是性欲的伦理补充，但更多时候是人为的，也就是说人工的、被臆想出来的、被造出来的。用今天的学术术语来说，爱情是一种社会性的建造（une construction sociale）。在卢梭的观点中，爱情这个欲望有挑剔、选择性的倾向，一旦出现立马就制造出所爱对象与其他不爱或不那么爱的对象之间的不平等。“人们习惯于考量不同对象并且做出比较；无意之中，人们产生了优点和美的观念，这些观念导致了偏爱的感受。”人们把自己和喜爱的对象绑在一起，正如人们紧紧抓住自己的财产一样。“因着看见了彼此，人们就不能忍受不再看见彼此。”[2]

---

1 J.-J. Rousseau (1754),《Discours sur l'origine et les fondements de l'inégalité parmi les hommes》, p. 164.
2 Ibid., p. 169.

对卢梭而言，这样的关系，不是忠诚的表现，反倒是自尊心过强，过于自私，最终带来暴力。而嫉妒，就是对它们的讽刺。

造出爱情的第三步，也就是最后一步，就是付诸竞争的行动。“温柔的情感慢慢渗入心灵，但只要稍遇反对就会成为暴躁的愤怒：嫉妒随着爱情的诞生而苏醒过来；争斗却占了上风，最柔软的情绪此时收割了人血的祭礼。”[1]人们想安静地享受让我们感到愉悦的人，不被打扰，并让他永远成为自己的专属。卢梭在《爱弥儿》里写道，爱情，属于一种“占有我们喜爱的人的欲望”，它里面所包含的嫉妒是爱过了头：

> 反感所有一切扰乱、妨碍我们快乐的事物，是自然的冲动，这毋庸置疑。到某种程度，独一无二地占有某样我们喜欢的东西，也还在这框架内。可是，一旦这种欲望转变为情绪，变为暴怒，或黑暗中忧伤的幽灵——称为嫉妒，这就完全成了另外一回事，这个情绪可能是自然的，也可能不是自然的。这时就必须要加以区别[2]。

以上是非常泛泛而论的总结，并未涉及爱情这一欲望的实

1 J.-J. Rousseau (1754),《Discours sur l'origine et les fondements de l'inégalité parmi les hommes》, p. 169.

2 J.-J. Rousseau,《Émile》, in *Œuvres complètes*, *op. cit.*, t. 4, p. 796.《La possession qui n'est pas réciproque n'est rien: c'est tout au plus la possession du sexe, mais non pas de l'individu》(p. 728).

际（l’ événement du désir）、相遇的偶然性、发觉别人有同样欲望时的惊讶以及不安：轮到我成为我爱的他的爱之对象了吗？这不安，从未离开过任何一个相恋的人。从另一个角度来看，也没有涉及司汤达——他阅读了卢梭的大量作品，是卢梭的忠实读者——赋予爱的复杂性，尤其是它的不稳定性。更没有提及爱情的微妙，而卢梭自己，作为小说家和教育理论家，后来成了在描述微妙爱情方面无人可匹敌的大师。

又爱又妒的爱弥儿

若不提《论人类不平等的起源和基础》，以及充满争议的爱情作为一种社会情绪发展史，让-雅克·卢梭非常清楚爱情的实际本质。他把恋人们搬上舞台时，总能清晰地区分最微妙的情感。在《爱弥儿》中，嫉妒没有被贬为“猛烈的愤怒”或“多疑而悲伤的幽灵”，即血祭的源头。恰恰相反，书中的嫉妒坚定、高贵、令人震惊，风格中流露着某种爱的艺术，值得称道，并且可作为教育传承的范例。

卢梭用大量充满学术气息、田园诗般的文字虚构了一个年轻人的形象——爱弥儿，他坠入情网了。嫉妒随之马上出现。开始时，卢梭再次肯定在《论人类不平等的起源和基础》中提出的一些观点："在社会性情绪中，嫉妒有自己特别的动机。"[1]现代的爱情时常是自爱，即虚荣心。"比起爱自己的情人"，恋人"更恨自己的竞争对手"，因为他最在意的，其实是被爱。爱情，是一种"只会散发出排他性和偏爱气息的情绪"。更强烈的爱情，则变成"过度的热情，使（恋人）陶醉在虚幻的好感中，看不到所爱对象的真实面目。"虚荣心与爱情之间唯一的区别，在于前者只知道索取（希望被仰慕，成为众人倾心的人），而后者在给予的同时期待有回报（仰慕、偏爱一人，认为他最有魅力，而这完全是想象）[2]。人们希望被爱，因此让自己变得可爱——要比另一个人看上去更可爱，甚至比所有人都好，从这里就衍生出竞争意识、敌对关系、嫉妒。"人们希望在给予爱的同时能够收获同样的爱；爱情是相互的"。[3]所以，在爱情中，有自我完善和相互性，可是，自我完善夹杂着强烈的竞争意识，相互性不过是谄媚奉承的交换。

因此，一方面，年轻的爱弥儿的家庭教师痛斥都市爱情、风流艳史和诱惑游戏。所有这一切既不纯洁，又虚伪、轻浮，还非常自私。另一方面，他又必须做出一些妥协。苏菲主动地调情以引起恰如其分的嫉妒。她知道如何引起猜疑和担忧，同时她的恋人又不会过于焦虑不安。"她知道怎样使他不安，又

1 J.-J. Rousseau,《Émile》, p. 797.
2 Ibid., p. 798.
3 Ibid., p. 494.

适时地安抚他；即便有时她让他忧心忡忡，却从不会让他悲伤绝望。”[1]而现在，轮到爱弥儿饰演完美的嫉妒者了。

> 又爱又嫉妒的爱弥儿不是愤怒、阴郁、多疑的，而是细腻、敏感、羞怯的；与其说他愤怒，不如说他不安；他更在意如何赢得自己的情人，而不是如何威胁他的对手；他尽可能地避开他，好像他是个障碍物；他没有恨他如敌人一般；假如他真的恨他的对手，也不是因为情敌竟敢与他争夺他企图占领的心，而是因为对手让他遇到了失去这颗心的威胁；他决不会那样愚蠢地认为若别人敢跟他竞争，就是伤害了他的自尊心；他明白，他若被偏爱（droit de préférence）是因他具有美德，而荣誉在于最终成功获得爱情之中；他就更加努力，好让自己成为更加值得爱的人，这样，他才有可能成功。[2]

在批判了虚情假意、充满暴力的现实之后，让-雅克·卢梭向我们描绘了主人公们矫饰的田园气息。爱弥儿和苏菲是两位法国贵族，住在乡下一座漂亮的别墅里——让我们暂时忘记原始森林，那里，男人可以找任何一个女人，所有女人都毫无差别地合适。在这乡下地方，我们跟着爱情的智慧，力求

1 J.-J. Rousseau,《Émile》, pp. 795–796.
2 Ibid., p. 798.

勾勒欲望中的欲望。如何权衡理想化的宽宏大度和期待同等地被尊重被爱戴的愿望之间的冲突？在爱情中，存在着一种圆周运动：赞美泛滥地循环，给对方的称赞，最终希望落到自己身上；赠送礼物，礼物被接受，也需要回赠。卢梭承认，真正的爱情必须是相互的，但这相互性，从深层的动机来看是十分值得怀疑的，因为它是利他主义和利己主义的掺杂，并且包含了这样的策略：为得到所爱对象的认同而让自己成为值得爱的。卢梭看到爱情里面充满自尊心的算计、索求和希望胜人一筹的竞争；而非构成爱情的专心、不安的等待。

又爱又嫉妒的爱弥儿，完全以他自己模仿和选择的方式遵循托马斯·霍布斯的教训。实际上，卢梭在爱与嫉妒的观点上，使用的辞藻深刻地刻画着“霍布斯主义”。在这两种哲学思想里，都贯穿着三个观念：比较、自尊心和障碍。

首先，爱弥儿的感受来自比较。他因为苏菲的美德而选择她。卢梭，作为教育爱弥儿的人，为了让他确认女人特殊的价值，通过虚拟的方式使他理解女人。[1]他的“偏爱权”仅仅建立在这位迷人女士的外在的道德、社会条件之上，而这位女士，恰如其分地在各方面都表现得完美、低调、谦虚。[2]“人们只有在判断之后才会爱上某人，只有在比较之后才会有所选择。”尽管人们总说，爱情是盲目的，然而爱情降临到我们身

1 J.-J. Rousseau,《Émile》, p. 765.
2 Ibid., p. 769.

上，确实从理性而起："它能看到我们看不到的关系。"正是这个比较的判断，有时我们甚至没有意识到，把爱情跟"本能的倾向"（penchant de l'instinct）区分开来，后者没有确定对象（indéterminé）。不知道爱情为何物，认为"所有的妇女都同样好"[1]的那些人才愿意经历"本能的倾向"。我们在这里会发现，爱弥儿的求学过程中习得的观点，同样也贯穿着《论人类不平等的起源和基础》：性是天生的，而爱必须经过学习，我们必须驾驭它。这对宏观的人类历史适用，对微观的个体生活也适用。自然人（l' homme naturel）在树下，当他看到自己比邻居们舞跳得更好时，第一次产生了希望被别人认出自己来的欲望；而对于文明人，一旦爱情苏醒过来，他会经历同样的事。"人们偏爱某人，希望对方以同样的偏爱回报之……就是从这里开始，人第一次正视他的同类；第一次与他们进行比较；就这样产生了竞争意识、敌对关系和嫉妒。"整个人类的社会生活就

---

1 J.-J. Rousseau,《Émile》, pp. 493–494。在Charles Pinot duclos (Amsterdam，1752年)的*les Considérations sur les moeurs de ce siècle*中，我们可以找到与此反对意见几乎相同的论述。杜克洛和卢梭关系非常密切，他对卢梭政治观点的影响很大，参考M.Viroli，(*La Théorie de la société bien ordonnée chez Jean-Jacques Rousseau*, Walter de Gruyter, 1988, pp. 68–69, 80–81)。杜克洛反对两种形式的爱："强烈的欲望，却没有特定的对象，仿佛任何人都可作为捕猎的对象，在这欲望中没有任何一事是固定的，它的强烈程度甚至阻止它做出独一的选择"，这是一种形式；还有"一种欲望是把自己的意志与一个对象完全连接在一起，完全排除其他任何对象"，这是第二种形式。同样的反对观点再次出现在*Mémoires pour servir à l'histoire des mœurs au XVIIIe siècle* (Londres, 1752)："我马上要闻到的女人的味道，会在短时间内变得那么强烈，以至于我根本不在选择一个特定对象的状态；她们中所有人在我心里，或者说在感官上，留下的都是一样的印象。"关于放纵的爱如何建造年轻男性的道德，我们参考《*Mémoires pour servir à l'histoire des mœurs au XVIIIe siècle* (1752) de Charles Pinot Duclos》, in I. Billaud et M.-C. Laperrière (éd.), *Représentations du corps sous l'Ancien Régime*, Presses universitaires de Laval, 2007, pp. 147–162.

是从爱情的欲望衍生出来的。“他需要一个情人，不久又感到需要一个朋友。”[1]爱情，总体而言，始于有别于他人、个体化、竞争性的认知——这必然引发对别人的嫉妒。

而狄德罗在《百科全书》“霍布斯主义”的词条里，正是这样提醒法国读者：对霍布斯而言，最基本的认知行为确确实实就是比较[2]。在比较之中，我们发现了平等与不平等的关系；当我们拿自己与别人比较时，我们体验到了内在的、原始的、无法抹去的好斗性。就算我们已经被文明洗礼，生活仍然是一场赛跑。

接着，卢梭把人的理论奠定在自尊心之上，自尊心的表现就是骄傲和虚荣。自爱（*l'amour de soi*），正如文字本身所表示的，是爱自己的一种情感，在人的天性里本来就有，我们的祖先有，我们所有人都有，甚至几个月大的婴儿也有。这种自爱是好的，因为它使我们有活下去的意愿，把别人当作保护和食物的来源[3]。它是至关重要的自我保护机制，和弗洛伊德定义的初级自恋（narcissismeprimaire）很接近。而自尊心恰恰相反，它是随着时间推移而获得的。它从孩童时期经历的各种关系里获

---

1 J.-J. Rousseau,《Émile》, *in Œuvres complètes, op. cit.*, p. 494.

2 D. Diderot,《Hobbisme》, *in Encyclopédie, op. cit.*:《Le rapport d'un corps à un autre consiste dans leur égalité ou inégalité, similitude ou différence. Le rapport n'est point un nouvel accident, mais une qualité de l'un et de l'autre corps, avant la com- paraison qu'on en fait. Les causes des accidents de deux corrélatifs sont les causes de la corrélation. L'idée de quantité naît de l'idée de limites. Il n'y a grand et petit que par comparaison. Le rapport est une évaluation de la quantité par comparaison, et la comparaison est arithmétique ou géométrique.》

3 J.-J. Rousseau,《Émile》, *in Œuvres complètes, op. cit.*, t. 4, p. 492.

得，例如当我们第一次发现差异时，我们就发展出偏爱。这是一种会“比较”的爱，在卢梭的逻辑中，也是所有“憎恨、易怒情绪”[1]的来源。与自爱不同，它苛刻、难以满足。如此看来，“要使一个人本质上很善良，就必须让他有极少的需要，而且尽量不同别人进行比较”[2]。而爱情，正如我们方才所说，不是一个本能的倾向，而是比较的产物，它是自尊心的扩张。我把好几个可爱的对象进行比较，而我自己，只跟我选择好的对象比较。我苛求对方爱我比自己更多，而这是不可能的[3]。“人们偏爱某人，希望对方以同样的偏爱回报之”，卢梭这样写道。认知辩证的理论大师黑格尔认同此观点，付出所有代价，我也要获得别人的欲望。我为了征服而奋斗。“从这里（指本质上充满好斗性的爱情）产生了竞争意识、敌对关系和嫉妒。”但并没有提到性关系。

而自尊心在霍布斯的人类学里面非常重要，它是人与人之间发生冲突最主要的原因，甚至是人类区别其他动物的显著的政治特征。可情欲之爱对霍布斯而言，是附着在单一个体上的需要，这个需要促使人迫切地希望获得独一的爱作为回报。获得对方欲望的欲望，不是一场战役，而是希望[4]。

霍布斯对爱情和“没有确定对象的欲望”的区分，卢梭字面上是认同的。他认同霍布斯说的：爱情需要自信——就是

1 J.-J. Rousseau,《Émile》, p. 493.
2 Ibid., p. 493.
3 Ibid., p. 493.
4 T. Hobbes, *La Nature humaine*, IX, p. 16.

要相信自己的力量，并且估算自己的竞争力，而他把情欲这个运动贬低为一种贪得无厌的激情、急切想要赢得的愤怒。在卢梭看来，支撑爱情的情绪，不是希望，而是骄傲和虚荣心。嫉妒不是在人坠入爱河时独一被爱的单纯需求，而是一场才华与可爱度的较量。这场较量存在流血的潜在危险。在爱情中，从来不止有两个人，通常至少有三个人。所以，陷入爱情的爱弥儿，应该爱得更加理智；嫉妒的爱弥儿，原则上应该去平息嫉妒。可他却反常地以最霍布斯的方式做了起来：让自己变得更加可爱，致力于让自己比其他所有竞争者做得更好。

最后，在《论人类不平等的起源和基础》中，关于嫉妒，卢梭这样写道，嫉妒的部分起因，就是遇到障碍的反应。“甜蜜温柔的感觉渗入心灵，哪怕一点点微小的反对，都会让这感觉变成即刻的暴怒”，所以，这情绪与发怒、反对有关。霍布斯也把愤怒定义为“突然出现的对立”。卢梭在这个愤怒的机械概念之上，添加了竞争精神。他所看到的，是在爱情的确立过程中，面对所有可能妨碍欲望实现的人事物产生的不耐烦，更有一种持续的冲突，这冲突不断分裂文明化的个体。由此，愤怒里又多了一项因素——“争斗”，也就是敌对关系：“嫉妒随着爱情的诞生而苏醒过来，争斗却占了上风。”嫉妒是热血冲昏头脑，疯狂的热血；也是与想要同样好处的竞争对手，毫不手软的较量。这就是为什么爱弥儿必须在嫉妒的两个面向之间做斟酌，权衡出更配得上他自己的方式：机械概念的愤怒或古时双重意义的愤怒。他尽可能避开他，“好像他是个障碍物，却没有恨他如敌人一般”。高尚的恋人宁愿把他的竞争对手看作是实现自己欲望的一个物理障碍，而不是需要被复仇的羞辱行为的始作俑者。“他绝不会那样愚蠢地认为别人敢跟他竞争，就是伤害了他的自尊心。”生命仅仅是一场赛跑，所以这样选择很正常。我们可以说，爱弥儿把他的自尊心套入机械理论中，他成了现代绅士，还是个霍布斯主义的实践者。

蛮横，嫉妒，虚假，记仇

这三个概念中的每一个：比较、自尊心、障碍，卢梭都使用了霍布斯的思想。但关于霍布斯认为人天性所决定的那些情绪，卢梭使用历史的方式从起源开始处理。卢梭认为，自然状态社会化的过程中，人们学会了比较和争斗；而当人从婴孩长成大人时，也要经历同样的过程。不止如此，卢梭还采用了竞争和虚荣的概念，它们对霍布斯非常珍贵，而卢梭竟让它们成为颇具讽刺意味的概念。婴儿从很早开始就知道比较，因他自己的欲望而变得“蛮横、嫉妒、虚假、记仇”[1]。青少年发现爱

1 J.-J. Rousseau,《Émile》, *in Œuvres complètes, op. cit.*, t. 4, p. 492.

情是一种特殊的情感，将其特别表现为尊重或深情，可称之为“不可能”的相互性。我爱你；我偏爱你；我要被你偏爱；我被人比较；我想冲其他人发火；我与别人竞争；我嫉妒了。嫉妒随着爱情的诞生而苏醒过来，正如我们前面所说的。每个人都希望自己是首选，可“要不是因为有许多地方不满意，大家都是不愿意有所偏爱的”[1]。

对霍布斯而言，这种普遍的冲突性在天性中已经达到极致，因着天性，每个人为生存而奋斗，为践踏别人、保持自己的形象而斗争，但他们会在文明中——其中包括爱情——被纠正过来。这爱情，就是对某一特定对象的需求，独一地渴望这个人，并且希望这个人同样以爱来回报。情欲之嫉妒不是别的，正是爱情中的希望被惧怕代替后所产生的情绪。对卢梭而言，则恰恰相反，自尊心带来的摧残正是社会生活的效用。嫉妒的爱不仅包含在其中，甚至是导火线。“人一旦需要有一个伴侣，他就不再是孤单的人；他的心不再孤独。他同别人的种种关系，心中一切的爱，都将随着其他同这个伴侣的关系同时发生。他这第一个欲念很快就酝酿出了其他所有欲念。”[2]所以，社会化无法治愈天性中的竞争性。霍布斯认为可以，而卢梭认为，社会化甚至是恶的原因。在文明化的生活中，有一条死胡同，人们越是文明化，就越陷入以下情绪无法自拔：比较、偏

1 J.-J. Rousseau,《Émile》, p. 494.
2 Ibid., p. 493.

爱，不平等、爱情、嫉妒——简言之，争斗至见血。

人们可能从这有害的完善性里面脱身吗？《爱弥儿》中，有许多答非所问的场景，狄德罗称之为“自己诡辩术的第一个受害人”的魅力所在，其中一次，卢梭给爱弥儿开了个霍布斯主义的处方。对这份可能会毁了你一生的“原始的激情”，除了再加入一些剂量的机械主义，并没有其他疗愈方法。要知道，愤怒是在突然出现的障碍面前浮现的一股勇气，可以帮助你“避开对手仿佛避开障碍物一般”，既然对方也是人类，你不必感到被羞辱。“反感所有一切扰乱、妨碍我们快乐的事物，是自然的冲动。”

所以，嫉妒已远不是美狄亚和亚里士多德的高贵情绪：捍卫自己的尊严、提醒对方感恩、回应不公平。这些不过是“毫无根据的傲慢”，此时，悲剧诗就显得可笑，或更糟的是，完全违背自然。“我们能从《美狄亚》里面学什么呢？”卢梭在《给达朗贝尔的信》里这样写道，“除了能明白嫉妒产生的暴怒可以让一个母亲变得残忍、反人性？”[1]达朗贝尔回复他：美狄亚教会我们“颤抖和恐惧”。正如戏剧演出会震撼社会名流，悲剧诗冲击“最高尚、最敏感的心灵”。《美狄亚》给他们留下的印象不会是救赎性的，更多是暴力的，因为，“如果在戏剧中，人们把罪行摆在我们眼前，恶人却不总是被惩罚，观众就

1 J.-J. Rousseau (1758),《Lettre à M. d'Alembert》, *in Œuvres complètes*, *op. cit.*, t. 5, pp. 1–125.

会担心他们得不到该有的报应”[1]。法国学者让-弗兰索瓦·马蒙泰尔（Jean-FrançoisMarmontel）如此反驳他：把美狄亚所经历复杂、矛盾的情绪展现出来，至少在她杀子之前，可以帮助我们理解她[2]。

缺乏、贪婪的动物之激情

让我们保持单纯的心！不带着任何先入为主的观念，倾听善意十足、发生在太平洋中心塔希提岛（Tahiti，又译作大溪地，是法属波利尼西亚向风群岛上最大的岛屿，位于南太平洋中部）的哲学对话吧。参与这对话的有好几位：首先，有一位叫欧鲁的土著和一位法国神父；另外有两位匿名法国人，我们暂且称为“A”和“B”。后面两位对前面两者的谈话进行评论。这些可爱的人物两人一组，对面聊着，他们的交谈仅围绕一个

1 J. D'Alembert, *Lettre à M. Rousseau, citoyen de Genève, sur l'article Genève, tiré du septième volume de l'Encyclopédie, avec quelques autres pièces qui y sont relatives*, Zacharie Chatelain & fils, 1759 (je cite d'après une édition en ligne).

2 J.-F. Marmontel,《Apologie du théâtre, où Analyse de la lettre de Rousseau, citoyen de Genève, à M. D'Alembert au sujet des spectacles》(1758–1759), dans R. Trousson (éd.), *Jean-Jacques Rousseau*, PUF, 2000, p. 165:《Mais quand les gradations en sont bien ménagées, quand on voit l'âme de Phèdre ou de Médée agitée des mêmes sentiments qui s'élèvent en nous, susceptible des mêmes retours, combattue des mêmes remords, s'engager peu à peu, et se précipiter enfin dans les crimes qui révoltent la nature, nous les plaignons comme nos semblables : et ce retour sur nous-mêmes, qui est le principe de la pitié, est aussi celui de la crainte.》

中心：渐渐老化、阶层分明、信仰基督教、复杂的欧洲世界与在这些岛屿上生活向来简单的世界，两者之间到底有什么不同？到底该选择哪个世界，尤其当有了当地的有关性的习俗之后？他们的对话并不是完全理论性的空谈，实际上是围绕着一篇游记进行的：布干维尔岛（Bougainville）之旅。更确切地说，这场有趣的讨论是在非常特别的情景下进行的：当地居民接待了这几位西方探险家。

登陆塔希提之后，神父带着随从马上就受到了最惊人的礼遇：接待他的男主人欧鲁提出，神父可以选择自己的妻子或几个女儿中的一位，并与之度过春宵一夜。他特别希望神父能选择最小的女儿。一番推让客套之后，神父还是不得不接受了。所有人都非常高兴。但欧鲁的行为引起极大的困惑：他难道不会嫉妒吗？这个塔希提人就不得不细细解释为什么这样殷勤的好客之道很自然，塔希提人怎样看待性、家庭和社会，以及为什么法国基督教伦理充满了无用、无益、自相矛盾的原则。情欲的嫉妒，是这场深度对话的导引线；它在欧洲是荒谬的情绪，而在塔希提则彻底缺席。这位塔希提家庭的父亲——担心着小女儿的前途，这位教会的侍奉者——为他的信仰和整体状态而焦虑；两位哲学家A和B，反思前面两者间的对话，得出一个结论：融入当地的风俗习惯是非常好的。他们是世界主义者。

在塔希提没有嫉妒这回事，因为塔希提人知道如何顺从自然而生活。无须坚贞，无须忠诚。欧鲁解释道，这些所谓的美德，仅仅只是欧洲当地的风俗习惯。他认为这些习俗是违背自然的，因为它们“假设一个可以感受、思考、自由的存在可以成为其同类的主人”。欧鲁自问了一个相当理论性的问题：“这个权利建立在什么基础上？有些东西无感觉、无思想、无欲望、无意志，人们丢弃、拿回来、保存、交换，它们不会感到痛苦也不会抱怨。你没注意到在你的国家，人们把它们跟以下特质的对象混淆了？这些对象本来不能交易、不能让人把他们据为己有，有自己的自由、意志、欲望，可以在一段时间内或永远把自己奉献或者拒绝给予，既会抱怨也能感到痛苦。除非我们可以忘记他们的特性或下决心与自然作对，否则这样的对象不应成为商品。”[1]

在今天，康德已经把这些概念严肃地理论化，这些言论被

1 D. Diderot (1772),《Supplément au voyage de Bougainville》, *in Œuvres*, *op. cit.*, p.555. Voir aussi R. Niklaus,《Diderot et Rousseau: pour et contre le théâtre》, *Diderot Studies*, 1963, vol. 4, pp. 153-189; S. Pinette,《Diderot's dialogic difference》, *The French Review*, 2007, vol. 81, n°2, pp. 339-350; A. Cowell,《Diderot's Tahiti and enlightenment sexual economics》, *Studies on Voltaire and the Eighteenth Century*, 1995, 332, pp. 349-364; C. Davis,《Backward, forward, homeward: Encounters in Ithaca with Kant and Diderot》, *Eighteenth Century: Theory and Interpretation*, 1999, 40, n°3, pp. 219-233; S. Diaconoff,《Diderot's mascarades: The Jeux of Je》, *Diderot Studies*, 1998, 27, pp. 68-81; A. Dziedzic,《Liberté, propriété et sexualité dans le *Supplément au voyage de Bougainville*》, *Chimères*, 2001, 25, n°2, pp. 45-55; Y. Giraud,《De L'exploration à l'utopie: notes sur la formation du mythe de Tahiti》, *French Studies*, 1977, 31, p. 26-41; C. Moscovici,《An ethics of cultural exchange: Diderot's *Supplément au voyage de Bougainville*》, *CLIO*, 2001, 30, n°3, pp. 289-309; R. Goldberg, *Sex and Enlightenment: Women in Richardson and Diderot*, Cambridge University Press, 1984; A. Parker,《Did/erotica: Diderot's contribution to the history of sexuality》, *Diderot Studies*, 1986, 22, pp. 89-106.

归到了“客体化理论”（théorie de l’objectification）中。在倡导性专一的同时，人们犯了很严重的错误：把人类仿佛物件一般对待。人不是一件东西，这种归类法的错误在于，它暗示着否认人性、把财产权不恰当地延伸到人类身上。一夫一妻制成为法制产生的怪物，颠覆了我们对人的定义。因此，没有任何其他言论比这些更无情地判定嫉妒的罪了。我们将在下一章中更具体地讨论。

高尚的情人们害怕把它说出来

狄德罗通过欧鲁所表达的思想，我们在《百科全书》里也可以找到。《百科全书》是18世纪后半叶的著作，由德尼·狄德罗和让·达朗贝尔主编。“嫉妒”的词条里，参与编纂的哲学家路易·德·若古（Louis de Jaucourt）把广义的嫉妒定义为一种“心灵的焦虑”，由于“我们担心别人介入而失去我们自己的财产，例如我们渴望别人的权威，就是嫉妒他所拥有的权威”。而爱情中的嫉妒，“这种似火的热情吞噬着烈日曝晒地区的居民，而居住在温和地带的我们，也体验过这种热情”，若古选择让狄德罗来诠释这样的嫉妒。

嫉妒，从后一种意义上来说，启动了坠入爱河的人疑心。他爱着某一对象，担心着这对象不能分享他心灵、感情及其他所有一切他假定完全属于他的东西；他因这对象最微小的举动而惊慌，敏感于其行为中最冷漠的部分，害怕见到不幸的确凿信号，在猜忌中生活，也让对方活在限制和痛苦中。这残酷而卑微的情绪，表现出来就是对自身美德的怀疑，并承认对手的优越性；使其快速奔向它本身所担忧的不幸。很少有男人或女人对嫉妒免疫；只是，高尚的情人们害怕把它说出来，已婚丈夫们羞于启齿。只有垂垂老朽们才疯狂地承认自己是不足的，此外还有被热带气候影响的居民们，他们最清楚妻子们的火爆脾气。嫉妒碾过中国妇女的脚，荼毒了几乎所有东方国家的女性[1]。

所以在启蒙时期的哲学思想里，嫉妒首先是一种涉及财产的竞争关系。而爱情里的嫉妒，是一种焦虑、惊慌、害怕；它把怀疑自身价值的人可悲的不安全感暴露出来。所有嫉妒引发的作用都是不为人称道的——不管对对方，还是对自己而言。可憎的习俗还变成一种制度，在中国，在所有东方国家，在过热的南方；男性的嫉妒心极尽其破坏力。

论到人种学的起源，必须提及乔治-路易·勒克莱尔，

1 *Encyclopédie*, *op. cit.*, 8, p. 439.

布丰伯爵（Georges-Louis Leclerc，Comte de Buffon）。他的《自然通史》影响了许多哲学家对于生命和身体的思考。布丰毫不迟疑地用最严厉的笔触鞭笞这“卑微的情绪，那么低下以至于人们总是想隐藏它”。与无爱之性不同，“道德”的爱情只是纯粹的虚荣心：“由征服的享受带来的虚荣心……欲保持独一性而带来的虚荣心……追求享受带来的虚荣心……甚至是因失败方式而引起的虚荣心。”[1]同理，动物们想获得更多的欢愉，根据自己的力量产生相应的嫉妒，“人类的这个激情假定的总是缺乏自信，对自身弱点的无知”。[2]夺得这项疯狂情绪桂冠的是野蛮人，这就是为什么他们杜撰与女性贞洁有关的人体解剖神话，甚至实行锁阴的习俗。路易·德·若古在《百科全书》“贞洁”的词条里这样写道：“布丰先生说，人类，在所有物种中属于嫉妒得最厉害的，总是过于重视他们自认为能够特别或最早拥有的所有人事物；正是这疯狂的种类使得处女情结得以存留下来……可为什么要引用这些野蛮

---

1 G.-L. Leclerc, comte de Buffon, *Histoire naturelle générale et particulière: avec la description du Cabinet du Roy*, À Paris, de l'Imprimerie royale, 1752, t. 4, p. 81.

2 Ibid., p. 82:《Tout ce qu'il y a de bon dans l'amour appartient donc aux animaux tout aussi-bien qu'à nous, et même, comme si ce sentiment ne pouvoit jamais être pur, ils paroissent avoir une petite portion de ce qu'il y a de moins bon, je veux parler de la jalousie. Chez nous cette passion suppose toujours quelque défiance de soi-même, quelque connoissance sourde de sa propre foiblesse; les animaux au contraire semblent être d'autant plus jaloux qu'ils ont plus de force, plus d'ardeur et plus d'habitude au plaisir, c'est que notre jalousie dépend de nos idées, et la leur du sentiment: ils ont joui, ils désirent de jouir encore, ils s'en sentent la force, ils écartent donc tous ceux qui veulent occuper leur place, leur jalousie n'est point réfléchie, ils ne la tournent pas contre l'objet de leur amour, ils ne sont jaloux que de leurs plaisirs.》

族群的例子？在我们身边就发生着同样的事！我们的邻居们因怀疑自己妻子的贞洁而生气，那样的敏感难道与野蛮、罪性的嫉妒有区别吗？”

若在地图上标出因嫉妒而严格监视女性性行为的地区，这分布图将非常有趣。一方面，在社会文明发达的欧洲地区，人们无法理解那些欠发展的非欧洲社会文明中因嫉妒做出那些举动，在他们看来那实在野蛮极了。因此，狄德罗与布丰如出一辙，的确认为嫉妒“碾过中国妇女的脚，荼毒了几乎所有东方国家的女性”。

而另一方面，若我们理想化自然状态，同时贬低文明状态，嫉妒则成为纯粹的欧洲、法国现代性的产物。基本上，哪里有指责，哪里就有嫉妒。因此，让-雅克·卢梭认为应当首先在道德腐败的现代欧洲标出嫉妒，还有受南方气候影响的地域，那些地方总是伴随着多配偶制。气候炎热，导致女性的出生比例高于男性，丈夫更加容易担心他为数众多的妻子们欲求不满，所以他们嫉妒是可以理解的。因此，热带地区的人们易于嫉妒，不全然因为被所谓太阳的灼烧，而是因为气候对人口结构的影响。但这个情绪的产生原因事实上还是完全一样的：“自身的缺陷感让人求助于这个约束，以逃避自然法则。”无论在世界何处，嫉妒从来都只是低下的自我评估表现出来的症状。越多的妻子需要控制，丈夫就越需要采取“暴君式的措施”来护住自己的地盘[1]。

在这个逻辑下，卢梭与我们所遇见的那些狄德罗原始主义者们观点一致，坚决地认为野蛮人从来没有嫉妒过。不管是在塔希提岛，还是在加勒比，人们实在无法想象一个如此徒然而又会带来致命性伤害的情绪。卢梭则完全确信：在那些他称为“未经文明雕琢、单纯的族群”中[2]，他们的性经验纯粹就是肉体的性需求，在产生爱情之前，或衍生出复杂情绪以前，就已经排除了嫉妒。而这些人，并不受炎热气候的影响。在一些地方，人们不会知道为什么，大自然的慷慨超越了众所周知的炎热带来的有害效应。“更可笑的是，说起野蛮人，我们浮现的形象就是不断地自相残杀以满足他们残暴的性情”，可通过经验我们知道，他们是平和之爱的高手，“而且更少受嫉妒支

1　J.-J. Rousseau,《Émile》, *in CEuvres complètes, op. cit.*, t. 4, p. 797.关于热带国家女性出生率高于男性，以及因此男性四处筹谋以处理此不平衡带来的风险。卢梭在这里并未指出文中涉及的女性的想法和感受。我们在他的专著《食肉族》19条中，在野蛮人山的描述中，可以找到一夫多妻制和顺从的妻子们之间并不嫉妒，他论到制度和妻子们这两者之间的关联性：“在那里，男人可以娶好几个女人做妻子，妻子越多，就越显出丈夫的骁勇；他们的婚礼上最美的一件事就是：若他们的妻子的表现可以用嫉妒来形容，与我们妻子的嫉妒是非常不同的。因为嫉妒，我们的妻子竭尽所能阻止我们向别的女人展现出友好、亲切；而她们则竭尽所能帮助丈夫向别的女人展现友好、亲切以得到新的女人。对她们来说，最重要的事就是丈夫的名誉，所以她们总是关心怎样尽可能多地找到同伴，同伴越多，就越显出丈夫的美德。我们的妻子只能呼求神迹；如果神迹没有发生，这也算是在婚姻中才有的美德，最高级别的美德。在《圣经》中，拉结、撒拉和雅各的妻子们，都把自己最美的使女给了她们的丈夫；莉薇娅按着奥古斯都的兴趣迎合他的胃口；斯特拉托尼克，德奥塔鲁斯王的妻子，不仅把自己寝宫中美得惊艳的侍女送给丈夫，更是精心抚养他们俩所生的孩子，后来还让这些孩子接续父亲的荣耀。”

2　Ibid., p. 496.

配”[1]。在欧洲却完全相反，很少有人能够从嫉妒中抽身。

在塔希提的塔希提人

现在，让我们停止读卢梭，免得我们变得过于天真。不如问问我们自己，在《布干维尔之旅拾遗》(1772年）这些非常具有误导性的文字中，到底是谁在发声？首先值得一提的是塔希提人的逻辑。欧鲁把他的女人们作为礼物送给他的客人，对于这样的举动，女人们虽然感到很满意，但要注意是她们的一家之主随己见处置她们，而且是他自己在与害羞的神父——男人中的男人交涉着。他说，这个习俗的目的是为了发展人口：在塔希提，最珍贵的财产就是孩子，与外人通婚能加强、改善人口结构。因此，这不是为了享受欢愉，而是生育的策略，这策略强制女性接受授精，且尽可能多地生下孩子。此外，那些不孕不育的女性除了得承受无法生育本身带来的不幸之外，还

1 J.-J. Rousseau (1754),《Discours sur l'origine et les fondements de l'inégalité parmi les hommes》, *in Œuvres complètes*, *op. cit.*, t. 3, p. 158:《C'est donc une chose incontestable que l'amour même, ainsi que toutes les autres passions, n'a acquis que dans la société cette ardeur impétueuse qui le rend si souvent funeste aux hommes; et il est d'autant plus ridicule de se représenter les Sauvages comme s'entrégorgeant sans cesse pour assouvir leur brutalité, que cette opinion est directement contraire à l'expérience, et que les Caraïbes, celui de tous les Peuples existants qui jusqu'ici s'est écarté le moins de l'état de Nature, sont précisément les plus paisibles dans leurs amours, et les moins sujets à la jalousie, quoique vivant dans un climat brûlant qui semble toujours donner à ces passions une plus grande activité.》

会受到穿戴黑色面纱的惩罚和侮辱。

天堂塔希提的“反乌托邦”（dystopiques）特征当然引起许多学者的关注[1]。但此时我们更应强调的，是这场对话流露出来的彻底的讽刺。

欧鲁对待自己家女人们的方式，好像他的妻子和女儿们就是为了社会人口的增长而存在的，是可使用的器具、可压榨的身体。当他向神父解释他慷慨的真正原因时，他开了神父的眼：这个迷人的年轻人难道没看到，塔希提人的妻子、女儿们都表现得很勇敢，并且预备好接受一个比他们族群更优秀之人的精子了吗？他难道没有猜到人们是为了优生而送给他最美丽的女人吗？他难道不怀疑最先派送到那些出色强壮的水手怀抱中的女人，都是塔希提人无法使之怀孕的人吗？其实他并不知道在塔希提女人比男人多，他没有意识到，他是“被选中去完成任务”以帮助这些无能为力的男人。人们其实用抽税的方式剥削他，这是他的“身体税”，用他“自

1 T. Todorov, *Nous et les autres*, Seuil, 1989; A. Stanley《Unraveling natural utopia : Diderot's *Supplement to the voyage of Bougainville*》, *Political Theory*, 2009, vol. 37, n°2, pp. 266-289; K. Tunstall,《Sexe, mensonges et colonies: le discours de l'amour dans le *Supplément au voyage de Bougainville*》, *Littératures classiques*, 2009, 69, pp. 15-34. Voir aussi P.Cheeks, *Sexual Antipodes. Enlightenment, Globalization and the Placing of Sex*, Stanford University Press, 2003, pp. 152-158,理解后殖民时期的关键之处在于，殖民地的人对法国人的血统有两极化的想法：有些认为他们的血液带着疾病和传染性，另一些人则认为是健康的，还有令人向往的遗传基因。根本没有欧鲁传授给神父的普遍主义学说的记录，也没有出现像“A”和“B”这样观点分明的言论。为了对此做更深入的研究，我们可以参考W. Anderson, *Diderot's Dream*, Johns Hopkins University Press, 1990; S. Muthu, *Enlightenment Against Empire*, Princeton University Press, 2003, pp. 48-59. 木舒（Muthu）认为，在狄德罗的观点里，“新世界社会的概念化，最终颠覆了高贵、野蛮的传统”。他对比了卢梭和狄德罗如何看待女人、爱情和嫉妒。

己的物质”（暗指神父的精子）来还——他惊讶地感激着，这一切来得太快，来不及细思就已稀里糊涂结束了。可悲的原始主义啊！它让人屈尊降卑。它妨碍你意识到这些人精打细算和处心积虑为自己的智慧，尤其是他们从不被“夸夸其谈的美德”约束，这着实蒙蔽了欧洲人的双眼！这态度让你在这些“野蛮人”的眼中看起来极为愚蠢，而你也不可能发现，自私其实是全球普遍存在的。“无论去哪儿，你都会发现几乎所有人都和你一样机灵。”[1]

跨文化的实用主义给予的教训，是一个尖锐的讽刺。这么形容毫不夸张：野蛮人遛着基督徒，后者善心过重，完全低估了单纯、未开化之族群真正的能力。但更具讽刺意味的远不止于此。欧鲁还能证明他利用妻子和女儿们的做法有法律支持。“我没有滥用我的权威，”他强调，“请相信我了解并尊重人的权利。”[2]这样的认知可不是微不足道的。这么看来，欧鲁被罗马法熏陶过。罗马法建立在人（不可转让）和物品（可以被获取、拥有、买卖）的区别之上。忠诚和一夫一妻制模糊了这个区别，因此破坏了作为人的人性。相反，为生育目的使用他的女人们，加上利用外国男性的身体，甚至提取他们的“物质”，是合法且自然的行为。这位好神父所需要做的，只是耐心地接

1 D. Diderot (1772),《Supplément au voyage de Bougainville》, *in CEuvres*, *op. cit.*, t. 2, pp. 567–568.
2 Ibid., 553。按照法律和传统的背景来看，这个区分在哲学和政治上都非常关键（我们将在下一章具体分析），请参考R. Esposito, *Le Persone e le Cose*, Einaudi, 2014. 关于狄德罗和女性，最后我们参考的是D. Lecourt, *Diderot. Passions, sexe, raison*, PUF, 2013.

受他的好意，并让自己一直到最后都是有用的：与他的女儿们睡觉，甚至与他的妻子睡觉。

这两位被命名为“A”和“B”的匿名哲学家评论着欧鲁和好神父的对话。“B”没有受骗去相信原始主义既如田园诗又专横的设定。一方面，他把嫉妒定义为“饥饿、贪婪、害怕缺乏的动物；人类不公平的感受；伦理错误的后果和延伸到可以感知、思想、表达意愿并且自由的对象之上的所有权”[1]。看上去，他好像与欧鲁遥相呼应，在赞赏他的智慧。另一方面，他拒绝承认嫉妒连同婚姻、风流韵事、调情、坚贞、忠诚都不在自然状态里。“恶与美德，在自然里是平等的。”既然野蛮人策略性、有趣的思想之光，有希望改革欧洲社会的法律，但在这成为现实之前，还应该遵守现有的法律。作为结束，“B”用他的世界主义回应欧鲁的原始主义。“让我们模仿好神父，法国的神父——欧塔一提人眼中（Otaïti，塔希提岛的古称）的野蛮人。”[2]

在巴黎的巴黎人

《百科全书》的作者是工作狂，但也是上流社会感性、绅士、热衷于风雅表达的男人。从狄德罗写给苏菲·沃朗

1 D. Diderot (1772),《Supplément au voyage de Bougainville》, *in CEuvres*, *op. cit.*, t. 2, p. 572.
2 Ibid., p. 577.

(Sophie Volland)的信中，我们可窥见他的社交生活：从巴黎沙龙到乡间别墅的聚会，在埃皮奈夫人家(Mme d'Epinay)或者陪伴着霍尔巴赫夫人(Mme d'Holbach)。在信札中，我们只能读到狄德罗写的，看不到苏菲的回复。但苏菲似乎有时会表达她的嫉妒。与各种朋友一起度过的节日，吃过的晚餐，下过的棋局，散步走过的小路，构成了狄德罗安逸享受的生活；相比之下，苏菲跟姐姐、母亲住在一起深居简出的生活就沉闷太多了。让内特·热弗里奥·罗索(Jeannette Geffriaud Rosso)的研究表示，狄德罗好几次提到苏菲的嫉妒，都带着轻微的调侃。"我爱我所珍惜的人待过的地方；我非常喜欢他们曾接近过的人或物，还喜欢呼吸他们身边的空气；难道你也要嫉妒空气？"[1]然而，为了让他的情人放心，他有时也会用比较严肃认真的口气。"我只爱你。一想到若我爱上的是别人，我就极其失望。这绝不是玩笑话。事实上，我亲爱的啊，你嫉妒了。其实我只需要继续用这个调调，你就会倍感折磨。我们在一起已经12年了，你还不够认识我吗？"[2]

---

1 D. Diderot, *Lettres à Sophie Volland*, 16. Voir aussi J. Geffriaud Rosso,《Les demi-silences de Mademoiselle Volland: sur la jalousie》, *Diderot Studies*, 1995, vol. 26, pp.109–124:《Certains dialogues avec Madame d'Holbach ou avec Madame Le Gendre, sous le couvert de badinage, ne sont en fait que des déclarations voilées, d'autant plus piquantes et exaltantes qu'il pratique l'art du non-dit, du sous-entendu, de la parole occultée mais non moins parlante. Et les déclarations réitérées à Sophie qui suivent le récit (fidèle ?) de ces dialogues brûlants sont peut-être le fruit d'une mauvaise conscience, une confession libératrice avec, qui sait? au fond, la satisfaction de l'homme de lettres d'avoir écrit une belle page en ostentant de bons sentiments》(p. 120).

2 D. Diderot, *Lettres à Sophie Volland*, 107.

狄德罗甚至承认自己嫉妒，当然同时也承认他因此觉得很羞耻，如同我们能够猜到的一样。“我变得这么夸张、不公平，嫉妒心这么重；你跟我说了这么多勒让德尔太太（苏菲的姐姐）的好话；当别人说一点点她的缺点，你就不耐烦极了……可我竟然还说出来了！对我当时的心理状态，我觉得非常丢脸，可是我无法阻止我自己。”[1]

总之，从这些书信中，我们看到的不是一个法国神父，而是一个在巴黎的巴黎人，这一点非常确定。他可能在塔希提岛行事为人都像一个真正的塔希提人吗？当然可以——但他想搬到塔希提岛住吗？进一步问，他想去那里吗？我们可以怀疑这一点。

狄德罗其实在开原始主义的玩笑。在这世界上，有洞穴，有帐篷，也有宫殿。既然人类已经掌握了复杂又舒适的自然界，且到了极致的地步，那么帐篷和宫殿之间或许比较难定夺，但帐篷可能是比宫殿更好的选择[2]。可是，如果要在宫殿和

1　D. Diderot, *Lettres à Sophie Volland*, 37. Diderot fait plusieurs allusions à Médée, mais surtout à ses arts magiques, notamment le rajeunissement d'Aeson. Voir A. Wygant, *Medea, Magic, and Modernity in France. Stages and History*, *op. cit.*, pp. 187–206.

2　D. Diderot, *Réfutation d'Helvétius*, 2, 3:《L'homme s'est rassemblé pour lutter avec le plus d'avantage contre son ennemie constante, la nature ; mais il ne s'est pas contenté de la vaincre, il en a voulu triompher. Il a trouvé la cabane plus commode que l'antre et il s'est logé dans une cabane; fort bien, mais quelle énorme distance de la cabane au palais! Est-il mieux dans le palais que dans la cabane? J'en doute. Combien il s'est donné de peines pour n'ajouter à son sort que des superfluités et compliquer à l'infini l'ouvrage de son bonheur!》

山洞之间选择，那么答案就显而易见，不需要犹疑了[1]。狄德罗在一本书中，表达了非常个人的观点：他亮出了底牌，向我们表明他的这位原始主义发言者是谁。我们早可以猜到了，那就是让-雅克·卢梭。

> 是的，卢梭先生，比起野兽外表下掩盖着的凶残愚蠢，我更喜欢金丝银线下精致的罪恶。比起躺在潮湿、肮脏、阴森恐怖的野外山洞里，过着苍白、阴晦、丑陋的可怜生活，我更喜欢在宫殿的镀金墙裙之下、柔软垫子之间的醉生梦死。[2]

在《布干维尔之旅拾遗》中，狄德罗饶有兴致地虚构出一些人物，通过他们的对话，比较巴黎的社会化生活和岛屿的幸福自然生活。对比是为了得出这样的结论：人得知道如何适应这些不同的环境。神父尝过没有嫉妒之爱的甜头之后，最终还是决定离开塔希提岛好客的主人家，回到法国。

在《驳爱尔维修》(*Refutation d'Helvétius*)一书中，狄德罗公开否定这种想法：摧毁豪华奢侈而又烦琐的文明；而这正是卢梭想要的，他实在是一位雄辩的调色师，让人无法相信他，他

1 作者使用了嘲讽的口气，表明既然原始主义者说，自然如此完美，那么理当选择住洞穴。——译者注

2 D. Diderot, *Réfutation d'Helvétius*, 2, 8.

本身就是"自己诡辩术的第一个受害者"[1]。其实，我们更应该在当代法国"有害的完美"和古老而原始的艰辛之间，寻找一个居中的社会状态，然而，对逆时光之流的搜索，是找不到的。进步，如同衰老一样，也是自然、必需的。所以，我们无法靠建立殖民地而创造出这样的世界。与古时的立法者不同，"现代立法者更加理性，他们或许可以在地球某个被遗忘的角落建一个殖民地，在野蛮状态和我们过于文明的状态之间找到平衡点；在那里，或许可以拖延普罗米修斯的孩子（指人类）前进的脚步，使人免于贪婪，把文明化之后的人类定格于野蛮的幼年（指野蛮状态）和现在的衰老（指过度文明化的现代社会）之间"。[2]这样一个计划，一个人工的殖民地乌托邦，或许会使狄德罗的读者中信奉卢梭思想的人震惊，却肯定不会震撼那些人——他们认为《布干维尔之旅拾遗》中的漫谈是对让-雅克·卢梭的拙劣的模仿。

那么，让塔希提岛的爱情就留在塔希提岛，以及那些抨击嫉妒的争论。我们还是回巴黎吧！

1　D. Diderot, *Réfutation d'Helvétius*, 2, 3:《Je ne pense pas, comme Rousseau, qu'il fallût les détruire quand on le pourrait, mais je suis convaincu que l'industrie de l'homme est allée beaucoup trop loin, et que si elle se fût arrêtée beaucoup plus tôt et qu'il fût possible de simplifier son ouvrage, nous n'en serions pas plus mal. […] je crois qu'il y a pareillement un terme dans la civilisation, un terme plus conforme à la félicité de l'homme en général et bien moins éloigné de la condition sauvage qu'on ne l'imagine; mais comment y revenir quand on s'en est écarté, comment y rester quand on y serait? Je l'ignore. Hélas!》

2　Ibid., 2, 3.

心上一把刀

在巴黎，我们与一位对法国情感教育影响极深的爱情思想家——司汤达相遇。

在他的论文《论爱情》中，他细腻地描述组成爱的情感，他称此描述为“理想化的”。据他分析：爱情，从美利坚合众国到意大利，特别是在法国，在性别、社会地位和性文化上有着微妙的不同。他最吸引人的概念，是“结晶”(cristallisation)。当我们见到某个人时，恰巧他引起我们的欲望，促使我们把他看作完美、特殊的杰作，此时在我们身上发生的突然的瞬间转变就是结晶。“我所谓的结晶，”司汤达如此写道，“是心灵的运作，源于不断获取的新发现——发现被爱对象新的完美之处。”[1]

这个观点对所有爱情思想家来说，都是极其珍贵的——从柏拉图到卢克莱修（Lucrèce)，从弗洛伊德到普鲁斯特，都认为崇拜一个人并把他理想化的能力，带动着镜像游戏。因为，就算有极大的热情，在第一次的结晶中，人们还是分心的。只有在第一次怀疑对方是否对自己有欲望之后，这份爱情才会更加浓烈。“担心发生可怕的不幸之事，此时的注意力才更加集中。”[2]这是第二次的结晶。少一些崇拜，多一些急切；少一些幻想，多一些不安。这爱的过程，总是伴随着对肉体的渴望和

1 Stendhal, *De l'amour*, *op. cit.*, p. 31.

2 Ibid., p. 33.

互相拥有、亲密无间的希望。“爱，是一种快乐——尽可能近地通过每一个感官，看见、触摸、感受所爱对象，尽可能地靠近所爱对象，而后者也爱着我们。”[1]只是有时，我们突然不那么确定，我们所爱的对象也这样爱着我们。这所爱对象是一个女人或一个男人，对情欲的自由而言他了然于心，在我们看来也如此不容置疑、显而易见。这时我们突然不那么确定他（对我们）的欲望了。

> 情人们常常在以下三个想法中徘徊不休：
> 1. 他是如此完美；
> 2. 他爱我；
> 3. 怎么做才能尽可能地得到他爱我最大的证明呢？[2]

嫉妒之根正是在爱情经历中这个关键的时刻扎下的。爱情让我们不断地处于结晶状态，因为一切我们所做之事、所发生之事，即便是最不相关的事，也总让我们不停地想另外一个人，也就是说，在我们对情人已有的认识上，加上“新的完美之处”，“产生嫉妒的时刻，心灵仍习惯这样去做，只是它起到相反的作用”[3]。然而，结晶仍在继续。只是，我们不再快乐

1 Stendhal, *De l'amour*, p. 30.
2 Ibid., p. 33.
3 Ibid., pp. 118-119.

地处于结晶状态，虽然我们所爱对象也爱我们，的的确确，可我们不再确信对方可以爱我们更多；我们向他展示我们的新魅力，处处为对方着想，或想着可以和他一起做的事，所有这些，都让我们猜忌更多，担心别人会抢夺我们的快乐、占据我们的地位。那些构成爱的意念：回忆、希望、幻想，同样也是构成嫉妒的意念。“在远离你的遥远之处，有天堂之乐”，你能想到的所爱对象的一切好处，那些不管怎样你都觉得在他人格里闪闪发光的“钻石”，“变成插入你心口的一把利刀”。[1]

所以，嫉妒，就是爱。因为我们的爱，让被爱对象看上去如此熠熠生辉、配得上最高的注目；所以我们很难不去想象别人也用同样的眼光来看待他，这很合逻辑。[2]我们在头脑中，不断重复那些与被我们神圣化的个体度过的幸福时光，自然我们也会想象另一个他，在同样的情境下，替代我们的角色陪伴着我们所爱的对象。而另一个他，是存在的。

人们嬉闹，人们放荡

嫉妒就是爱情；当爱情萌芽了，一旦我们开始深情地专注于另一个人，专注于这些实际的事：与他的关系、他的习惯、

1 Stendhal, *De l'amour*, p. 119.
2 Ibid., p. 119.

他的社交生活，这就是嫉妒了。这样的专注非常合理，因为若每个人都用自己的方式、跟不同人结晶，“未明确指向特定对象的欲望”（如霍布斯所说的）或者（卢梭所谓的）“无性之爱”就会四处、无休止地泛滥。实际或潜在的对手并非幻想，或纯属偏执狂的幻觉，而就是那个男人，经常参加我情妇的沙龙；或那个女人，我的情人在意她、跟着她、用微笑的眼神注视她。不管在法国或意大利，一场场舞会，就是社交生活的全部，交织出或破坏了许多的关系。全法国上下的爱情都带着虚荣心，情人们自然就有了托词；而意大利处于自然状态，丈夫们是妻子情人的朋友，他们之间还会闲扯些情人们的近况。

爱情和嫉妒，无论在首都还是在外省，彼此绽放着；所有这些地方，人们无须为生计忙碌，有闲情逸致思考。结晶“来自天性——人们天生喜欢追求愉悦、容易热血冲昏头脑；来自感觉——所爱对象越完美、人们的愉悦感越强烈；还来自‘她是我的’这种想法”。[1]天性、愉悦、感觉、想法……这所有一切产生了爱情；爱情作为一种社会现象，我们在米兰、博洛尼亚、罗马、英国，尤其在巴黎，都可以看到这种现象。若是说，我们的愉悦感完全是天生的、智慧性的、有占有欲的，那么嫉妒不可避免地，就是它的反面。我们把幸福理想化了，所

1 Stendhal, *De l'amour*, p. 31.

以如果不能拥有独一的爱，或被对手代替，那我们将痛苦不已。自然人对此却是有免疫力的。“野蛮人甚至没到超越第一步的点。他欲享受愉悦，他大脑的活动集中于如何跟踪在森林里逃掉的野鹿，而身体必须随时准备好攻击免得落入虎口。”野蛮人沉浸在狩猎中，根本没空闲嫉妒。他们完全接受自己的妻子与别人发生性关系。弟兄们和丈夫们“对于能够向他们的朋友礼貌地示好感到高兴”。[1]

为了在任何时刻，全面地显示出结晶是文明、感性和具有思考能力的，结晶的欲念会制造出令人愉悦的画面。然而，因为欲望让所爱对象“显得突出”，如雅克·拉康所说，该客体/主体（objet/sujet）在我们看起来显得特别有吸引力，不管对我们而言，还是对他人而言。而我们想拥有该对象/主体的欲望。这样，“结晶”的比喻，因其理论本身的定义，爱情就是处于一种嫉妒的状态。在一次去萨尔兹堡的旅途中，司汤达与一个意大利朋友盖拉尔迪夫人交谈得兴致盎然。他亲切地称她为“拉吉塔”。他们一同参观了盐矿，在那里，他们看到了许多干瘪、光秃秃的树枝，但在上面结着闪闪发光的盐晶。这正是爱情最美的画面呀！在这次不寻常的旅行中，有一个年轻的德国军官开始用崇拜的眼神看着拉吉塔。我们可以“一眼看出这军官喜欢上她了”，司汤达讲述道。彼时，被拉吉塔深深

1 Stendhal, *De l'amour*, p. 123.

吸引的安尼巴利诺——她的情人正好在场，谈话的气氛非常愉快，但带着讽刺意味，仿佛在帮着这位军官；他就显得越来越急躁[1]。嫉妒的安尼巴利诺不抱任何幻想。年轻的德国人害羞，却激情四射，他向盖拉尔迪夫人说着“最夸张也最真诚的恭维话”，称赞她身上最不美的地方，就是她那因得天花留了疤痕的双手都对他充满着吸引力。接着，轮到司汤达也趁机向他的朋友献上最恭维的赞美话，而因为他知道她最真实的样子，所以根本无法找出更加有吸引力的地方了[2]……

若没有都市爱情中的嫉妒，就没有上流社会的社会生活——那些沙龙之夜或休闲之旅，也就不存在分分合合的怨偶、丈夫/情人，或妻子/情妇。人们嬉闹，人们放荡，人们拈花惹草，很好玩。然而，这并不有趣。拉吉塔漫不经心地嬉闹时，安尼巴利诺痛苦地承受这一切。嫉妒，司汤达写道，是扎进心里的一把刀。他进一步说明：“嫉妒是人们为了保全自己不至于完全心碎，勉强从无力的愤怒和自我藐视中所能够承受的全部。”[3]事实上，并没有任何东西可以帮助我们承受，此时，虚荣心帮不上任何忙。恰恰是我们的高傲，让我们处于如此痛苦之地。拉罗什富科也同意这样的看法[4]，司汤达直指爱情里的悖论：被魅力非凡的被造物（指女性）爱上是那么美妙，

1 Stendhal,《Le rameau de Salzbourg》, *in* Stendhal, *De l'amour*, *op. cit.*, pp. 355-365.
2 Ibid., p. 358-359.
3 Ibid., p. 127.
4 Ibid., p. 120. Voir La Rochefoucauld, *Maximes*, p. 446.

所以，当别人夺走了她的爱，对我们而言是无限的屈辱啊。既然我们的幸福完全取决于与这个独一个体的亲密关系上，“我们就会夸大对手的幸福”。[1]

越骄傲的人，忍受的痛苦将越大。女人极其骄傲，这就是为什么她们比男人更加敏感。她们缺乏自信，在爱情里比男人冒更大的风险，牺牲更多，更少有自己的职业，缺少途径确认自己情人的所作所为，最终，她们也无法与对手决斗、“合法地杀死”对手。女性的嫉妒，是残忍的、可憎的、痛苦的，相比之下，更加难以启齿，甚至提起过去的嫉妒经历，她们也不引以为豪。司汤达引用拉罗什富科的箴言里提到的嫉妒的矛盾性：“我们在承认我们有过嫉妒时感到羞愧，而我们又以有过这种羞愧和能有这种羞愧而感到骄傲，”又补充道，实际上，“可怜的女人们甚至不敢承认她们经历过这残酷的刑罚，因为这让她们看上去非常可笑。”[2]

心被刺透了，伤透了，只剩下安静、冰冷麻木、一片黑暗的思想，“极度不幸的感觉让仅剩的一点点希望也窒息了”，[3]嫉妒是很主观的经历。被嘲笑的虚荣心、自我否定、羞耻、可笑，因此嫉妒也是一种社会经历。男人们困在暴怒中，随时准备好进行一场谋杀[4]；被轻视的女人们，因为太过高傲，只能用

1 Stendhal, *De l'amour*, *op. cit.*, p. 119.
2 Ibid., p. 127.
3 Ibid., p. 119.
4 Ibid., p. 119.

骄傲自己消化嫉妒[1]，所以，嫉妒还是一个关乎性别的经历。

她爱我吗？

司汤达和拉罗什富科遥相呼应：人们耻于嫉妒，首先因为虚荣心，这虚荣心是法国式的。其次，出于其他一些所谓策略性的好理由，人不愿流露出自己的忧伤，把它掩饰起来，免得招来我们所担心的不幸。必须懂得等候，花些时间说服自己，可能嫉妒仅仅只是结晶中人们必须承受的后果。毫无疑问，对手不一定看得到所有这些“钻石”。我们还得假装没看到别人在嫉妒，以及他竭力在掩饰，用一些行为隐藏自己的痛苦，而这些行为却要带来别人的痛苦。有一种嫉妒的艺术，实际上，它的操作方式使相爱的艺术变得完整。自我保护和赢得爱情，这些都结束之后，人们就会为有过嫉妒并且有能力嫉妒而感到自豪。

作为理论家的司汤达，认为爱情的核心就是嫉妒。结晶生于此。起初，人们认为自己占有了一匹漂亮的马[2]，然而，人们清楚自己“占有”的，从来不是另一个人的爱情。不是他的身体，而是他的欲望。“第一次结晶”的喜悦，就发生在这样

1 Stendhal, *De l'amour*, pp. 127–128.
2 指人们在产生爱情时，把对方想象成完美的样子。——译者注

一个充满自信、未经过思考的肯定中。“她是我的！”我们对自己说。这是非常唯我论[1]的错觉。接着，一旦我们意识到对方是他者，在“第二次结晶”中，才开始慢慢真实地依恋这个人。对方让你等待时机，使你耐心等候，与你保持距离，拒绝跟你约会，谢绝你的拜访，给你回信，撵走你。对方也有可能爱的是另外一个他者，而不是你。对方，总体上来说，是欲望的主体。第二次结晶让你真正坠入爱河，让你变得十分敏感，总是与出人意料、与他者欲望有关的意识连接在一起。“她爱我吗？”这才是真正的问题。爱情，永远带着惧怕。

作为作家的司汤达，用叙述的方式描述在那个时代嫉妒怎样使人坠入爱河。小说对他来说就是移动的镜子，在这镜子里，文明人经过不同的结晶阶段。于连·索海尔，《红与黑》中的男主人公，在木尔侯爵家当他的私人秘书，一见到侯爵的女儿玛蒂尔德，就被她那双异常美丽的眼睛迷住了。可他，作为木匠的儿子，当然无法企及她的爱情。然而他惊奇地发现，这个巴黎的贵族女人，那么优雅，那么高不可攀，却表现出对他独特的兴趣，于是，他极其珍惜这份几乎不可能、几近馈赠的感情。他仅仅是一个家仆，但玛蒂尔德显然是爱他的。他与她在惊心动魄、令人难以置信的情境下做爱。然而，这次的诱

1 唯我论，字面意思：只有我，唯有我。单是否定物质的存在不足以说是唯我论者。唯我论世界观最受争议的特征是其否定其他心灵存在。我们始终不能直接得知其他人的精神状态。感知或个人经验是私人的且绝对有效的，其他人的经验只能以类推得知。——译者注

惑只是他虚荣心和荣誉感获胜的产物：他无法错过这次机会。他欢喜极了，却没有因此依恋她。这是第一次的结晶。

只有在玛蒂尔德开始跟他讲述，那些经常来她家参加沙龙晚会的优秀年轻人如何向她献殷勤，这些人是于连认识的，他才真正开始陷入对她的热恋。她愉快地描述自己对这些人产生了“短暂的热情”。这是极大的折磨。

> “什么！还有德凯吕斯先生！”于连喊道，被抛弃的情人那种嫉妒的苦涩在这几个字里显露无遗。玛蒂尔德也明白他的嫉妒，却没有觉得被冒犯。
>
> 她继续用优美无比的语气巨细靡遗地描述她昔日的感情经历，包括最私密的细节。他仿佛亲眼看见她所描绘出来的图像。他痛苦地发现，就是在描述的过程中，她在用心挖掘自己的感受。
>
> 嫉妒带来的痛苦莫过于此。
>
> 猜疑竞争对手是被爱的，已经非常残忍了；听到自己所爱的女人亲口说出这些恋情的细节，而这份爱，恰恰是自己迫切渴望的，这样就更是落入痛苦的深渊而无法自拔[1]。

玛蒂尔德觉得这些不用付任何代价，欢快、浮夸、清晰

1 Stendhal, *Le Rouge et le Noir*, Gallimard,《Folio》, 1997, p. 354.

还充满感情的坦白非常有趣。“她在这种对谈中找到一种特殊的精神满足。”而同样的叙述，对于连来说，却是无边的痛苦。“这已经到了人类能够承受的痛苦的极限了。”[1]玛蒂尔德“折磨”着于连，他则警惕着不流露出“苦涩”而残酷的嫉妒。他担心被她“猜到”[2]。他没料到自己的伤痛是如此强烈，差一点儿瘫倒在玛蒂尔德的脚下，或痛哭起来[3]。然而，他什么都没有表现出来，只是安静地听着。他发现在嫉妒的作用下，自己比以前更爱玛蒂尔德，更加崇拜她。“所有言语，都无以表达我对她的崇拜。”此时，他也重新发掘了他熟悉极了的这个年轻女人的身体，连最熟悉最细节的地方都有新的发现。与她一起散步的时候，他“偷偷观察着她的手、手臂和女皇般高贵的身影[4]。”这是第二次的结晶。

他爱我吗?

于连彻底被焦虑俘虏了。他痛苦得像胸口堵了熔化的铅，到这个地步，不得不向在伦敦遇到的俄罗斯王子科拉索夫倾诉。这位世界级的花花公子，早先已向于连说明显出“高级自

1 Stendhal, *Le Rouge et le Noir*, p. 355.
2 Ibid., p. 358.
3 Ibid., p. 354, p. 356.
4 Ibid., p. 354.

负”的基本常识，这次又向他展现了真正的爱的艺术。如同司汤达一样，科拉索夫也是思考爱情的高手，他知道，人们坠入爱河首先得益于想象。他教导于连说，他心爱的女人，要看的不是他实际的样子，而是她梦想中的那个人[1]。这确实就是结晶理论的一个变形。接着，这位俄罗斯“医生”开了三个处方：装作对这女人的魅力毫不在意；通过两种途径假装爱上另外一个女人——悄悄地在城里行动，却要在信里表现出极大的热情[2]；然后就等着这位自私又任性的女士——管她是因为出身还是因为财富变得如此，真确地表现出不安。我们可以在《论爱情》里找到这个思想的雏形：只有当所爱对象开始行动时，我们才算真正地开始爱了。这样，因着焦虑开始苏醒过来的深情的注意力，开启了第二次的结晶。

这场喜剧色彩的治疗场景，带出的受害者是一个闯入者、外来者、假装正经的女人。她在费尔瓦克将军去世之前一年成为费尔瓦克夫人。于连在玛蒂尔德震惊的目光下实行了“医生”的计划。俄罗斯处方相当有效。这是一个令人心碎的场景，它包括了所有司汤达式的情欲要素，玛蒂尔德终于承认了自己的嫉妒和对于连的爱。一天，木尔侯爵的书房，玛蒂尔德在一个抽屉里发现了费尔瓦克夫人写给于连的信。她“慢慢地打开它们”，司汤达写道。时间就在这里停住了。

1 Stendhal, *Le Rouge et le Noir*, p. 398.
2 Ibid., pp. 396–399.

> “请你至少回答我，”最终玛蒂尔德用恳求的口气说道，可是并不敢看于连，“你知道我非常骄傲，处于我的位置我不得不这样，我承认那甚至是我的性格；费尔瓦克夫人从我这里夺走了你的心吗……她像我一样，因这逃脱不开、致命的爱情为你做了所有的牺牲吗？”
>
> 于连的闷不作声，算是回答了。“她凭什么，”他想，“要求我这个忠诚的男人泄露秘密？”玛蒂尔德试图读这些信的内容，可眼泪模糊了她的双眼，什么都看不清。
>
> 这一个月以来，她感到那么痛苦，可灵魂的高贵让她耻于说出自己的感受。此刻，一个偶然使她的情绪如洪水般决堤。有那么一刻，嫉妒和爱超越了她的高傲。[1]

多亏了科拉索夫的好建议，于连才有办法捕获玛蒂尔德这只善变、高傲、爱赌气的“老虎”。于连非常嫉妒，可他太高傲了，无法说出口；最终，他倒让这位年轻女士说出了自己的嫉妒；这一个月的时间里，他通过假装爱上不幸的费尔瓦克夫人，自己耐心地指挥控制着嫉妒这一情绪。在突然而来的坦白中，玛蒂尔德说出了她的骄傲和自己对他的感情。这双重的表白是极大的启示。于连“看到她（玛蒂尔德）眼中极度的痛苦感到非常震惊，甚至觉得这已经不再是她平常的那张脸了”。

---

1 Stendhal, *Le Rouge et le Noir*, p. 423.

至此，对两个恋人来说，就在相互的、由一方或另一方蓄意挑起的嫉妒情绪里，完成了第二次的结晶。他们驯服了骄傲，感受到了不能被爱或对方更爱别人的惧怕。可实际上是于连这边，他作为男人，引导着游戏的进行。有人适当地教导了他爱的艺术：他必须让玛蒂尔德时刻处于这种惧怕的状态。让她害怕！征服她！[1]他掌握了俄罗斯王子的“医学知识”——司汤达本人在《论爱情》里总结并理论化的生理学。

如此看来，不是因为占有某一对象而不嫉妒，事实正相反，是因为我们很清楚，我们因无法占有而嫉妒。质疑与所爱对象之间的关系，这个过程是非常值得关注的，该对象——事实上是有自主能动性的主体——因此他的爱情在我们看来是容易流逝并且不稳定的。

司汤达认为，嫉妒，尤其是女性的嫉妒，是能够从无力的愤怒和自我藐视中承受的全部。痛苦就是愤怒，所以，从今以后，这样的愤怒要用它带出来的效果来评断，而非它是否合法。古时的愤怒，是高尚行动的模范，现在成为恢复实力平衡的尝试。它笨拙、虚荣，没有能力最终爆发出来。所以必须得求助于爱的艺术——《论爱情》里面提到的生理学，或“俄罗斯政策”。义愤和伸张正义之愤怒的伟大辩证场景，已经过时了。此时，我们需要的是：这意外令人生气，但我们必须保持

---

1 Stendhal, *Le Rouge et le Noir*, p. 429.

冷静。这里关乎的，是“胜过”我们高估了的对手，因为我们总是自我藐视。[1]这里就涉及越过障碍的需要了。

一种现代情感

司汤达很熟悉托马斯·霍布斯。他读过那本小书《论人性》，就是《自然权利与政治权利的要素》前13章的文集[2]，他非常喜欢。“霍布斯写的《论人性》是非常精彩的作品，”他在日记里这样评论，“他的风格是迄今为止我看过最好的哲学风格”，他补充道。在这之前他还强调，依他的看法，霍布斯比卢梭高明。维克多·德尔利托（Victor Del Litto）写道：“亨利·贝勒（司汤达的原名）年轻时就这样评论了，可能会让人猜测他读了全部的作品，一行也没落下。事实并非如此。只有第九章引起了他的注意。他首先摘录了最后一段，在这一章节中霍布斯把人类生命比作一场竞赛，并用这个比喻分析了一些情绪。”[3]这个细节非常珍贵。我们曾经引用过《论人性》的第九章，它描述了情绪的发展历程：情绪如何以不同的感受——如成功、速度、失败——为背景，持续地发展。“越过一个可

1 Stendhal, *Le Rouge et le Noir*, p. 341 et 354.

2 V. Del Litto, *La Vie intellectuelle de Stendhal. Genèse et développement de ses idées (1802–1821)*, Slatkine, 1962, pp. 146–149 (première édition, PUF, 1959).

3 Ibid., p. 146.

预期障碍的决心，是勇气；越过突如其来的障碍，就是愤怒。”司汤达不仅读过，还带着信仰般的崇敬抄下了这些句子。他的评价表达了最高的敬意：这是他见过最好的哲学风格。

现在轮到我们，毫不犹豫地用这杰出的哲学思想发出的亮光来阅读《论爱情》（当然还有《红与黑》）。爱情是一种张力，一场对另一个人欲望的等待。在等待的过程中，你开始深情地关注对方，却不确定他是否对你有欲望。正是这种不安把你带入结晶，因为“顺利”，或称为一种确信，会妨碍任何形式的结晶[1]。在所有那些会引发渴望拥有他者不安的困难情绪中，嫉妒是最可怕的，也最容易发生。这无关自我贬低、猜忌或幻想。不管在城市、乡间，或在一本小说里，奉承献媚、故作风雅、见异思迁或出轨通奸，比比皆是。拉吉塔引诱别人，就像呼吸一样简单；玛蒂尔德每个晚上都与别人调情；德国官员们四处旅行，特别是讨人喜欢的那些人兴致勃勃地去参加沙龙。不管是否有特定对象，欲望是否确定或是否独一，它就是四处流淌。我的恋人偶尔被这些互惠互利的好处绊倒，也是非常可能的事。我嫉妒了，因为我的爱情有时会在一个我认为不可逾越的障碍前跌倒。如果我有勇气抗争，与恋人一同战斗，或冒险登上梯子，那么我就得胜了。可如果，面对他者的魅力四射，我的欲望弃权了，这就是“无力的愤怒”。因为在法国，

1 Y. Ansel,《Amour de l'idéologie et idéologie de l'amour》, *in* D. Sangsue (éd.), *Persuasions d'amour. Nouvelles lectures de* De l'amour *de Stendhal*, Droz, pp. 21–39, pp. 35–37.

我耻于承认嫉妒。

司汤达也没有落入另一个陷阱：压制他者欲望的欲望，这欲望对嫉妒的人来说是可能存在的风险，人们普遍都有占有欲。他没有犯一个错误，换句话说，他没有混淆他所谓的“爱情对象”和简单的“对象”，当然后者的意思是“物件”。他没有步让–雅克·卢梭的后尘。当然这么说过于简单，我们需要解释一下。司汤达不仅读过霍布斯的作品，也是《爱弥儿》和《新爱洛依丝》（*La Nouvelle Héloïse*）的热心读者。他甚至说过卢梭是“最杰出的爱情描绘师[1]”。他笔下的人物用最崇敬的姿态阅读并引用卢梭的小说。年轻的亨利·贝勒浸泡在卢梭主义中，然而《论人类不平等的起源和基础》以及《给达朗贝尔的信》稍微给他的热情降了降温。最后，他似乎更敬重卢梭的诗人身份，而非哲学家身份[2]。

这两位作家在最基本的观点上有分歧：性与爱情之间的差异，以及对所爱对象的理想化。

当我们读到《爱弥儿》中对爱情的论述：爱情让恋人的眼中映射出“对象虚幻的魅力，他看到的不再是她本来的样子”，我们能够从文字上感受到司汤达式的语言。“啊！我明白

---

1 Y. Ansel,《Amour de l'idéologie et idéologie de l'amour》, p. 145, p. 218, *et passim*. Stendhal, *Pensées*, 1, 124. Voir R. Trousson, *Stendhal et Rousseau. Continuité et ruptures*, Slatkine, 1986, p. 43.

2 V. Del Litto, *La Vie intellectuelle de Stendhal*, *op. cit.*, p. 86. Sur la sensibilité rousseauiste du jeune Henri Beyle, voir p. 33, p. 271.

了，在《论爱情》中拉吉塔说，你开始注意某一个女人时，你看到的，不再是她实际的样子，而是适合你的样子。"[1]这狂热对司汤达而言是“财富”[2]，与爱情不可分割，尤其是持久的爱情；而对卢梭来说，“虚幻的魅力”只不过是让我们“陶醉”的“过度的热情”[3]。恋爱中的爱弥儿，如同我们在前面看到的，仍然按着苏菲真实的样子评估她的美德。他没有进入结晶的状态。

《论人类不平等的起源和基础》中有很大篇幅谈及爱情的起源，我们前面也引用过，它提供给我们许多实质内容去理解司汤达的论文《论爱情》。我们可以在《论人类不平等的起源和基础》中找到反对结晶概念的二元式的对比：野蛮/文明，自然/社会，自然的脾性/习得的情感（成就感、崇拜和爱情），漠不关心/偏好，性/爱情。卢梭所有的辩论都带着怀旧和谴责的口气。原始的自然状态与今天的“人工”用处之间

1 结晶带来的变化非常之多。从下面几个段落中我们可以看清在现实和结晶者眼中的巨大差异，品格非常一般的一个人，在恋人的眼中可能非常有价值：“啊！我明白了，在《论爱情》中拉吉塔说，你开始注意某一个女人时，你看到的，不再是她实际的样子，而是适合你的样子。你把一开始产生兴趣时的美好想象比作漂亮的钻石，藏在冬天光秃秃的千金榆树枝里，注意喔，只有那位年轻男子开始爱上她之后，肉眼才能看见这些钻石。——我再说，情人口中的这些话，在理智的人看来荒谬极了，后者并不明白结晶现象。——啊！你称这为结晶，拉吉塔说，那么，先生，请你来跟我结晶吧。”(Stendhal,《Le rameau de Salzbourg》, *in De l'amour, op. cit.*,p. 359)“要让一个人快乐地把所爱对象神化，不管他在阿登省的森林里，还是在古龙（Coulon）的舞会里，首先得让他感受到所有的关系——不是潜在的关系，而是眼前能见的这些关系——是完美的；这些关系，只有在第二次结晶好几天之后，才会在各个层面显得完美。非常简单，只需要拥有完美的概念，并且按着我们喜欢的样子看待她就好了。”(ibid., p. 47)

2 Ibid., p. 77.

3 J.-J. Rousseau,《Émile》, *in Œuvres complètes, op. cit.*, t. 4, p. 798.

的对比。比较思想的发现，有非常特殊的深度含意：人类学会把好几个可爱的对象放在一起比较时，开始了区分、辨别、选择，最终开始思考什么对自己最好。他们不再觉得无论什么都好，无论谁都可以。爱情本来就是不平等的。因此，它也是竞争性的。更糟的是，爱情是占有性的。谁配得上我们的尊严，我们就去适应他；我们把他看得比其他任何事物都重要，我们对他满怀热忱。这就是为什么会发生流血事件。现代爱情，是该被指责的。

相反地，司汤达比较的是没有考虑未来的原始性交和文明人的爱情生活。原始人每一刻都得想着如何存活下去；而文明人有评估的能力，并在之后持续地偏爱某一个人。在“色萨利的森林”或“野蛮人的帐篷”里，爱情并不存在。爱情是一种“现代情感”，金色墙裙装饰的院落中怒放的漂亮植物。“就在那些地方，有极致的娱乐消遣，有对人类心灵的研究，有人类组成的沙漠中残酷的孤独，幸福的自尊或绝望的自尊——此两者几乎没什么区别，这一切，让爱情大放异彩。”爱情是社会进步中独特、令人意外的果实[1]。爱情需要聪明、自尊、感性，还需要很多时间。这就是它的迷人之处。在司汤达的理论里，没有原始主义，也没有老气的学究对古人的迷恋。

1 Stendhal, *Histoire de la peinture en Italie*, chapitre 117. Voir aussi le chapitre 111 sur Othello. Stendhal avait envisagé de composer une *Médée*,《sujet superbe et non encore traité》, ainsi que l'affirme G. Kliebenstein,《Stendhal face au grec》, dans M.-r. Corredor, *Stendhal à Cosmopolis. Stendhal et ses langues*, ELLUG, 2007, pp. 25–59, notamment p. 31.

从同样的前提出发，司汤达的结论是现代爱情值得称颂，嫉妒也是。嫉妒让人痛苦，可它是自然的、高雅的。我们像对待一匹漂亮的马一样对待我们还未爱上的女人。只有在突然发现——她的欲望前进，这之后才真正开始爱上她。女人的欲望也是如此。爱情是恐惧的、焦虑的、紧张的，就是"嫉妒"。这就是为什么嫉妒总是从本质上与爱情相连。此外，由于在社交生活中诱惑和不忠是一种魅力，那么嫉妒的机会实在不胜枚举了。所以，我们必须在说出来还是自己消化掉，以及策略和高傲的矛盾中去理解它。司汤达不同于让-雅克·卢梭、欧鲁和哲学家"B"，而更接近奥维德、安德烈·勒·沙普兰、托马斯·阿奎纳、托马斯·霍布斯、肖代洛·德拉克洛、马塞尔·普鲁斯特。他形象地塑造了一些人物，他们用现实的聪明对待爱情，他们的本性非常专注，天生在意别人，对关系充满期待。

第三章

性对象和开放情侣

Objets sexuels et couples ouverts

我们所有人都参与了对嫉妒的定罪。这并非因为我们都是卢梭主义者，而是我们这些欧洲知识分子中有许多人，都曾是马克思主义者。秉承着这个传统，我们对嫉妒的蔑视达到了顶峰。到19世纪，嫉妒已经成了浪漫的情绪，同样也是资产阶级的激情。

弗里德里希·恩格斯在《家庭、私有制和国家的起源》一书中，依据社会人类学先锋之一——路易斯·摩尔根的一本著作，分析了从原始共产主义如何过渡到农耕社会。在亲属关系的系统分类里，摩尔根把妇女和儿童归到社会组织最原始的一类人中。原始的经济共产总是与性混交相关，所以无法清楚地区分血缘、姻亲，直系或旁系后嗣。一夫一妻制家庭作为生产单位而形成，拥有一块可耕种的田地，这块地的功能就是被开垦、养活确定的一组人。婚姻制度就像一个契约，迫使女人存活、交配、和固定的一个男人发生性关系、在他家里生育孩子。此外，还有一系列的术语分类，分别依照他们与家主的距离，定义、区分这组人里的成员[1]。

如同《论人类不平等的起源和基础》，我们在这里也发现主导式的强势理论：性占有状态。这是社会的动力，是必需的（从唯物史观的角度来看），也是有害的（从政治的价值观思考）。而它的起源是经济学的，它命运的终点是资产阶级的婚姻。之后，我们必须摆脱这一切：私有财产和嫉妒。这套理论的影响力简直无法估量。从马克思主义著作对男人为何在家庭中占有统治地位的论说，发展出不计其数女权主义对男人和女人之间的控制关系的批评。从法国和欧洲的左派政治文化中，撇去一些细微差别和争辩，我们可以发现20世纪70年代有大量的证据显明：嫉妒应当被羞辱，甚至应当在爱情经历里被连根拔起。对资产阶级的仇恨导致对嫉妒的禁止。我们需要后退一步，让历史来证明这一点。

欲望的欲望

我们渴望另一个人的欲望。我们打算让他者成为对象（l'objet）。爱情是相互的欲望。相互性让感恩、感激和情欲尊严

1 F. Engels (1884), *L'Origine de la famille, de la propriété privée et de l'État*, traduction française, Éditions sociales, 1969. Engels travailla à partir de notes de Marx.

有展现的空间。从欧里庇得斯到司汤达，爱情的理论家教导我们简单的道理，不管怎样，这些道理在我们个人的感情经历中都发生过。“我们”，多么包容性的复数，囊括不同的文化和历史背景，可是，一旦我们能够，或因为我们能够，一直到处有不同的性经历，那么爱情双边相互的特性就失去了，而我们便跌入失望。纵欲和嫉妒时常出现在一起。我们的欲望附着的地方，不管是部分或完全的附着，总是期待被偏爱。梅黛夫人和卡特琳·米勒提醒我们：不忠的人总是嫉妒的。多配偶制的婚姻里，无论妻子们嘴上怎么说，实际上她们不得不屈服于缺乏这种相互性的折磨。现代人崇尚自由恋爱和偶发爱情，却也跌跌撞撞、不停地与脆弱爱情里的变数抗争。这点我可以做证。没有任何东西可以确保我们如所预期的那样无所谓。

古人的嫉妒/愤怒与现代的嫉妒/竞争有着极大的区别。然而，时间虽已久远，一个核心概念却穿越了人类漫长的历史：每一次，即便在不专一的情况下，爱情总是倾向独一性。在赴一夜情的约或去参加交换性伴侣俱乐部的那个当下，我们玩着比较、奉承甚至过分的游戏。寻欢作乐，制造了唯一性的虚幻泡沫，有时只是片刻存在的泡沫。每一个人都是独特的。要知道，我也是啊！

当代哲学抵触相互性的思考。法国哲学家和人类学家马塞尔·埃纳夫（Marcel Hénaff）在《哲学的论调》中指出，今天的道德家有一种奇怪的坚持，他们否认交换的辩证性：给予、接受，然后再给予，而人类学则用社会关系链取代了此辩证性的核心[1]。在法国现象学的传统中，人们只会在要求严苛的条件下使用“给予”这个词：给予存在的条件，是必须毫无索求。如果在给予的同时期待有所回报，那不是真正的给予。因此在给予时，若人们事先就申明这动作涉及交换，那么基本就不可能发生给予这个动作。给予，要么是不期待任何回报的，要么就不能称之为给予。

这些称之为标准的态度，有些过于强硬、过于天真之处。情欲之爱的经验让我们有相反的体验，当我们向另一人敞开自己，关注、赞美他、温柔地对待他、使他享受、送他礼物，表明的是委身于一个独一的关系。这些动作、言语，组成的相遇，使我们相遇的对象与众不同（individualise）。每一次相遇的差距那么微小，特征却那么鲜明，即便有时相遇是重复性的，或有着硬凑在一起的不和谐。就好像收藏家们都非常清楚，雕塑家费利克斯·沙尔庞捷（Felix Charpentier）的第N件青铜作品，虽然与之前的作品几乎一样但绝对不容错过。在一系列作品中，通过对比，无限细微的个体化特征就显得至关重要了。实实在在的一个人，他有赋予意义和给予情感的能力，一旦我们的欲望让该对象显得独特，我们也期待他用同样的态度回应我们。如果我们的对象有前任，我们应该觉得被抬举了，至少

1 M. Hénaff, *Le Don des philosophes. Repenser la réciprocité*, Seuil, 2012.

也应该装出美滋滋的样子，不然多没有风度啊！

当代哲学对于崇尚主体际性[1]这件事，同样也避之唯恐不及。人，必须以个体对个体的方式进入关系，我们得小心翼翼地不把他者或自己，当作一个简单的对象（objet）。尽管雅克·拉康在1960年对这个词提出了最终的批判，这个词的范畴今天仍会浮出水面，尤其经常出现在大西洋两岸女权主义钻牛角尖和短视的辩论中。拉康首先抨击把精神分析场景简化为主体际性关系的尝试。他说，这会错过移情的结构差异[2]。接着，他又将矛头指向利他主义，后者提倡对他人无条件的慷慨，正是“高道德”和“旧问题”思想的雏形。把另外一个人当作主体，而非对象——我们的对象来处理——这就是拉康当时所谓的“存在分析”（existentialo-analytique）的伦理姿态。利他主义尤其误解了我们欲望对象的位置。拉康强调：“如果我们把他者当作对象，他就仅仅只是随意的一个对象，与其他人一样的物品，可以被抛弃、被交换，简单说来，他的价值极度被贬低。这才是利他主义背后所隐藏的思想。”紧接着，拉康提出两个论据来反对此“愚蠢想法”。第一个论据就是“对象”这个词，它“起初的意思……是我们可以区分开来、可以分享的对象或物品”。我们的欲望使对象突显出来，与他人显得不同。欲望

1　由康德在《判断力批判》中第一次提出。主要指人是有思想的主体，有能力把他者的思想转化成自己的判断。胡塞尔称之为“去现场化”（apprésentation），也就是他者不在场的一个画面。主体际性也是交往理论的基础。——译者注

2　J. Lacan (1991), *Le Séminaire*, livre VIII: *Le Transfert*, Seuil, 2001, p. 11, 21, *et passim.*

勾勒出分享的线条。谈及对象意味着谈及欲望特别的作用。第二个论据是，“(利他主义）对主体来说，情况更糟糕”，因为主体被从属关系定义，它隶属于语言。也就是说，主体并非处于支配和掌控的位置。主体是不自觉的，或者更准确地说，“主体里，有一部分，是它自身在发言”[1]。

我非常愿意在这些批判中赘入一些论述，以符合当代辩论的语境。第一点，主体和对象的两极化会在伦理和性关系上产生不合逻辑的效果。玛莎·努斯鲍姆（Martha Nussbaum）是一位美国哲学家，如今她的影响已经波及欧洲；她列出了我们会客体化（objectifier）一个人的行为清单。为了我们自己的目的（nos fins），把一个人当作手段（un moyen），仿佛他缺少自制力或没有属于他自己的行动领域；仿佛他可以与别的对象互相替换；仿佛他本身的完整性并不需要被尊重；仿佛他是一件商品，对他人的经验和感觉毫不在意。也就是说，否定他的主体性，占据着把他者当作对象这些思考方式的首要地位[2]。剑桥大学哲学教授蕾·兰顿（Rae Langton）又在这个清单上加了几项：

---

1 J. Lacan (1991), *Le Séminaire*, livre VIII: *Le Transfert*, pp. 178–179.

2 M. Nussbaum,《Objectification》, *Philosophy and Public Affairs*, 1995, vol. 24 (4), pp. 249–291, notamment p. 257. Pour une discussion critique de ce texte, voir A. Cahill, *Overcoming Objectification. A Carnal Ethics*, Taylor and Francis, 2010. Voir aussi C. Moscovici, *From Sex Objects to Sexual Subjects*, Routledge, 1996, comme un exemple d'uti-lisation de ce langage, en toute confiance. Pour une synthèse judicieuse des opinions sur l'objectification, on verra E. Papadaki,《Sexual objectification. From Kant to contemporary feminism》, *Contemporary Political Theory*, 2007, 6 (3), pp. 330–348 et《Feminist perspectives on objectification》, *in* E. N. Zalta (éd.), *The Stanford Encyclopedia of Philosophy*, 2012, http://plato.stanford.edu/archives/win2012/entries/feminism-objectification/.

把人化约为一个身体，或者身体的某些部分；把人化约为可见的外在形态；保持沉默的禁令[1]。努斯鲍姆接受《查特莱夫人的情人》（而非《花花公子》一类的）的情色文学描写，她甚至承认，有时她把头枕在恋人的小腹之上，每次都特别注意别把他当作一个枕头。其实只要以尊重为前提，是可以允许爱人的腹部有这种贡献的。这个告白非常大胆，但只是在不容置疑的康德词汇内部的一个妥协。此语言深深渗入哲学领域，还有20世纪的所有领域，成为常用词。

人不是物件

对康德而言，性爱在最基本的伦理框架之内：应当把一个有理性思考能力的人当作目的（fins），而非手段（moyens）。手段是物件（choses），而人格（personnes），是目的[2]。从这里产生出了一

---

1 R. Langton, *Sexual Solipsism. Philosophical Essays on Pornography and Objectification*, Oxford University Press, 2009, p. 228–229.

2 E. Kant (1785), *Fondements de la métaphysique des mœurs*, (http://classiques.uqac.ca/classiques/kant_emmanuel/fondements_meta_moeurs/fondements.html), trad. fr. V.Delbos, 1862-1916, p. 40.《Les êtres dont l'existence dépend, à vrai dire, non pas de notre volonté, mais de la nature n'ont cependant, quand ce sont des êtres dépourvus de raison, qu'une valeur relative, celle de *moyens*, et voilà pourquoi on les nomme des *choses*; au contraire, les êtres raisonnables sont appelés des *personnes*, parce que leur nature les désigne déjà comme des fins en soi, c'est-à-dire comme quelque chose qui ne peut pas être employé simplement comme moyen, quelque chose qui par suite limite d'autant toute faculté d'agir comme bon nous semble (et qui est un objet de respect).》

切关于意志的准则。“于是有了如下的实践命令：无论何时，你做任何事情，都要把你自己人格中的人性，和其他人格中的人性，同样看作是目的，永远不能只看作是手段。”[1]人不是物件[2]。这绝对的原则让我们不得不谴责把他人（或我们自己）贬低至物件地位的行为，此物件或多或少是有用的、无自动力的、可交换的、可互换的、一次性的，甚至还可以分成一块块来享用。一旦我依据愉悦感判定他者的存在，这就是不道德的。

对此，不得不说的第一个评论就是：总是用自身自在就是目的[3]的态度对待所有人是不可能的。在动态生活中，存在着无数个把他者当作器具的关系（relations instrumentales），而这种关系也是不可避免的[4]。例如，当我们把信交给邮局的职员好让信被寄出去；我们工作，是为了让学生因我们获得知识，拿到分数，好取得文凭、找到工作。在这里，我们显然委身于隶属其他目的的关系。我们让自己变得有用，别人也服务于我们。如果我们把这些全部看成相互物化（réification réciproque）形式的交换，或者我们总是寻找百分之百解决这重罪[5]的解药，我们将被困扰得无法生活。将没有任何一个职业，从伦理层面来

1 E. Kant (1785), *Fondements de la métaphysique des mœurs.*

2 Ibid.:《*Der Mensch aber ist keine Sache.*》

3 fin en soi，出自康德的《道德形而上学》，张荣、李秋零的译注本。人自身就是存在的目的，也就是人是目的。“人是目的”是康德伦理学的一个重要命题。人是唯一具有理性的动物，理性决定了人之为人和人的伦理价值，因此人是最神圣的。理性以自身为目的，而人作为理性存在者，本身就够了自身的目的。——译者注

4 L. Green,《Pornographies》, *Journal of Political Philosophy*, 2000, 8 (1), pp. 27-52.

5 指不以“人是目的”为目的地对待他者。——译者注

看是可以被接受的。康德强调，然而，我们绝不能仅仅把人当作手段来处理。这就意味着要腾出空间给作为人性的他者，以及明白他的“自身自在就是目的”[1]。我们不会理解这个论点中的逻辑，除非我们承认实用性质的关系的确存在，而且得确保它以最低限度存在着。在人类所有的互动中，都必须保护他者和自身的尊严。在《道德形而上学原理》一书中，康德没有解释除了通过理性、意志和责任以外，该如何实行这一原则。我认为在实际生活中只有一种方式可以保护我们远离互相、持续的器具化（instrumentalisation），那就是礼貌，是文明，而非定言命令（l' impératif catégorique）拯救我们。在询问的时候加上“请”，道谢，微笑，用友好的口气，而不是用命令和藐视的态度说话，正是这些让我们看见他者的脸孔。我们也如此被对待时，才不会感到被羞辱或被剥削。所以在我们职业和生活的接触中，能让彼此与众不同的，就是尊重。

相互使用

性爱在这种基本的逻辑的范畴之内。康德把性关系（commerce sexuel）定义为“相互的使用（*Gebrauch*），即一个人

---

1 E. Kant, *Fondements de la métaphysique des mœurs*, *op. cit.*, pp. 40-42:《*als Zweck als sich selbst*》.

使用另一个人的性器官和性能力，而且要么是一种自然的使用（由此能够生育出其同类），要么是逆自然的使用，而后一种使用要么是在同性的一个人格上，要么是在一个与人类不同物种的动物上。这种对法则的违背、逆自然的恶习，如此难以名状，是对我们自己人格中人性的伤害，没有任何的限制或例外可以让这种行为脱离彻底的谴责"[1]。异性性行为的自然特性取决于其目的：生育。而且只有在婚姻的约定中，它才是合法的。

所有不以生育为目的的性行为，不管在他人身上或用自己的身体（手淫是比自杀更严重的罪），不亚于对人性的损害。所有的性行为，不管以什么形式出现，都被定义为性器官的使用，这就意味着性行为是物件的使用。"一个性别对另一性别的性器官的自然使用，是一种享受，为了这种享受一方委身于另一方。在这一行为中，一个人自己使自己成了物品，这是与他自己人格中的人性法权相抵触的。"[2]性行为，从其定义来看，就是一个真正的物化过程（chosification）：使人成为物件。这种成为物件的化约，只能在相互性中另一方也同样化约为物件时，被抵消。配偶双方交互使用对方的器官，这样互相成为对

---

1 E. Kant (1796),《Doctrine du droit》, in *Métaphysique des mœurs*, trad. fr. A. Philonenko, Vrin, 1971, première partie, § 24, pp. 156–157.《Des injures envers l'humanité en notre propre personne [*Läsion der Menschheit in unserer eigenen Person*]》.

2 E. Kant,《Doctrine du droit》, in *Métaphysique des mœurs*, *op. cit.*, première partie, § 25, p. 157 :《En cet acte *l'homme fait de lui-même une chose*, ce qui contredit au droit de l'humanité en sa propre personne [*In diesem Akt* macht sich ein Mensch selbst zur Sache, *welches dem Rechte der Menschheit an seiner eigenen Person widerstreitet*].》

方的物件。两个物件形成一个人格：我只有在作为物件被另一人获得的时候才重新取得自己的人格；反过来也一样，我把另外一人作为物件来对待。不仅如此，器官的使用——也就是作为身体肢体的使用，还让我更坚定地委身于重新获得整全人格的责任。既然人格是“绝对的统一体”(unité absolue)，获得人身上的一个肢体的同时就是获得了整个人格[1]。但我需要在一夫一妻制的婚姻里发生性关系，只有这样才是完美、能长久持续下去的相互性保证。婚姻赋予人一个真实的权利：如果一方逃脱，另一方有权要求收回权利，好像收回物件（*als eineSache*）的使用权一样。物化（chosification）是权利的来源，就像在契约中，人类对属于他的物件所行使的权利。

我们应当先确定这些毫不妥协的语言的内涵。性因其对人格中人性的破坏而成为不道德的。欲望和享受把我们降低至动物的水平，而在一些情色处境中，我们甚至因它们被列入世界道德阶梯的最底层。因为性欲望的产生，并非被作为人本身的人吸引，而是喜爱他的性器官，此欲望导致了人天性的退化(*Erniedrigung*)。“男人对女人产生欲望，并非因她是人，而因她是女人。不管哪个人类，都对人完全没兴趣，他欲望的对象只

1 关于这个论证的逻辑，参考C. Pateman, *The Sexual Contract*, Stanford University Press, 1988, pp.168-173.帕特曼揭示了性契约中不对等的特征。关于康德论点严肃的论证过程，参考B. Herman,《Could it be worth thinking about Kant on sex and marriage?》, *in* L. Antony et C. Witt (éd.), *A Mind of One's Own. Feminist Essays on Reason and Objectivity*, Westview Press, 1993, pp. 53-72. Pour une analyse détaillée de l'éthiquekantienne de la sexualité, voir: A. Wood, *Kantian Ethics*, Cambridge University Press, 2008, pp. 224-239.

是性器官。”人性就是这样被贬低，被控制。就是从这里发展出了以下观点：所有男人女人竭尽全力，不是为了让自己变得更好，而是变得更有诱惑力。人类由此就因性而牺牲了自己的品质。所以，如果一个人要满足自己的欲望，他的任务就是激起他者的欲望。他们彼此互相恋慕，可他们的目标只是性，所以两人中的任何一个都践踏了他者的人性。从他们的人性角度来看，他们成为满足自己欲望的简单器具，他们把它贬低至“同动物天性一样的程度”。因此，性欲望使人性处于与动物性平等的危险[1]中。

婚外的性行为，就在实现上述的危险。还有更糟的：逆自然的性行为表达的正是动物性。手淫对一个人来说，不仅是一种毁坏（*Abwürdigung*），更是“他自己人格中的人性污点（*Schändung*）”。所以，肉体的愉悦，就是完全肉欲的享受，当它与生殖的目的背道而驰时，是非自然的（*unnatürlich*）。更准确地说，当人们追逐的不是一个实际而是想象的对象时，愉悦是逆自然的[2]。

此外，需要注意到这些语言中回响着基督教的性观念。康德用目的之国（le Royaume des Fins）代替了天国（le Royaume des Cieux）。他说，理性引导我们实行道德责任（le devoir moral）。而

---

1 E. Kant, *Leçons de philosophie morale*, 299; *Vorlesung zur Moralphilosophie*, Walter de Gruyter, 2004, p. 240.

2 E. Kant (1797),《Doctrine de la vertu》, *Métaphysique des mœurs*, trad. fr. A. Philonenko, Vrin, 1975, deuxième partie, § 7, pp. 99–100.

启示的宗教，用不同的方式建造同样的王国，即根据《圣经》的叙事引导人们履行道德责任，这对普通人非常有用。这样看来，基督由处女怀孕、由童贞女所生，这一思想与上述不可推诿的伦理因素是一致的。神，以道成肉身而非通过性行为的方式，来到这个世界，本来就不应该有份于人类这个恶的倾向。这种不可能性，与性行为固有的动物性和羞耻性特征有关。“事实上，我们认为自然的生殖是我们该脸红的一件事，因其总是与一对夫妻的肉欲享受有关，而（从人性的尊严的角度来看）生殖又好像使我们非常贴近普遍的动物物种，甚至到了亲近的亲属关系的地步。”性行为在我们看来“比起人的完美性，是不道德、无法和解的”。圣经叙述的原罪和人类被驱逐出天堂，正表达了人的伦理直觉：糟糕的产业（指人的罪性）由第一对堕落的人类夫妻传给其子孙后代。教会就在独身修道的操练中把这个直觉制度化[1]。

康德式烤小牛肉

退化、贬低、贬损、羞辱、羞耻、耻辱。这是康德对性爱的定义，性爱使人失去人性。它把人转化成动物，置身于所有

1 E. Kant, *La Religion dans les limites de la raison*, trad fr. A. Tremesayagues, Félix Alcan, 1913, deuxième partie, p. 94 et note.

活物中的最末位，甚至远低于动物。我们的人性被牺牲了。然而，在远低于动物之下，有物件。我们前面提到过，他者的欢愉（la jouissance），从其定义上来看，现在只不过对解剖之后的零件的一种操作，只有当他者也同样如此认为和行事时，即让他自己的身体成为具备性功能的人体碎块时，这欢愉才变得可以被接受。自相矛盾的是，这样却拯救了“人格”；如果我把这相互对称的物化（réification）推到极端，也就成了完全的占有。正如我们拥有一个物件一样：通过这种方式，不论如何，在性关系中我属于某人、也占有某人。性关系可以在一夫一妻制的婚姻中被赎回，然而，没有任何一种情况表明性爱是被看重的。贞操毫无疑问是个美德，是人对自己应当尽的义务。如果法律没有把婚姻的终极目的和生育目的囊括进去，男人和女人之间的享受就彻底成了罪。那么卖淫、同居、偷情（*venus vulgivaga*）、流动的性欲（vaga libido）和私通，显然就是对肉体——所谓肉体，其实仅仅是一坨肉——的欲望。

这里，我们再一次看到康德的论证和比喻的逻辑没有任何弹性及讨论的空间。一个人不是被他自己支配的。他没有权利卖掉他的器官，连一颗牙齿也不行；却允许“他的人格”为了满足性需求被他人使用，也就是接受成为他人欲望的对象。这所代表的是，把自己当作一个物件，把自己当作可满足别人胃口的物件，就好像吃一块烤小牛肉填饱肚子一样[1]。

真可怕啊！这段文字让我们看到，某欲望——一个特别的欲望，也就是性欲——的对象（*l' objet–de*）如何成为一个对象–物件（objet–chose）。这是一种随意的偷换概念。其实能够这样证明，仅仅是因为我们假设这个欲望对焦的不是人格，而是为了获得物件的用处、身体所拥有的工具。玛莎·努斯鲍姆担心把她恋人的腹部当作枕头，她在同样的情色处境中挣扎着。性行为，在我把另外对方当作一个有人格的人，而对方也如此对待我时（*vice versa*），才可以成为正当合法的。但这是一个假命题，是使用“人”（Homme）和“物”（Chose）这些文字时，以及应用到情欲处境的身体时所产生的效果。其实，我们只要诚实地思考自己的经历，就知道，事情不是这样进行的。

欲望的对象不是物件

欲望固然局限于具有生命力的身体的某些部分和领域，但它仍然有其特殊的方式、动向和举止，由此显出它跟物件完全没关系。欲望的行进对我而言表明了我爱情的生命力和能量。

1　E. Kant, *Leçons de philosophie morale*, 301; *Vorlesung zur Moralphilosophie*, *op. cit.*, p. 242:《comme un objet de satisfaction du désir sexuel [*als Gegenstand der Befriedigung der Geschlechter Neigung*]》;《objet du désir de l'autre [*Object des Verlangens des andern*]》.

我所注视的这双眼睛，闪着默契；我在电话里听到的美妙声音令我震颤；我轻轻啃咬着的双耳，绝非一口肉片。读伊曼努尔·康德的书，我们只会对自己说：司汤达万岁！法国现象学万岁！我们法国人了解情欲、性爱；欢愉是一种感觉；肉体不能化约为解剖的构造，至少不能化约为星期天的烤肉。我们会特别跟自己强调：精神分析法万岁！是我们的分析，触碰到了真正的情欲之爱。情欲不是像垃圾、材料或工具一样的真实存在，而是欢愉和不确定性带来的真实感受。

性爱不涉及“器官”，而与局部对象（objetspartiels）有关；它在意的不是夺得一个消失的个性，注重的是对方和自己的感官感受到的独一性。在性爱中存在的不是“利用”，而是感觉。我不是一个“物件”，而是产生欲望和愉悦的原因（cause）。我不是“绝对的统一体”，而是不自觉的主体，不知道为什么需要这样而非那样才会让我感到愉悦。我不是被他人的享受侵犯了“人性”的人格；我感到非常快乐，这也让我非常舒服。我没什么可失去的，也没什么好害怕的。

让我们免于落入对他者身体的肉体式剥削的，正是性爱（érotisme）。爱的艺术由欢愉的方式巨细靡遗地展开，它是为了他者的欢愉而时断时续地献上自己的身体。这是一种社会的恩泽，爱情的恩泽。或许就正是因为想到我们关系非常好，我才允许自己把头放在恋人的小腹上，“抱歉打扰了，亲爱的！”然而做爱，是另一回事。情欲之爱要求特别高，它享受的是活泼、焕然一新、量身定制的欲望。要得到这些，必须得体验、变化、发现和不断发现。当我可以自由地分辨出这只手抚摸我的温柔，以及这个声音特殊的语调和这皮肤与众不同的气味时，我才可能体验情欲之爱。而他者，一个与他人都不同的人，有属于他或她自己的（性）幻想，或许会希望我做一些小小的事情让他感到愉悦。性的享受需要的是一个合理的“情境”(contexte)。我们说着不着边际的玩笑话，我们心花怒放，我们献出自己，我们缠绕在一起；我们不是成为一体，而是在微小的震颤、惊喜中，通过一些细枝末节的感受缠绕在一起。此时，我们要的只有快乐。当然，我们所说的快乐，与斯多葛主义的（禁欲）传统或伊壁鸠鲁学派扭曲的（享乐主义）南辕北辙，后两者的伦理基础建立在藐视有益处、愉快和幸福的感受之上。[1]

我们急切地希望赶快离开康德的伦理观，在……对象(*objet-de*) 与物件 (chose) 之间如此执拗、理论化的混淆面前，我们会失去耐心。我坚持认为，应当把一个无生命力、无自动力、可交换、可被使用、可消费的纯物质物品与勒内·笛卡尔通常称为视觉、爱情的“感官对象”区分开来。在法国的哲学传统中，和在普通的语言使用中，“对象”这个词并不指向本

1 康德很崇拜卢克莱修，我们将在第五章研究他，他把快乐最小化，并且毫不客气地批判爱情。J. Porter,《Lucretius and the sublime》, *in* S. Gillespie et P. Hardie (éd.), *The Cambridge Companion to Lucretius*, Cambridge University Press, 2007, pp. 167–184; E. Baker,《Lucretius in the European Enlightenment》, *in* S. Gillespie et P. Hardie (éd.), *The Cambridge Companion to Lucretius*, *op. cit.*, pp. 274–288.

体论的一个范畴（une catégorie ontologique）：这是一个物件，或那是一个人，指向的都是本体论的一个范畴；而“对象”指向的是一个相对于主体的位置。不管是谁，或什么东西，都可以占据这个位置。不能因为我把进入我视野中心的一个人，甚至是上帝，作为我好奇心、兴趣、焦点、尊崇、敬仰，或爱的承受者（destinataire），就说我把他当作一个物件（chose）。恰恰相反，我赋予了他更高的价值，认为他有超越平常的魅力。

按照司汤达的话来说，我在结晶的过程中。而雅克·拉康，我们前面看到过，他会强调这过程的差异面：我好奇的、崇拜的、情欲的欲望所挑出来的、区分出来的和强调所成为……的对象（faire l' objet de）。我们可以更进一步来分析。当我以情欲的模式察觉到他者时，我将欲望投射在一个如此性感的个体身上，我在进行极端的个人化。在我自己所处的位置，我伺机而行，我寄希望于爱、猜测他爱的意图。她看我了，他对我微笑；他转身，她向我招手。我的欲望非常专注，也很胆怯，激励着另一方的身体，扩大他的欲望的信号。其中最美的就是，主体运动（mouvement subjectif）的给予和预期一次活泼的相遇，正如行家们所说的，是幸福的承诺。情欲之爱的益处在于加强了所爱对象（l' objetaimable）的主体性。这是一种“超越人格化”（surpersonnalisation）的过程，要知道，这事实上正与客体化过程（objectification）相反。

然而，以下情况也是真实的：如果我讨厌快乐，那么我就会批判欲望，甚至会把它的对象（和它产生的原因）转化成失去其地位的东西。我指责情欲本身所是的，还有，它把自己指头所碰之处都物品化了。康德当然非常清楚不能按着本体论的范畴，而应该用语句的姿态——相对于主体的位置来使用“对象”这个词。例如，他提到尊重的对象[1]。性欲瞄准身体的一部分，所以就是它让一个人成为物件。人和物件在法律上的区分，才会导致身体部位的分类[2]。就是这种先入为主、以批评为主的伦理姿态，才引起“对象”这个词两层意思的混用。以至于，最终，一种修辞学的策略——指责——渗透在康德伦理的每一个句子、每一个词、每一个音节中，让性欲成为对他者的爱慕，而这他者，是不具备人性的肉片。

康德式的嫉妒：卖弄风情和食人主义

性关系是相关器官的相互使用，此使用必须建立在所有权的民事契约之内；对于性关系这样的定义，最终影响了对嫉妒的定义，康德在《实用人类学》中如此解释道。他的这部作品

---

1 E. Kant,《Doctrine de la vertu》, *in Métaphysique des mœurs, op. cit.*, deuxième partie, § 11:《L'humanité dans sa propre personne, c'est l'objet de respect [*Die Menschheit in seiner Person ist das Objekt der Achtung*].》

2 在罗马法律中这种区分的范例，参考 R. Esposito, *Le Persone et le Cose, op. cit.* 对康德而言，这个背景非常重要，却存在着普遍的争议。埃斯波西托表示支持这一想法，并由此总结出一个关于身体的思想，这一思想再度成为法国现象学的主要思想。

研究了全世界所有人类的共同之处。法国哲学家米歇尔·福柯（Michel Foucault）在这部作品的《导言》里如此写道，他考虑的是自然、社会方式架构下的世界公民，而非某个特定文明的成员；他以此种方式勾勒实用的观点[1]。

性关系也具备跨文化的特征。女人是和男人不一样的存在，她们要懂得取悦男性，让别人产生希望得到自己的渴望。作为欲望的对象，她们时刻处于潜在的诱惑里，一贯以来就是要求男人嫉妒。同样地，男人所娶的妻子明明是个人，却被迫把她们关在自己的家庭范围之内，因为别人有可能一直觊觎她们。不忠总是有可能发生的。妻妾成群（harem）是婚姻的最初级形式：多配偶制下嫉妒的男人，把好几个忠实的女人掌控在自己的权威之下；这些女人接受丈夫有好几个妻子，争斗着想成为男主人的最爱。他们的嫉妒并不对称（symétrique）。即便在一夫一妻制的婚姻中，当妻子嘲笑丈夫爱嫉妒，事实上她们真正的期待，是希望丈夫不能容忍他自己未来出轨的可能。因为，一个人若不宣告自己的财产所有权，意味着他不会行使契约内的义务。一个男人若没有因自己妻子的出轨而嫉妒，最大的可能就是他忙碌于自己的享受：酒精、游戏、情妇，并接受他的妻子已成为食之无味的骨头这一事实。那比烤小牛肉还要倒胃口。

一方面，这个场景描绘出妇女一贯处于受害的地位：她是

1 M. Foucault (1964),《Introduction à l'*Anthropologie*》, *in* E. Kant, *Anthropologie du point de vue pragmatique*, Vrin, 2008.

猎物。另一方面，又把她妖魔化：对男人来说，她总是一种诱惑。这里我们看到两种思考女性的方式，它们可能是互相矛盾的，却向她们展现出美好的未来：男人剥夺女人的自由，让她们过上依赖男人、被动的生活；或者女人自身热衷于处于欲望对象的位置，以至于最终她们自己喂养自己的被动和依赖性。调情，就发生在食人主义者开动的时候。

康德主张的当然不是改变现状（*statu quo*），然而在这种逻辑下，要解放受男性压迫的女性，需要使用诱惑力。据康德看来，出于人的本性，占为己有、掌控、物化和自制、文明的情欲需求必须达成一致。但如果有一天，我们依靠这种厌恶女性的逻辑来思考女性的解放，我们会落入同样的困境：对所有的打扮、诱惑、性感，表现出不屑或藐视。这非常矛盾。一个女性想要脱离男性制度中性和嫉妒的权力的同时，首先得放弃使用口红。在1798年的柯尼斯堡[1]之后，这就是她们必须为自由付出的代价。而同时，男人却仍持有他们的自由。

去他的康德！

要离开目的之国的情欲之爱，并不困难。只要想一想我们

1　康德的出生地，是普鲁士首府，意为国王城堡。1798年，康德的《实用人类学》出版。因此，作者此处指出的是康德这本书对后世的影响。——译者注

自己的经验，用我们自己自由选择的语言，来查看性对象这个概念带来的混淆。然而若这样轻易说出口，我们就错了，低估了文化的力量。今天，所有人都在讲性对象。所以我们还必须明白我们是如何走到今天这个地步。

离开康德框架最经典的方式，就是德国哲学家黑格尔教导我们的方式，他非常深刻地批判了康德。牵绊住康德的脚步，我们就可以学习谈论认知（reconnaissance），而非客体化；谈论辩证法，而非主体与客体之间的相对；谈论人与人之间的关系，而非人与物之间的关系。

在《法哲学原理》（1821年）一书中，黑格尔谈论性关系和家庭的形成。从一开始，他就直击康德。他批判康德想象婚姻的方式是一种“耻辱，必须得说出来”[1]。总体来说，康德的思想就是耻辱。此思想被“人中的人性污点（*Schändung*）”纠缠着，它本身不就是一种耻辱吗？为什么会变得如此粗鲁？因为康德把婚姻归入民事契约的概念。可黑格尔认为，契约被定义为两个有意志的人——也就是两个自由人之间的交易；在此交易中，他们让出、获得、交换一样东西。所以，婚姻不能归入这个定义的范畴[2]。相反地，男人与女人的结合，是

1 G. W. Hegel, *Principes de la philosophie du droit*, trad. fr., Gallimard, 1940, § 65, p.117 (*Schändlichkeit, muß man sagen*).

2 Ibid.:《Le mariage ne peut pas être subsumé sous le signifié/catégorie de “contrat”. Cette subsumption se trouve, dans son ignominie, il faut dire–chez Kant [*Unter den Begriff vom Vertrag kann daher die Ehe nicht subsumiert werden; diese Subsumtion ist in ihrer Schändlichkeit, muß man sagen–bei Kant*].》

一个统一体（unité）的形成。两个单独的个人形成一个伦理人（unepersonne morale）。这个结合的特征就是因为爱。不管是通过家庭安排，还是冠以两个独特的个体之间的相互吸引之名，婚姻“是自然性别在精神和自我意识的爱中的统一体”[1]，而绝对不是什么转化为对象或物件，也不涉及器官的相互使用。

这些观点对于批判婚姻的社会契约论非常重要。对黑格尔来说，康德的婚姻社会契约论混淆了私有财产的处理和国家的建立这两个范畴[2]的概念。去他的康德！婚姻不是民事契约！而对婚姻的重新定义，开辟了一个对于体验情欲之爱的全新视角。黑格尔拒绝机械性和屠夫式的性爱语言。身体不是一个工具的集成体，在契约之外使用它会威胁人的本质和人格的整全性。身体可以让人更多地个体化，毫不夸张地说，就是创建人类最基本的团体——一个伦理人。天性不是一个能够被法律通过正式条款而约束的领域，但它是把我们引向伦理的终局，就是婚姻[3]。而对我们的主题更加有意义的，是黑格尔说明了占有作为对象的他者和与另一个有人格的人成为一个统一体之间的区别。这样就在一夫一妻的婚姻制度的论证中把对康德的批判推向高潮。一夫一妻制不是为了防止物化（réification），物化是性行为固有的。对黑格尔来说，“婚姻本质

1　G. W. Hegel, *Principes de la philosophie du droit*, § 161, p. 199:《*Einheit der natürlichen Geschlechter in eine geistige, in selbstbe wußte Liebe, umgewandelt.*》

2　Ibid., § 65, p. 118.

3　Ibid., § 164, p. 203.

上是一夫一妻制，因为置身于这个关系并委身于其中的，乃是人格（personnalité），具有直接排他的单一性。因此，只有从这种人格全心全意的相互委身中，才能产生婚姻关系的真理性和真挚性（实体性的主观形式）。人格如果要在他物中意识到他自己的权利，他物必须在这个身份中是作为一个人，一个不可分割的个体，才有可能做到这一点”。[1]

这意思再清楚不过了：婚姻不是为了批准两个伴侣之间性器官的相互使用而存在，他们两者对待彼此，好像物件一样，不是这样的。婚姻是把两个有人格的人连成一个统一体。对黑格尔来说，说性行为是一种“结合”正意味着：必须离开“契约观点”，这样才能理解婚姻完全就是康德所说的反面[2]——没有所有权的转让；没有物化；没有物件。

这就是问题所在。尊重的需求，是对方在我们想要的时候按照我们所想的完成我们的期待。美狄亚就是个黑格尔主义者，她想要被当作为伊阿宋做了所有一切的爱人。她要索回应得的，

1 G. W. Hegel, *Principes de la philosophie du droit*, §167, p. 205:《*nur insofern das andere als Person, d. i. als atome Einzelnheit in dieser Identität ist*》. Sur le《droit personnel à modalité réelle》, qui inclut le droit matrimonial, chez Kant, sur la critique de Hegel et sur son rapport controversé au droit romain, on verra S. Goyard-Fabre, *La Philosophie du droit de Kant*, Vrin, 1996, p. 135-139.

2 G. W. Hegel, *Principes de la philosophie du droit*, *op. cit.*, §163, p. 201. 另一个批判康德婚姻和性概念的是语言学家、哲学家：克里斯蒂安·格特弗里德·舒茨（Christian Gottfried Schütz），他与康德保持着通信关系。米歇尔·福柯在《〈人类学〉导言》中曾指出他们的讨论：“舒茨否认在婚姻关系中，女人成为男人的物件……物化他者只有在吃人肉的时候才说得通；婚姻和权利不会让人成为可替换的。”康德回应：法治是物化必然结果。福柯从这个答复中看到了一致的实用主义观点。

这意味着，她拒绝被另一个更年轻更有用的妻子/母亲取代，尤其在她被利用来帮助伊阿宋拿到了金羊毛让他完成了英雄举动之后。然而，她并不反对成为一直心爱的男人的性欲望的对象。正相反，这就是她想要的。她希望被看重，作为爱情的对象被“重视”。她反抗着，不想作为一个没有动力的“物件”被操控，可她因着不再是心爱男人的兴趣的对象，而感到痛苦万分。

到处看到物件

因此，我们要感谢康德的，毫无疑问，不是因着“物化”[1]这个专有名词的发明，而是“把人贬低到物件的地位”这个概念。人格与物件之间的对立，人与非人之间的对立，是康德伦理学中主要的组成部分。性行为却混淆了这最基本的区分：“康德说，在这种行为中，人让自己成为物件。”[2]这种“让自己成为物件”是极其糟糕的，因为与人权相悖。性爱威胁了人权。在对性欲的思考中——在这个领域，低估康德思想的影

---

1 F. Vandenberghe, *Une histoire critique de la sociologie allemande*, La Découverte/MAUSS, 1997, t. 1, p. 26:《Kant emploie le verbe *sich verdingen* dans le sens de vendre par contrat. Mais, bien que le verbe aliéner puisse avoir la signification juridique de *sich verdingen*, j'estime que Meszaros ne dispose pas d'une base étymologique pour traduire *sich verdingen* par "réifier" ni d'une base philosophique pour considérer cet usage comme étant à l'origine du concept de *Verdinglichung.*》

2 Voir *supra*, note 13.

响力，我们就大错特错了。我们会看到一种语言、一种思辨方式蔓延开来，结局就是它们越过哲学专业领域，影响着我们所有人，所有男人和女人。把人类当作商品进行买卖和把女人当作性对象的言语，即便在我们不经意时说出来的言语中都带着那些痕迹。在所有社会关系的批判理论、女权主义思想，甚至在我们共通的政治语言中，这种思考和谈论的方式有着非常重要的影响力。尽管不是所有人都同意，但所有人都理解这个词组——“性对象”代表着什么。

这些被翻译成法语“物化过程”(chosification)、“物化”(réification)和“客体化”(objectification)的德语词语，属于马克思主义理论和德国社会学理论范畴[1]。商品的人格化(personnification)，和以货币形式出现的生产关系的物化(chosification)，在马克思看来皆是资本主义生产系统中核心的矛盾[2]。在马克思之后，非常复杂的传统加剧了这初始观念的变动：通过合理化物资生产，劳工剥削、理想化地高举利润、收入、计算和量化，现代社会实现了把人（或人与人之间的关系）化约为物件的过程。使用“物化”这个单词意味着标明彻底的反对。正如比利时社会学家弗雷德里克·旺当贝格(Frédéric Vandenberghe)——是他勾勒出了这个概念的整个历

1 “物化”(Versachlichung et Verdinglichung)，“客体化”(Gegenstandlichung)(均为德语)。
2 K. Marx, *Le Capital. I*, trad. fr. de J. Roy, sous la direction de M. Rubel, Gallimard,《Folio》, 2008, I, IV, 1.

史——所写的："我们不能弱化物化（réification）这个概念引起的彻底批判性以及它有争议性的特点。在它的定义和标准的使用情况中，它总是带着强烈的负面内涵。物化作为一个被争论的概念，指的是一个在法律上不是物件的东西成为物件（le devenir-chose）。这个伪物件（pseudo-chose），根据情况可以是概念、人、动物、关系、过程、社会、商品等等，这个清单可以无限制地列下去。这些伪物件的物化包括不合法地、根据情况赋予它们人造性、固定性、客观性、外部性、非人个性、自然性，简而言之就是被断定为不合宜的本体论的物性（choséité ontologique）。无论在哪种情况下，物化概念假设的本体论，说到底几乎或从未被清晰阐明过。"[1]

我们前面看到了康德如何通过把人定义为理性、自由、整全、有人性的存在，而使得他的本体论非常清晰。物件基本上就是非人化的（non-personnes）。因此，若一个人成为物件，是本体论的退化，这个变动影响了他作为人最真实的存在。旺当贝格不承认康德与物化有什么关系。按着逐字的字面意思来理解，他确实是对的，可实质上他却错了。我可以用上面那段加了注释的引文作为论据来反驳。康德的"人"必须用全部的力量进行自我保护，保护自己不落入危险或试探，或"让自己成为一个物件"。伦理上的"人"只服从这个命令：避免成为物

1 F. Vandenberghe, *Une histoire critique de la sociologie allemande*, *op. cit.*, pp. 27–28.

件。而性欲让他处于这危险之中。交互的或单独的性行为，在人与人之间或人与兽之间发生，正是完成了物化这件事。“物化”的概念，换句话说，完全就是康德伦理学的核心——人（l'Homme）对抗物（la Chose）的伦理。

我可以引用一个矛盾却有启发性的人物来证明我说的：哲学家路易·阿尔都塞（Louis Althusser）。他的著作《保卫马克思》分析了卡尔·马克思的思想，观点很新颖。在此书中，他提出，在“人道主义”第一阶段和理论、纯科学时期之间做认识论断裂（coupureépistémologique）。他认为青年马克思的人道主义，确切地说，建立在康德伦理学上；并以此作为依据进行自己的诠释。马克思借用了从康德和费希特（Fichte）（而不是黑格尔）而来的“人的本质”（*Menschheit*），基于理想化的角度，开始了政治思考的第一步。在青年马克思看来，“人”应当收回曾被“客体化”的人的本质（l' essence humaine）的所有权。阿尔都塞处理了这种意识形态——理性、自由的人道主义。1845年，马克思完成了“完全理论性的革命”，此革命确切地说就是在“否决康德伦理观”[1]中完成的。

在一份页面的注脚上，阿尔都塞试图找出物化的好处，尽管物化在他眼中只不过是左派圈子的“流行理论”。要知道，“物件”这一概念，来自《1844年经济学哲学手稿》，马克思

1 L. Althusser, *Pour Marx*, Maspéro, 1965, p. 235.

发表了异化/客体化/非人道主义的理论。阿尔都塞说："在1844年的《手稿》中，人的本质的客观化（objectivation）被认为是人收回人的本质必不可少的先决条件。"在这里我们可以看到，一方面有"人"作为自由—理性的存在的观念，另一方面就是完全非人性（inhumanité）的思想，其中包括了动物性、前动物性（préanimalité）和物件（金钱），此外还有超验性（transcendance）。据阿尔都塞所说，这个思想贯穿着"人"和"物"，投射于货币理论（在《资本论》中），后者造成了非常糟糕的误解。"物化的意识形态，就是在人与人的关系里到处看到'物件'，这种意识形态模糊了在'物件'范畴（对马克思来说最奇怪的范畴）下，用货币—物件的意识形态模型来思考所有的社会关系。"[1]

路易·阿尔都塞向我们说明，马克思之所以是人道主义者，就是因为康德主义。他是一个坚定的记者，虽然还未明白（理论上）历史的辩证法，但已经在道德上（所以是在意识形态中）反抗人成为物件。对青年马克思来说，"人""不只是揭露贫困和奴役的呐喊。这是他的世界观和务实态度的理论基础"[2]。但是在阿尔都塞看来，以此为基础形成革命理论，意味着犯了一个概念性的错误：混淆了所有"物件"范畴之下的权利之间的社会关系。要了解他所说的，必须记得从20世纪20

1 L. Althusser, *Pour Marx*, p. 237, note 7.
2 Ibid., pp. 229–230.

年代起，批判思想的全部传统都是从这个“理论基础”发展而来——这是范畴性的错误，意识形态的混淆。在匈牙利，有卢卡奇·捷尔吉（György Lukacs）；在德国，从格奥尔格·齐美尔（Georg Simmel）到法兰克福学派（école de Frankfort）；还有在法国，有萨特和梅洛-庞蒂（Merleau-Ponty），物化理论以各种形式变化着并迅速繁殖出现。在1965年，阿尔都塞以桀骜不驯、坚不可摧的姿态，嘲笑所有这一切不过是知识分子的时尚流行。

在其内在性中僵滞的物件

有许多知识分子从马克思的理论那里获取灵感。其中一位法国女哲学家，西蒙娜·波伏娃（Simone De Beauvoir）铸成了20世纪女权主义的概念性工具。在《第二性》（1949年）中，她抓住“人”和“物”这些语言，来思考性别差异（la différence des sexes）。正是她的这些文字，后来成为经典，并使好几代女权主义者学会把女性作为男性的他者（l' Autre de l' Homme大写的他者）或他的性对象，即欲望的对象，同时也是物件来谈论。语义的融合在不知不觉中进行，最后汇集在几行字的思想中：存在哲学，认知辩证法，历史的马克思主义观，还有康德主义的背景。总之，要综合总结这些，才能到达我们感兴趣的那个点。

人类有性别的差异。在所有社会中，所有的历史时期里，男性总是以主体的姿态出现，并且非这样不可：他们有能力以决策和行动投身于世界；他们完全投入、追求卓越、委身于其中；他们进入一个情境，却不停留在那里，从其中抽身而出……简言之：他们“超越”（transcendent）了自己。女性则相反，深陷于惯性与毫无变化的重复之中，简言之：在其“内在”（immanence）中僵滞。这不是她们的错。因为人类的主体为了在个人自主中存在——个人自主使得他们可以行动——必须感受到被承认。矛盾的是，自我意识（la conscience de soi）需要从他者来的确定和认同、确认和价值赋予。而因为所有个体都渴望同样的东西，这个需求就变得有竞争性：这是在他人和自我之间的斗争。斗争的结果就是权利和统治，但这个结果总是不稳定的。每个人都“试图通过奴役他人而实现自我”，但奴隶，被剥削被羞辱，经历到的最主要的角色就是为了主人。“通过辩证的逆转，主人就变成不是最主要的。”[1] 所以有可能发生革命，这甚至是不可避免的。

波伏娃就取用了黑格尔关于主人和奴隶的辩证关系，并应用在两性辩证法中。她写道，男性为了达成他们的经济利益一直垄断“实权”，这无可厚非，但还有一个原因，是他们坚持“本体和伦理的自命不凡”（prétentionsontologiques et morales）。他

1 S. de Beauvoir, *Le Deuxième Sexe*, Gallimard,《Folio》, 1976, t. 1, p. 240.

需要一个让他存在的他者（Autre大写的他者）。他者（Autre大写的他者）限制和否认人的主体，可“对他而言仍是必要的”。他必须感受到自己的存在，但这很困难。如果我们停止为别人而存在，我们就会崩溃。就是为此，过去男性时时处处压制女性。女性实实在在地“构成了这个他者（Autre大写的他者）”[1]。女性是属于男性的他者（Autre大写的他者），为了男性而存在的他者。这不公平，然而她却是必不可少的。她是低等的，而且是具有补充性质的。她是反映者，而非对手。女人受制于爱她却独裁的男人，而后者又依赖于她，因此她处于一种可以转换的地位。她可以逆转成为主要的。解放运动甚至是不可避免的。辩证最终会达成相互的认可（reconnaissance），其中不再有竞争，以及一种畅通、立即的相互性。“在马克思构想的真正的民主社会中，没有他者（Autre大写的他者）存在的位置。”[2]目前，女性通过工作来获得作为人类的尊严。[3]最有人性的女人，就是女权主义者。

把性别差异纳入不稳定的对立中，这是西蒙娜·波伏娃在哲学上的创举。黑格尔画出了主人和奴隶之间的关系模型，而波伏娃把男人看作男性，不仅是作为人类的人，男性带着性色彩和性别的人，与女性斗争。女性是被男性主体当作自己镜子

1 S. de Beauvoir, *Le Deuxième Sexe*, p. 239.
2 Ibid., p. 243.
3 Ibid., p. 198.

的他者（Autre大写的他者），她热心服务、不可替代。女性就是他者（Autre大写的他者），在这场取得认可的斗争中，女性在过去总是失败，那是因为她从来没有被当作平等的人来对待。女性是男性不能逾越的他者（Autre大写的他者），因为她向他提供的认可是独特的。

这个观点支持着《第二性》的所有论述。男人通过强加给女人次要的、工具一样的、被降低的和辅助的角色，奴役女人。但他们对待她们的方式远不同于对待奴隶的方式，因为他们期待的不仅是让她们做一些社会性的劳役服务，还有性服务。虽然女性被征服，但既然她“在繁衍后代的机制中、生活和社会秩序中是必需的”，所以仍需在某部分尊重她，甚至把她理想化。女性的历史就是这些复杂关系的历史。“女性的这种他者双重性，会在她自己后续的历史中反映出来；正因这种双重性，使她直到今天为止，还受制于男性的意愿。但男性的意愿非常模棱两可：通过彻底的吞并，女性被化约、直到进入物件的行列。”[1]

而把女性按着字义完全、彻底地化约为仅仅是一个物件，对西蒙娜·波伏娃来说是不可能的，但她在《第二性》中重新整理历史，致力于描述女性如何在不同历史处境中适应“成为物件”：变成、装出……的样子、占据……的位置、扮演……

1 S. de Beauvoir, *Le Deuxième Sexe*, p. 137.

的角色。整本书都充满了这样的言辞。举个例子："在族长制体系中，她是其父亲的财产，后者按着自己的意志把她嫁给某人；然后，被束缚在夫家之后，她只不过是他的物件，带着性器官（*génos*）——被插入的物件。"[1]对男性主体来说，女性是对象、肉体、物件，他的物件[2]。女性是可生育的身体，在其中，生命如"血色的草莓""震颤的凝胶"一样开始被孕育出来。这是饱满、肉欲的身体。乳房和臀部是"多脂的生殖特征，除了那些地方之外，没有其他任何意义[3]"。这个身体自然地被感知、被渴望，却不停地被修饰，进而成为人工的。化妆、服装和饰品使"身体和脸部僵死"[4]。

仔细读这些句子，听听这些比喻，认真查看语义的逐渐转化：从某种（欲望、崇拜、尊敬）对象到对象—物件——被占有和被交换、被取用和给予的物件，被塑造和上妆、装饰、修饰的物件；我们正参与物化语言的第二次诞生。这就是女权主义思想的初级阶段。

我们认得这人文音乐的旋律性：主人和奴隶的辩证法（黑格尔），康德主义的和声背景中私有财产、土地和女人的连接（恩格斯和马克思）：人类有人格；人格不是物件；性欲中，女性没有被当作独立人格，而是作为性器官被对待；性行为是性

---

1 S. de Beauvoir, *Le Deuxième Sexe*, p. 140.
2 Ibid., pp. 262–269.
3 Ibid., p. 266.
4 Ibid., p. 267.

“工具”这种身体配备的相互使用；性行为中，“人使自己成为物件，这与他自己人格中的人权相悖”。女人是某种对象，因此就是对象—物件，这主旋律起源于所有关于人的本性沉重、专横的考量。

我们上面已经评论了《道德形而上学》和《实用人类学》中的一些观点，它们和《第二性》遥相呼应，尤其在内在性这个主题上。内在性与任何女性身体的审美经验——性感、保养、装饰、化妆——不可分割；我们读这个主题时，看到的是康德理论扩大到对女性身体的评论，她们生来就是为了被渴望，为了打扮得合宜。任何人都无法想象，一个女性关注自己本身：自己的感官享受和情欲之爱，自己活得仿佛在是一个在欲望主体、相互性欲望的起因，以及被渴望的身体之间的游戏。我们需要人造的东西，那么这只能在女性肉体的脂肪堆里找到。我们需要虚荣，那就让女性来做吧。[1]

康德说，性爱只会物化人。西蒙娜·波伏娃补充，性爱物化女人。这是一个转变。我们不能低估做出这个转变的勇气。

---

1 西蒙娜·波伏娃关于性的观点与让-保罗·萨特有重合点。参考J.-P. Sartre, *L'Être et le Néant*, Gallimard, 1943, pp. 404-449. 而艾伦·伍德（Allen Wood）认为萨特几乎一字不漏地采用了康德的观点，请参考D. Wood, *Kant's Ethical Thought*, Cambridge University Press, 1999, p. 256-260, pp. 396-397:《La discussion de Beauvoir sur le sexe dépend de Jean-Paul Sartre, qui reprit la vision du sexe de Kant, avec des modifications surtout terminologiques et stylistiques. Le désir sexuel, enparticulier, cherche à objectifier l'autre afin de capturer la liberté de l'autre.》这些话值得细思，我将在第五章讨论。伍德让我们看到了康德在美国女性主义中的影响，尤其在安德里亚·德沃金的研究中。参考A. Wood, *Kantian Ethics*, Cambridge University Press, 2008, pp. 224-239.

康德提出征服女人的理论，但他通过致力于反对通常情况下人在兽交、鸡奸、偷情和手淫——这是向自己犯的最大的罪——所有这些降低他们自己人性的行为，斥责所有婚姻契约外的性器官的任何使用方式。波伏娃突显的是性别的差异。康德关注的是人，在契约之外挥霍使用他的性器具，“让自己成为”一个物件，妥协他的人格统一性，甚至放弃自己的人性。他者（女人、男人、动物、性幻想）只不过是自我器具化的一个器具。波伏娃关注的是他者（Autre大写的他者）。男性的人是性的主体，通过定义，他不是对象。正相反，这男性，是有自我意识、自由、活跃、具有侵略性、有欲望的，但他需要另外一个人类，相对的，如同镜面一样的，做他的他者。这个他者（Autre大写的他者），就是女性。是她处于欲望对象的位置，打扮自己好让自己有魅力，在内在性中僵滞从而成为物件。

通过肉体占有她

我们好像用放大镜观看了康德关于性的人道主义辩证思想所带来的冲击：他者成了物件。我们看到性别开始出现：他者是女性。我们注意到马克思主义理论中的一种概念转移：女性的一部分成了私有财产。我们也看到性别形而上取巧的花招[1]，结果产生了反现代性的效果：就是异性恋霸权[2]——对女性创造性的无知和对去物质化的男性特征的理想化。波伏娃带着令人发腻的得意、优越感，用大量笔墨描述女性身体的细节，同时还不忘记指责这身体—肉体—物件（corps–chair–chose）的偶然性（facticité)、厚度、重量、毫无生气。物质的女性要面对的是男性的主体性，而男性只有作为轻浮的“男同性恋”情况下才会丧失自己身为主体的天职。对波伏娃来说，男同性恋是唯一需要打扮优雅的男性，而这会立刻让他们被列入女性的行列。真正的男人，不会把自己当作欲望的对象。他们不会精心打扮自己的身体，因此，也从不作为物件存在。

当然，只需要读一些历史和人类学（这样说是为了避免提到精神分析学)，就知道那是错误的。同性之间的爱，并没有转变他们的性别。男性作为肉体是存在的，那是焦虑的、自恋的、刻意锻炼过的。此外，女性对身体的在意，包括所有历史时期和所有文化中那些爱打扮的女人，都非常有趣。这是极具代表性的行为表述经验。会打扮的女人知道自己的缺点，接

1　关于从古希腊时期开始，西方哲学中实行的性别差异，请参考G. Sissa,《Philosophies du genre. Platon, Aristote et la différence sexuelle》, *in* M. Perrot et G. Duby (éd.), *Histoire des femmes*, Plon/Laterza, 1990,t. 1, pp. 58–100; S. Agacinsky, *La Métaphysique des sexes. Masculin/féminin aux sourcesdu christianisme*, Seuil, 2007.

2　“hétéro-normativité”，一种以异性恋为中心的观念，这种观念将异性恋视为自然倾向，并将异性结合视为理所当然的义务，因此，所有非异性恋的都被认为是异常的或是负面的。现在通常与同性恋、同性喜好同时谈论。——译者注

受并纠正它，好让那些珍惜她欲望的人们高兴。会穿衣服的女人知道流行一直在变，而她享受这变化的游戏。懂得皮肤保湿的女人清楚地知道衰老的脚步，而在谦卑和嘲讽中监视、掌控它。总之，最花瓶式的女人，最像“无法描述的尤物”(machin–chose)，用自己的方式表明有限的智慧。她知道时间会流失，但当有一天她的性器官不如以前美好的时候，她不会突然崩溃。特别用我们前面提过的笛卡尔和拉康的言语来说，让自己置身于他者轨道中的女人，不是一个物件。被观看、注视、敬仰、尊重的对象，不一定非得成为对象—物件。但我们很随意地就混淆了两者，这是一个修辞学的选择。当然，我们也可以很随意地不把女权主义思想纳入这个混淆的概念中。

我们读了20世纪70年代信念笃定的波伏娃的著作，我仍想回头看看这些充满了令人惊讶、不舒服、不自在的章节。首先，我从其中看到了性别差异辩证法这个思想的前景，它虽然中断了，但仍是非常有潜力的。这个辩证法的成形，绝对是交互性的、关乎人际关系的。波伏娃在呼应黑格尔的同时，写道：“(人）当他碰触一块石头时是孤单的，当他消化一个水果时是孤单的。”不能动的物件没有能力用他生命所需要的认可来回应他。只有在另一个人成为他的镜子而且作为活跃的他者“出现”时，他才能得到能够满足他的认可。“正是其他人的存在，使每个人脱离自己的内在性，并容许他作为超验性(transcendance)、作为向对象的逃逸（échappement)、作为计划，完成自己存在的真实性，并实现自己。”[1]

那么，当这个充满活力、焦虑，又有野心的男人遇到女人时会发生什么呢？他把她当作一种“中间体”（intermédiaire）：处于自然界的物体——例如石头、水果，和他同类之间的中间体。女性不会像她的男性对手一样为了被认可而斗争。“她通过独一无二的特权成为一种知觉的存在，然而似乎有可能通过她的肉体占有她。”[2]显然正是通过这个小句子，波伏娃用“物件”的语言开始了整篇文章的叙述，而“物件”贯穿于整本《第二性》。这里就是黑格尔思想和康德伦理的融合处。这个融合让人觉得诧异，因为这个辩证法照理应该能超越她使用的语言——一旦超越了，就永远超越了。然而她并没有这样做。

波伏娃与康德思想的共鸣令人很困惑。阿尔都塞使用“到处看见物件”这个句式，让人觉得顺理成章，没什么可指摘的。我们若指责全世界的故作优雅和肤浅，那我们就应该能够抗拒与权利的关系。按照波伏娃的理论，女性要拒绝成为性对象，就得谴责那些喜欢金发的人！就得穿得像个塑料罐一样毫无美感！如果真是这样的话，一切就结束了。为什么呢？因为性欲望把人客体化、物化、去人性化。物化理论（objectification theory，英语）的语言必须假设以此为大前提。把它变成女权主义的一个原则或者一个训诫，意味着或多或少有意识地认同

1 S. de Beauvoir, *Le Deuxième Sexe*, *op. cit.*, pp. 239-240.
2 Ibid., p. 241.

这个假设。我们上面已经看到该假设源自对于人的本质的观念：就是反对生理的身体、支持理性，反对感官、支持人性，反对享受、支持道德伦理。

除非在那些公众舆论可以放弃审美需要的社会里，不然这样的女权主义根本没有散发女性的气息，好像在丑陋的军事化中有什么美德一样。这样的女权主义不包括年轻女性，她们在成长的过程中已获得权利（选择自己的职业，实施避孕措施，管理养育孩童），她们想要的更多，更确切地说，就是“获得必不可少的技能让生活精彩纷呈”[1]。是她们适应了“植物、豹皮、钻石、珍珠”[2]。鲜花、宝石、贝壳、羽毛、丝绸、珍珠、香水，所有这些都可以用几欧元在Zara或丝芙兰购得。我看到爱打扮和极高的社会、职业抱负是齐头并进的，而且打扮的人非常确信自己配得上这些。我每天都看见这样的女性，不管在巴黎的街头，还是在加州大学洛杉矶分校的校园里。波伏娃没料到，超验性可以与肤浅并存，以艺术审美规范来打扮的女性，同时可以是一个自信、大胆的主观性存在。我的女学生们打扮得漂亮，有征服的野心，身材健美又辛勤工作，她们绝不会是在其内在性中僵滞的人。当然，这会让康德瞠目结舌。

乍看之下，西蒙娜·波伏娃忽视或忽略了康德，这位传教士身上流淌着的是对女性的傲慢，对所有与情色有关的因素的

1 S. de Beauvoir, *Le Deuxième Sexe*, p. 267.

2 Ibid., p. 267.

反感，以及对所有会让人享受的东西的毫不留情。这对于1949年的巴黎来说，是不是过于严苛到令人不能忍受，且带着性别歧视，以至于捍卫自由的女哲学家不能说出自己从他那里获得灵感呢？波伏娃需要的是一个动力，带来解放运动的前景。在那时思考性别差异，她需要一个主体与对象之间不稳定、日臻完美的关系理论，用她的“辩证的逆转”，为认可而斗争。康德的伦理（她在1947年出版的《模糊性的道德》中曾批判过）在这观点上不能有任何贡献：我们可以借用他对性物化指责的论调，但对他而言，唯一的解决方法是契约，一夫一妻制的婚姻。相反地，黑格尔的辩证法，允许重建一个系统而必要的女性被压迫的历史，还可以为她们不一样的未来建立理论系统。然而，哲学历史颇具讽刺意味，波伏娃在马克思主义中——而这马克思主义就是阿尔都塞认为借由康德形成的——找到她所需要的一切，就为了重新开始人与物之间可怕的“舞蹈”。

我们得等到美国女权主义的崛起，康德主义的性观念被平反，才不再显得如此纠结。

自由，不忠，嫉妒

这个理论的历史，深深地影响了左派政治文化，对于理解为什么会发展到问心无愧地藐视爱情里的嫉妒，也是必不可少的。在把所爱对象转化为物件的基础上，情欲愤怒被贬低为占有欲（possessivité）。

我们前面说过，西蒙娜·波伏娃在1949年出版的《第二性》是法国女权主义的创始文本。这本书交织着现象学和马克思主义。依据大量马克思和恩格斯的著作，波伏娃把女性的兴衰史写成私有财产史。一夫一妻制家庭仅仅是取得土地所有权的必然结果。因此，土地所有者是嫉妒的，他甚至是嫉妒的发明者。我们在卢梭的思想中已经看到过这个强大的关联，波伏娃也这样确信。她写道："当女人成为男人的财产，他要她是处女，并要求她有绝对的忠诚，否则将受到最严重的处罚。"[1] 当然，他在意的只是确保资产在家庭内部传承，传授给出自自己确定而合法的后代。只要存在着私有财产，一个女人若不再忠诚，就必定会被认为是"最高的背叛"[2]。然而，不忠仍然生生不息。

男人从自然中夺得女人，奴化她，使她成为财产，并为了保护这一切而建立了一套婚姻的习俗。突然，他要独享她的美丽。婚姻杀死了爱情。"因为曾经对一个年轻鲜嫩女孩产生欲望，男性终其一生都得养着肥胖的中年妇女或干瘪的老人。"[3] 如果他在多配偶的制度中，他的几个妻子都将或多或少被摧

1 S. de Beauvoir, *Le Deuxième Sexe*, p. 140.
2 Ibid., p. 140.
3 Ibid., p. 307.

残，轮流着从美丽衰老到可怕的地步[1]。可是，不管怎样，女性还是有自由的。事实上，婚姻造成一种矛盾的状态。男性娶妻之后，“按着人的尊严”饲养着女性。因此，借由把她关在家中，他承认她的自由。他用“折中方式”来处理事情。一个妻子既不是奴隶，也不是不动的物件。但这反而让她成为一种危险。她将享受的这个自由意识，只能通过一种方式，那就是婚外情。波伏娃断言，只要有婚姻，就一定会有通奸。所以，一方面，女性被化约为奴役、为身体存在的内在性；另一方面，她仍旧是个人，有能力逃脱这个角色。女性“注定要不忠的，这是唯一可以让她标明自由的真正脸孔的途径”，因为成为另外一个男人的欲望对象，这是唯一可以证明她不是“任何人的物件”[2]的方式。

婚外性行为是超验性的一种基本方式，唯一一种让女性渴望的方式，而女性既是性感、僵滞在内在性里的存在（être），又是肉感、使天然和人工相映生辉的物件（chose）。从男性角度来看，多配偶制是自然而然的。我们不知道为什么古希腊人不这样做，毫无疑问维持一个多妻制的后宫成本很高、只有东方的暴君可以过这样的奢侈生活[3]。男性娶妻纳妾，跟他累积财富一样。而且，他还极其嫉妒。这点他倒是对的，因为女性是不

1 S. de Beauvoir, *Le Deuxième Sexe*, p. 141.
2 Ibid., pp. 307-309.
3 Ibid., p. 145.

忠的，“甚至在他的欲望之外”。成为男人欲望的对象，把自己提供给“所有会选择占有她的主体”[1]，这一事实让她非常矛盾地与文学家马塞尔·普鲁斯特笔下所谓“逃逸的存在”极其相似。在她的被动性中，女人一直都是可被追求的，并具有逃逸的潜在性。此外，为了测试她的自由，她爱打扮。男人只能活在混乱、焦虑的煎熬中。

婚姻状态毁灭爱情，造成通奸，唤醒嫉妒。男性掌控、占有，同时非常清楚永远不可能确保完全占有他的财产。女性享受被谎言和虚假监控着的自由。她不会因自己的丈夫而嫉妒，因为她嘲笑这一切。男人的性总是“世俗的”，摆脱了宗教和奇迹的意义。多配偶制里的妻子们适应它。在现代社会中，男性性行为的世俗化被容忍，成为一点不“严重”[2]的小过错。西蒙娜·波伏娃冷淡地谈论性别的不对等，却描述了性别超越历史的到来，自然是为了证明这种不对等绝对和必要的激进性(radicalité)。然而，因果关系的设置最终导致性关系麻木的合理化。男性是多配偶的、占有欲强烈的；女性是不忠的、顺从的，或者是无动于衷的。女性只有作为身体和性需求被需要。对个体的激情在此观点下完全是陌生的。没有偏爱，没有相互性的期待，也没有情欲愤怒。欲望的欲望变成男性掌控和据为己有的意志，女性被控制和被占有的渴望。而后者只能通过不

1 S. de Beauvoir, *Le Deuxième Sexe*, p. 309.
2 Ibid., p. 310.

忠诚才能从物件的情况中脱离出来。黑格尔式的婚姻，作为两人灵魂和意识上的结合，也没有在她的陈述中出现。浪漫的爱，当然也没有。康德赢了。似乎马克思和他一起赢得了这场战役。

透明化

然而，在《寄语海狸（萨特对波伏娃的爱称）》，就是让-保罗·萨特和西蒙娜·波伏娃的信件往来集中，洋溢着爱的词句。波伏娃亲自编辑的两本书中，也包括了几封萨特写给他情人们的信[1]。信里充满了这位哲学家和无数女人之间关系的故事和比喻。在书中，我们看到著名的透明化是如何实际发生的。

和让-保罗·萨特在一起，西蒙娜·波伏娃经历的是非常稳定的情侣关系，同时又兼容多个在他之外的性关系。一份必不可少的爱情，以及一些偶发的情爱。在关系中，什么都可以说，什么都可以倾诉。从另外一个角度来看，就是什么都得听。一个人坦白，另一个人必须倾听、回应。在这样的场景中，嫉妒并没有位置。这嫉妒，让你恶心、倒胃口、失眠、在人面前落泪，让你惊恐地看着镜子因为担心自己看上去变瘦

1 J.-P. Sartre, *Lettres au Castor*, édition établie, présentée et annotée par Simone de Beauvoir, Gallimard, 1983.

了。让我们重新读读欧里庇得斯、莎士比亚或马塞尔·普鲁斯特，他们笔下真实的嫉妒，及其实际产生的效果，简单来说，我们不能容忍它的存在。进一步说，它是被禁止的。如果我们感受到嫉妒，那就太糟了。这样，法国另一位与萨特和波伏娃同时代的哲学家，路易·阿尔都塞，结了婚，同时有许多婚外性经历，他让我们看到一些非常残酷的情景。

他喜欢大胆、愉快地尝试与年轻漂亮女性的艳遇，特别喜欢在他妻子海伦面前这样做，或者尽快地告诉她他的这些经历。她若未听闻他的这些女朋友们，他绝不善罢甘休。他自己解释说，这是为了得到她的认可。而海伦并不嫉妒。她希望他是“自由的”。她尊重他的欲望、需求和癖好。只是，起初的这种容忍，总是以强硬的撕裂结束。既然她一开始时是可以容忍的，路易就不理解她的态度为什么会改变。于是，他就分析。因为她很矛盾。她不想做个泼妇。事过之后，她总是会道歉，还承诺下次做得好一些。她恳求他不再跟她讲述这些外遇，这是她希望他尊重的唯一一条。而他，却总是重蹈覆辙。

一天，在他们在圣特罗佩附近的家里，阿尔都塞当着海伦的面和一个非常漂亮的年轻女性调情，他把她带到沙滩上，然后到海里。他们在宽阔的海面上游泳，几乎在浪尖上做爱。然后，一个大浪让事情变得很棘手，他们不得不回到家里。而这两个样子滑稽的人，令可怜的旁观者陷入绝望，而路易解释成她为他（的健康）担心。她跑了出去，从他面前消失得无影无踪。路易在“远离沙滩的地方”找到海伦，“当时她像变了个人，完全蜷缩着，歇斯底里地全身发抖，泪水模糊了极其苍老的脸孔”。然后，最终，她像美狄亚一样喊着：“小人！懦夫！混蛋！”欧里庇得斯的悲剧中，也使用了一模一样的词。这一刻，哲学家终于醒悟过来：“显然，一个人不应该这样被对待。”他突然对自己说，她担心的不是他的健康，而是担心因“他可怕、精神错乱的挑衅而当场毙命。”[1]

开放伴侣（le couple couvert）是带着政治手腕的计划，它的出发点可能是好的，是自由和真诚最高的呈现；情感的保障和性经验的多样化；同时可以有信任和保留隐私。所有能想到的在一段平等、相互性的关系里能够想到的一切好处，在这种关系里都可以经历到。在波伏娃和萨特之间，这种相互性似乎是完美的。他们俩轮流着，允许彼此有别的情爱经历。然而，“海狸”（指波伏娃）只是偶尔找一个情人，萨特的经历却接连不断。相互性，真的存在吗？在阿尔都塞和他妻子之间，他们的性约定又是如何进行的呢？这个男人随心所欲，没有任何威胁，因为他的妻子（必须）没有离开他的危险或做得像他一样——她一点都不漂亮。他毫无顾忌地在她面前上演一出出的出轨剧码，只因妻子不嫉妒——绝不可能！他不得不接受令人

---

1 L. Althusser (1992), *L'avenir dure longtemps*, Stock/IMEC, 1994, pp. 174–179 (citations, p. 178–179)。在*Lettres à Hélène* (Grasset, 2011, avec une préface de B.-H. Lévy) 中，阿尔都塞写下这样的理论：“女人的所有权欲表达的真实内心想法是占有他人的女人，正如纯粹的私有财产欲表达的真实意思是占有他人的财产。”

不悦的解释，怪罪或者治疗妻子（歇斯底里症）——他很清楚这一点。意识形态的骄傲，道德上的威胁和表现出来的迟钝，这个版本，无疑是所有不可言说的版本里最残忍的一个。

我在这些爱情里，看到的只是一个善变的男人和一个忠诚的女人——她对他带来的伤害非常有耐心——之间不对称的古老爱情故事的重新排版而已。在《女宾》和《独白》中，波伏娃向我们描述了这种耐心如刀割般、不能掩饰的痛苦。这些文字与卡特琳·米勒的《痛苦之日》、安妮·爱尔诺的《占领》以及司汤达和布鲁斯特的叙述性文字一样听上去非常真实。不是像一个自我麻痹者所做的意志上的巨大努力，这些声音言明了，至少是开始说出嫉妒，承认嫉妒是多么难啊！

第四章

不被爱的绝望

Le désespoir de n'être pas aimé

嫉妒是非常痛苦的。在生气、惧怕、虚荣、羞耻之前，它是第一种在心里涌上来的情绪，诚如司汤达的描述：是扎心的痛、胸口如被铅弹击中；是无论如何都无法忍住、夺眶而出的眼泪；是一向过重的身体消瘦下来、步履维艰；是疲倦还有失眠；是即便身体的动作那么迟缓、内心仍然狂躁不安；是已经干渴极了，身体还继续不断地脱水；是机械地重复着每一天，可连现在最简单的动作都做不到了；是所有与这个人有关、与这个人一起制造的那段特定时光里的记忆，或是期待——希望过去时光重现，而这根本不可能发生；是沉重的事实：他比你原本想的还要重要；他撒谎了，可是与我们的关系却不断深入。他和我们一起做过的事（或没有做过的），他现在跟别人一起做。我们还记得这个人怎么跟我们描述他过往的爱情经历，好了，现在轮到我们了，成为不被喜欢的人，当他向新欢描述时毫无疑问一定是这样的：我们被拿来当作比较的背景；我们成为笑柄，他们嘲笑我们的缺陷；显然，我们是可被替换的。我们从独一无二的亲密关系中被剥离出来，从此，淹没在其他类同的回忆之中。既然嫉妒意味着在独一性上不妥协，紧紧抓住特权，不放弃自己的无可替代性，所以它是完全的绝望。我们无法摆脱所爱对象。嫉妒是忠诚的一种形式。

正视身体的原始感，意味着，揭开嫉妒所穿的道德化的外衣——它们是关于嫉妒的标准言论，总是那么嘈杂、残忍，有时还非常讽刺。让我们停止那些在嫉妒背后、之前、其中或之下的评判带给我们的先入为主的观念，而回头来检验我们自己真实的、现实的、易察觉的经历。

既非想象，也不高尚

如果存在一门哲学，有权影响我们的人事物，并希望给我们一些帮助，那就是现象学。法国哲学家尼古拉·格里马尔迪一部著作中，讨论的就是马塞尔·普鲁斯特的《追忆似水年华》中嫉妒的现象学问题。贯穿在《追忆似水年华》那些关于爱情和期待的细节中，他认为有个被反复强调的想法，即嫉妒是一个“想象的精神病理学”，他的这个观念错得离谱，但嫉妒的批评家们看到就乐不可支了。“没有任何基础，也没有任何证据可以证明它。它是在假设、猜测、怀疑之上再添油加醋，就是想象力的错觉。这样的妄想，有时甚至像游戏一样毫无根据。”[1]这样的观点，根本不符合马塞尔·普鲁斯特的看法，我们接下来将会分析。而此观点，与另外一个我们熟悉的普鲁斯特的观点连接起来：嫉妒的起因，对普鲁斯特而言是“隐秘的自我贬低”[2]，而格里马尔迪似乎也如此认为。大体上，当一个现象学家面对痛苦感到不耐烦时，就不断重复过去的哲学家们的论调——管他们是斯多葛禁欲主义者还是纵欲主义者呢。它“多疑而悲伤”（卢梭），“不相信自己的美德，是承认对手的优势”（狄德罗）。“嫉妒是想象的剧场，”[3]格里马尔迪写道，“嫉妒与真实毫无关系。”[4]嫉妒只是幻想，除此之外，什么都不是，它让你“隐隐地觉得耻辱”[5]。那些察觉不到嫉妒带来的耻辱的人才是可耻的！

法国天主教哲学家让-吕克·马里翁（Jean-Luc Marion）面

---

1 N. Grimaldi, *Essai sur la jalousie. L'enfer proustien*, PUF, 2010, pp. 8–9. Et encore: 《Le drame de la jalousie serait donc, comme au théâtre, un drame imaginaire. En même temps qu'il en est la victime, il (le jaloux) n'est en réalité victime de rien si ce n'est de son imagination. Ou plutôt c'est lui-même qui, en la jouant, s'affecte d'une feinte souffrance, d'une souffrance jouée》(pp. 90–91). En synthèse: 《(1) Sans rapport à la réalité, elle (la jalousie) est purement fantasmatique. (2) Inventée, développée, entretenue et vécue comme une fiction, elle a la structure et le statut d'un jeu. (3) Parce qu'il s'agit d'un jeu, on feint d'autant mieux d'y croire qu'en fait on n'y croit pas… La jalousie est une scénographie de l'imaginaire》(p. 91).《La jalousie n'est pas quelque réaction de défense face à l'éventualité d'un risque, d'un danger ou d'une perte. La jalousie n'a pas le moindre rapport à la réalité》(p. 10).

2 Ibid., p. 52. Voir p. 17.

3 Ibid., p. 91.

4 Ibid., p. 10.

5 Ibid., p. 17.

对嫉妒的方式，少了一些盲目，相反地，他尊重嫉妒带来的痛苦，因此他给予嫉妒真正的颂赞。他的观点与普通观点不一样，却是卓越而突出的。

> 当爱过或被爱的人被背叛的时候，爱过或仍然还爱着的人不再被爱却不得不继续爱下去的时候，就产生了嫉妒。然而，好牌仍握在这样的人手中，因为另一方已经放弃了。停止爱的一方才是输家。因此，要高唱嫉妒的赞歌，那高尚却向来都被不公平地恶意中伤的情绪！嫉妒之所以高尚——嫉妒可以是高尚的，理由是：我嫉妒，因为他者背叛的不是我，而是他自己作为恋人的身份。我谴责他，就是他，我的恋人，理由是因为他不再继续这个游戏[1]。

这大胆的观点又一次跟随《追忆似水年华》的描述。从普鲁斯特的叙述中我们知道爱情就是嫉妒。马里翁理论化了偶然性。此外，他的观点邀请我们把那些关于嫉妒的学术性观点（拉罗什富科和17世纪及18世纪的道德家们）和我们自己——就是作为第一人称单数的“我”对此的观点区分开来。正如熟识马里翁的哲学家克里斯多夫·佩兰（Christophe Perrin）所说，

---

1 C. Perrin,《La Jalousie à l'honneur. J.-L. Marion après Proust》, *Revue d'éthique et dethéologie morale*, 2014, 1, n°278, §13 et note 76.

这个思想邀请我们远离泛泛的“我们”(on)，回归到“我”(je)。通常“我们”时常会对情感有肤浅、过快、高傲的判断，而一旦“我”进行自我询问、自我观察，情感就完全成了另一回事[1]。作为嫉妒的人，我知道我的嫉妒并不亚于我对爱情的坚持，以及对忠诚的持守。我似乎失去了，却成了“赢家”。因为爱，对马里翁而言，是勇敢前往的恩泽，在得到所有可能的答案之前白白给予的，没有任何目的性。“爱情是冒险者，而非药剂师的事，”佩兰写道，“属于那些勇于行动的、而非那些斤斤计较的人。”由此产生了嫉妒中慷慨、一触即发、崇高的“合理性”[2]。真正的爱情，必须超越一切交换、竞争的想法。因此，嫉妒，履行了这一职责。

我嫉妒了

我同意此观点。而且这本书直到目前为止所做的一切历史性和文本性的研究，确实把我们带向这个方向。我们有必要反

---

1 C. Perrin,《La Jalousie à l'honneur. J.-L. Marion après Proust》, note 76:《Nous rapportons un fragment inédit du séminaire par nous suiv i,enregistré et retranscrit, que le professeur de métaphysique a tenu en Sorbonne durant l'année universitaire 2001–2002 sous le titre “Phénoménologie d'autrui: la question de l'amour”. Ainsi, J.-L. Marion dit ce qu'il fait et fait ce qu'il dit, à la différence de Piero Bargellini et de Gaëlle Obiégly qui, dans leurs éloges respectifs–“Elogio della gelosia”, *Chiodi solari*, Brescia, Morcelliana, 1952, p. 81 *sq* et *Petit Éloge de la jalousie*, Gallimard,《Folio》, 2007–, offrent de la jalousie moins une défense qu'une illustration.》

2 Ibid., § 14.

抗谴责嫉妒的一贯姿态。然而，从我个人的经验来看，我曾经经历过背叛和有过嫉妒的痛苦，我不同意这样一个“我”的描述：既痛苦又固执；既被摧残，又随时准备着伸出我的另一侧脸颊，简而言之：一个充满天主教色彩、牺牲精神、利他主义的“我”。我反而比较建议一种相互性的伦理观，更确切地说，就是互相给予享受，因为爱情里面有快乐、公平、价值感的期待。所以，我欣然同意，应该为嫉妒高唱赞歌，但只是为了公平和忠诚。而关于这一点，不是因为我们精打细算地做着资产收入和支出表，而是因为破坏欲望协议的那个人，让另外一个人痛苦。不忠诚是不可原谅的。我们当然可以遗忘这些经历，或找各种方式处理，但在仍然爱着的内心已有了一条不可弥补的裂缝。

相比较之下，我更认同古时的“我”。我也认同一个不媚俗的“我”。一个“媚俗”的“我”，热衷于在自我满足中给予的建造性的见证、“令人感动”地冥想自己的生命，最终得出结论：一切结局美好的事物都很好，因为多亏了痛苦，我成了如今的我——而我是多么出色啊。我说了算，大体上，我沉溺于话语权带来的益处：你看看吧，我是战胜过痛苦的英雄啊！而我的“我”谦逊地带着讽刺性：愤怒、单纯、现实。痛苦没有任何益处；我宁可免掉别人给我带来的痛苦，和我带给别人的痛苦。我反抗这个经历，翻过这一篇，学到功课，无可厚非，但是这样的学习并不能代替一丁点儿我所经受的无用的痛苦。

最后一点，我的“我”，是带着性别的。承受嫉妒带来的痛苦，不是女性的特权，但她们却在制度范围内被禁止嫉妒。多配偶制——实际上是一夫多妻制——只有以此为代价才有可能存在。实行该制度的，无论是在犹他州的摩门教徒中间，还是在欧洲以外的社会中，只有在妻子接受用这种礼貌对待其丈夫，这种不对称性才得以成全。正如法国文艺复兴时期哲学家蒙田注意到的那样，“比起其他任何人事物”，食人族的妻子们“更在意丈夫的名誉”。所以她们会竭尽所能增加自己的同伴，“再者，这是丈夫美德的一个证明”。在我们自己的社会风气下，我们已经习惯于看到出轨政治家的丑闻布满所有人的荧幕，他们的妻子紧张又沉默，苍白的脸上却有着过于修饰的妆容，她们笔直地站立在丈夫身边。他们公开道歉，而妻子如禁欲者一般地忍受着这一切。这就是耻于承认的现代图标。她们在隐忍的愤怒中顺从“这根本没什么”的命令。古罗马时代的塞内卡会为她们感到骄傲。套用蒙田的话，“这是只有在婚姻里才有的美德，而这美德是最高级别的”。

其实，这是一种退步。优雅地接受男人有多个性伴侣，对一个女人来说，等于放弃独一的相互性。如果按着女权主义的立场，原则上得为每个女性被平等对待而争取权益，那么争取嫉妒的权利，就是女性主义的行为。这一点对我们来说相当模糊，那是因为西蒙娜·波伏娃采用了另一种战斗的方式：不通过市政府而获得“圆满的婚姻”。而我们也跟随她的脚步。当代女性不得不遵从这样的社会习俗：让自己看上去“有尊严”，也就是说，要在沉默中忍受打击。可是，古时的女性要得到她们应得的。我也是如此。

自尊心比爱更多

比起斯多葛主义的禁欲观点，我更认同伊壁鸠鲁式的享乐主义。我认为，在急于进行说教式的批评之前，必须要暂停评判。评判的暂停诚然是现象学最基本的动作；但由于先入为主的思想先使我们进行评判，再勒令我们沉默，在这种情况下，此暂停动作就显得更加有意义了。哲学家对我们说，不可告人的激情总倾向于自我隐藏，看来是有道理的。这样的激情总是不好的，狭隘、多疑、可憎、不祥、苦涩。我们有责任自己消化它。最好的情况是，为了我们的利益，必须得控制住自己不去表达它，有可能的话，最好连感受到它都不要。这关乎我们的道德品质。“高尚的情人们都害怕把它说出来。”那么就让我们高尚一些！让我们把这不光彩的激情，丢给那些坏野蛮人、女人、资产阶级或者大家（前文提及的“我们”[on]）——我们对大家的要求最高。

承认自己的痛苦、用第一人称的“我”说出来，意味着挑战这种道德勒索，破坏所有一切关于说出嫉妒的禁忌，拒绝被恐吓，勇于面对羞耻，不再骄傲，也就是说，用一种简单、坦白的言语说出来。没必要为了说“我嫉妒了”而大肆喧闹。但，要达到这一点，必须重新看看我们对自己的评价以及什么是自我尊重。

让-雅克·卢梭和拉克洛书中的蕾特勒侯爵夫人都说嫉妒与自尊心有关。拉罗什富科把这个机制解释为“把它说出来让我们觉得羞耻”，因为我们的虚荣心和骄傲让这件事变得很困难。首先得过分地骄傲，然后虚荣心受挫，这样才能感受得到嫉妒。因此，他写道：“嫉妒中，自尊心多过爱。”[1]

我个人的经历，不同于此描述。在嫉妒的爱中，虚荣心的角色是次要的。从伟大世纪开始，我们就把虚荣心放在了嫉妒最重要的位置上，而这样做，我们犯了双重错误。首先，这样的描述抹杀了个体失去某人而产生的最初的痛苦；其次，容让自尊心在不合宜的时候介入。因为，并非我们自负，我们就不嫉妒了。正相反，恰恰在我们掩盖已经影响我们的痛苦时，我

---

1 F. de La Rochefoucauld,《Maximes》(édition de 1678), 324, *in Œuvres complètes*, *op. cit.*, p. 447.这自尊心不仅带来破坏，甚至放错了位置。“不忠实会毁掉爱情，并且，当人们有嫉妒的理由时，就绝不会缺少嫉妒。只有那些避免让人心生嫉妒的人，才值得我们为之嫉妒。”(359, ibid., p. 451)。我们的自尊心，换句话说，应该出于忠诚于、敏感于真正配得我们全部注意力的客体。不忠实的人不配得嫉妒。这一悖论与笛卡尔的观点遥相呼应，后者谴责爱情中的嫉妒，理由是：嫉妒揭示正经历它的人的屈辱，还有爱的对象的坏品质(R. Descartes,《Article 169》, *in Traité des passions*, Gallimard,《Tel》, 1998, pp. 255–256:《On méprise un homme qui est jaloux de sa femme [⋯] il ne craindrait pas de le perdre (ce bien=le bien qu'il imagine consister à en avoir seul la possession), s'il ne jugeait pas qu'il en est indigne, ou bien que sa femme est infidèle.》

们才是极其骄傲的。禁止嫉妒导致了混乱、胆怯、惧怕和忧虑。彼时，我们非常尴尬，绝望地尝试隐藏我们的情感。而最大的自负，正是假装什么都没发生。这样的假装是徒劳的，因为我们竭力坚持否认嫉妒，而所有人还是强制地把这情绪归咎于我们。这种防御机制反而把我们推向骄傲，因为漠视痛苦使我们置身于禁欲式的坚忍的高空中，高于普通人的必死之躯。耻于承认，并且矛盾地充满骄傲。再也没有比斯多葛主义的智者更骄傲的人了，他们无所畏惧、无懈可击，压抑、否认、拒绝自己的痛苦。而美狄亚则尽力表达她的痛苦：承认它，然后克服它；这已经够谦虚的了。

嫉妒首先是这样一种情绪：精神上和身体上的痛苦，因不再拥有他人的欲望而产生的忧伤、苦痛，以及失去了不可替代的一个存在时的心情。对我们自我形象的关心（道德家们称之为“虚荣心”）又叠加在其上，让我们觉得这份失去的感情是自己的失败，让我们感到挫折，或是自己的形象糟透了；然而这失去，首先是一份纯粹的痛苦。所以，嫉妒之人，沉浸在痛苦之中。

爱情中的痛苦

我为什么痛苦？因为我过分自恋吗？我们前面说过，嫉妒的批评者就是这样下结论的。然而，经历过嫉妒的人都知道事实并非如此。我痛苦，是因为我渴望得到这个独一个体的欲望。这个欲望，与我的欲望不谋而合，让我非常快乐。同样是这个欲望（尽管对方已经不再有了），又让我内心充满了巨大的失落。当我们期待他者的欲望，简单来说，我们就是爱上这个人了。爱情不是过分的占有欲，只是非常在意对方。这种深深的在意提醒我们对方欲望有另一种可能性，这种可能性摧毁我们脆弱的特权，这特权使我们有别于他人，成为被最喜爱、被优先选择的被爱对象。而这样的特权确实常常被终止。嫉妒的人再清楚不过，可他们却被要求保持沉默。

我嫉妒了，不是因为我没有安全感——这是心理学关于自尊心的陈腔滥调，而是我觉得自己配得上被这个十分特别的人的爱。我配得上，不是因为我“愚蠢又骄傲”地以为我是整个王国中最美的，而是我爱上了这个人。我喜欢他走路的方式；我爱他微笑的样子。这与高尚无关，只是非常特别。这有点儿“失去平衡”，可谁又知道到底是为什么呢？这可以用火花四射来形容——只发生在我的心里。我希望我的存在于这一处或那一处的细节，例如说我的身体、我的行为方式、我的言语、我的想法，可以同样让他喜欢，或至少足够点燃这火焰——雅克·拉康所说的奇迹。这奇迹的独特性不是别的，正是个体相对的独一性的延伸。这个相遇，是属于我们的。而对我来说，这非常重要。我所渴望的相互的认知就介于独特性和独一性这两者之间。

由于没有按照对嫉妒首先的认知去定义它——它首先是

一种痛苦，我们就毫不留情地指责嫉妒：他们要么就是太骄傲；要么就是对自己没有信心。其实，他们只是爱上了一个人。这就是为什么亚里士多德和欧里庇得斯认为嫉妒是愤怒，这也更符合我们的经验：痛苦取决于我们两个人之间发生的事，与第三者无关。古时嫉妒的女人总是发狂般地嘲笑竞争对手。在欧里庇得斯的《美狄亚》里，伊阿宋的新妻子甚至都不是一个角色。只有在马克斯·鲁凯特（Max Rouquette）的作品中，美狄亚才想象出“愚蠢的处女”[1]。阿喀琉斯为那个曾在他心里非常珍贵的年轻女人感到遗憾。莎士比亚悲剧中的奥赛罗（Othello）想凯西奥（Cassio）死，自己则亲手杀死苔丝狄蒙娜（Desdémone）。马塞尔痴迷于阿尔贝蒂娜。所以，只有爱的对象才是重要的，我们全神贯注在意的，就是这个对象。在我们周围，正是这双重的利害关系可以解释，为什么有些夫妻离开彼此，然后又复合。尽管有羞辱、嘲笑、流言、绯闻，还有一切从家庭、社会或职场来的复杂因素，当然这些全部都存在，但是还是可以再次复合，与第一次一样神奇。毕竟，不管怎样，他走路的样子，只有对我来说，是如此特别。我爱他。这只与我有关。

---

1 M. Rouquette, *Médée*, scène 5, pp. 17–19:《Et l'autre, la vierge stupide, qui croit que le héros lui est dû, et que, douce et tremblante, la Médée se contentera de s'éloigner.》美狄亚的焦点在于对手的性别上，金羊毛的另一个版本，阿尔戈英雄故事的不断循环的结局：“一个女孩，像年轻时的美狄亚，站立在男人的面前，把他放入金羊毛的网子里。这样，我的时代就结束了。”(5, pp. 8–10)

如果我是个斯多葛主义智者，我将栖息于淡漠一切的高处，为控制住忧伤而沾沾自喜；如果我是个伊壁鸠鲁式的哲学家，相反地，我知道快乐和不快都带来精神生活，我不害怕承认自己是这些原则的俘虏，我承认自己的脆弱性。我绝不会承认类似的话："我不嫉妒，但是你对我撒谎了；你没有第一个对我说这件事；你让我太失望了；你居然和我最好的朋友在一起；这事居然发生在我的职场上；现在我累了；诸如此类。"我不会说得好像谎言或欺骗没有任何独特性，而正是这个谎言(在性层面上)，这个欺骗（关于爱情的）让我处于如此的痛苦之中。说得这世上似乎存在着一种宁静的环境，适宜人出轨。

说出"我嫉妒了"的同时，我勇于面对我的痛苦，在这里，在这个时刻，纯粹地面对：最原初的痛苦。我拒绝一切的舆论力量所说的：如果承认这痛苦，就是让自己在力量的博弈中处于下风。我只是简单地说一句，我所爱的人对我意外的另一个人产生了欲望，这让我觉得受伤。我说，在我眼中如此特别的这个人，我们彼此给予独一的相互性，结局却是这样，这让我烦乱不堪。我不需要像美狄亚一样，因着痛苦而撕裂般地尖叫。我不会杀死我的孩子们。我可以只是简单地，在自传中写道："是的，嫉妒的女人，我就是。"[1]

1 V. Trierweiler, *Merci pour ce moment*, Les Arènes, 2014, p. 301.《Je me réjouis de ne pas être la seule jalouse. Oui, jalouse, je le suis. Comme je l'ai été avec chaque homme que j'ai aimé. Je ne sais ne pas l'être lorsque je suis amoureuse.》

在法国，人们总是无法忍受“被人看低”，小小一句话足以引起轰动的效果。说出来，付诸言语，就是对抗嫉妒的一种行动。

最后，如果我是弗洛伊德主义者，我将对自己证明，爱情是最令人兴奋的幸福源泉，也正因如此，它比其他任何事物更能让我感到痛苦。在对别人的爱里，我自愿让自己处于被动的位置，等待着他的欲望。我任凭他人摆布：我信任他、把自己交托出去、把自己给予出去、并且放弃主动权。这种姿态从根本上改变了我控制快乐和不快的意图，因为现在由对方来控制这一切。我完全可以跟《唐·璜》里的唐·奥塔维奥一样唱道：“我依赖着他的和平。他所喜爱的重新赋予我生命。他所厌恶的带我进入死亡。”我们可以责备依靠另外一个人的行为，但是，不管人们为了自我保护做出什么样的行为，爱情在其本质上，仍然是异化和脆弱的。

正常的嫉妒

顺着这个逻辑，我们就会知道弗洛伊德非常清楚嫉妒的正常性。他在1921年的一份文本中（由雅克·拉康在1932年翻译成法语）写道：“嫉妒属于任何一种我们可以分类的情感状态之一，正如我们把悲伤归为正常状态一样。”[1]他补充说，对于正常的嫉妒，精神分析没有太多需要处理之处。[2]“很容易看出它由自认为失去所爱对象的悲伤或痛苦，以及自恋的创伤组成，这样说的前提是我们能把后者跟前者区分开来。”[3]

这些话明确且最终消除了敌意。是的，正是由于相信我们已经失去了或者有可能失去所爱的对象，我们才深感不安。是的，这伤害了我们的自我形象——因此损伤了自尊心或虚荣心，但可以这样说有一个前提：我们分得清痛苦的“自恋”组成部分和其真正“失去”的部分。这意味着这样的区分是非常困难且是以纯粹的形式出现，这与爱情的本质是一致的。弗洛伊德在1929年出版的《文化的不适》（*Malaise dans la culture*）中如此解释爱情：如果爱与被爱让我们非常积极地快乐着——这意味着充分的信任，包括对我们自己的信心，我们因对方而感到自己是独特的，那么担心看到这面镜子破碎将使我们失去平衡。是的，把这一切当作正常是“非常容易的”，那么正常及其反面，也就是抑制嫉妒——弗洛伊德告诉我们——才应该显

1　S. Freud,《Sur quelques mécanismes névrotiques dans la jalousie, la paranoïa et l'homosexualité》, *in Névrose, psychose et perversion*, PUF,《Bibliothèque de psychanalyse》, 1973, pp. 271–281 (《Über einige neurotische Mechanismen bei Eifersucht, Paranoia und Homosexualität》, *Internationale Zeitschrift Psychoanalyse*, Bd VIII, 1922). Je cite la traduction en français par Jacques Lacan, *Revue française de psychanalyse*, 1932, vol. 5, n°3, pp. 391–401 (《*Die Eifersucht gehört zu den Affektzuständen, die man ähnlich wie die Trauer als normal bezeichnen darf*》).

2　Ibid.:《*Über die* normale *Eifersucht ist analytisch wenig zu sagen*》.

3　Ibid.

得不健康："当一个人的性格和行为中看上去缺乏嫉妒时，我们非常有理由下这样的结论：他有非常严重的压抑行为，他的无意识活动对他的影响反而更深。"[1]

嫉妒带来的痛苦是被证实的。压抑它，事实上反而加强了它带来的效果，让它在无意识（inconscient）中自由活动，带来更严重的后果。这样的压抑与斯多葛主义者如出一辙，而巴洛克时期的道德家或放纵者们认为谈及嫉妒脸红、耻于承认它非常微妙，甚至是被欢迎的。与往常一样，弗洛伊德的精神分析活力四射地维护着自己的标准，并被载入史册。与往常一样，沙发上[2]的知识与关于爱情的浪漫智慧狭路相逢，从古人的悲剧主观性到普鲁斯特，再到我们，就在我们停止对自己说谎的时候。

为了更好地理解这个认知，让我们来看看细节吧。弗洛伊德谈到三度或三个层次的嫉妒：第一度为竞争的嫉妒，这是正常的嫉妒。我的丈夫出轨了，我很痛苦。第二度为我们自己不

---

1 下文为："这些情况精神分析可以介入，被不正常地加强的嫉妒的案例，这样的案例显示有三个阶段。嫉妒的这三层或三度可做以下的命名：

"（1）竞争的嫉妒，或正常的嫉妒；

"（2）投射的嫉妒；

"（3）妄想的嫉妒。

"关于正常的嫉妒，分析上没有太多要说的。很容易看出它是由自认为失去所爱对象的悲伤或痛苦，以及自恋的创伤引起的，但前提是我们能把后者跟前者区分开来；这嫉妒引起对被爱的对手敌对的情绪，而且在很大程度上引起自我批评，让主体把失去爱情的责任归咎于自己。这个嫉妒，虽然我们称其为正常的嫉妒，却不那么理性，而我要说的是，关于当前情境，由我能够意识到的实际条件的比例决定，而且完全通过它来决定。实际上，它的根源在于极深处的无意识，是婴儿时期最初的情感需求的延续，可追溯至恋母、恋父情结，这些情结发生在第一个性冲动时期。"

2 指精神分析师让病人躺卧其上进行精神治疗。——译者注

忠的冲动在伴侣身上的投射作用。我的丈夫一定出轨了，这是我杜撰的。第三度来自于我们被压抑的同性恋倾向，这个倾向让我们觉得我们的伴侣特别有性的吸引力，而我们的无意识渴望其实是个与我们同性别的人。我确定我丈夫渴望得到这个女人，而事实那只是我自己的渴望。只有后两个投射和妄想的嫉妒是病理性的，有可能需要被分析治疗。

在弗洛伊德看来，竞争的嫉妒是在实际发生的情境中成年人的反应。确实存在"当前的情境"和"实际的条件"。他明确地指出，痛苦从幼年的俄狄浦斯情结（恋母情结）的三角关系中汲取力量，而这使痛苦"不那么理性"，至少与眼下看起来的情况不"完全"符合。这对我们整个精神层面来说都是真实的。无法跨过的时光，无法放手的小孩——简而言之：就是无意识——决定我们的神经状态。只是，深深被压抑的欲望的投射和"在精神分析的观点上没有太多需要处理的"的反应之间，有重要的区别：前者是引起强迫行为甚至是妄想症的源头。

嫉妒是正常的，却"不那么理性"；它是对欲望流动性的反应，因为不忠确实存在，而我们又不停地被其诱惑。弗洛伊德欣然承认在社会游戏中情色的潜力，霍布斯称为"未明确指向特定对象的欲望"，司汤达把它搬到小说里，我们则每一天都在面对。社会文化接纳风流和"调情"，并把它们变成一个系统，显得非常有智慧。弗洛伊德写道："有了它的允许，我们总是把抑制不住的倾向导向不忠诚，并让后者看起来人畜无害。”[1]社交中的挑逗、调情、“舞步清单”让我们在找到自己的伴侣前有机会玩乐一下。“杜绝实际存在的不忠的保证”[2]，而能够忍受这些保证的正是那些人，他们或多或少能够平静而成功地融入社会游戏，而不是那些不清楚自己冲动、将自己的冲动投射至他者的人。举个例子，安尼巴利诺适当地享受着拉吉塔身边环绕着许多追求者被仰慕的感觉。我们很容易容忍献殷勤，却把证据确凿的不忠当作颠覆一切、无限痛苦的失去。此处，弗洛伊德的保证失去了效力。确凿的不忠显而易见。想象《红与黑》里面的玛蒂尔德，当她慢慢撕开费尔瓦克夫人的信，眼泪迷住了双眼，她都无法看清信的内容。想想美狄亚，她所有的痛苦。想想我们自己，无休止地因着互献殷勤的行为讨价还价，即便内心极度不情愿，仍然知道怎样不把这些行为、言语不当一回事，而事实上，正是这些东西，让我们焦虑不堪[3]。

悲剧人的结局

在弗洛伊德之后，我们非常遗憾有时在现代精神分析师的

1 “社会习俗很有智慧地把这些东西的普遍状态正常化，留了一些空间取悦已婚妇女和丈夫不良的征服欲。有了它的允许，我们总是把抑制不住的倾向导向不忠诚，并让后者看起来人畜无害。这样的约定俗成使涉事双方都不把‘舞步清单’看成是不忠诚的一面，而事实上，对另外一个客体所产生的爱情欲望，时常最终还是在返回忠实配偶——即他自己的对象的怀抱中得到满足。”

2 即背叛实实在在会发生，而为了杜绝其发生做出的一些保证，多少有些讽刺。——译者注

3 关于风流，我们将参考C. Habib, *Galanterie française*, Gallimard, 2006。

笔下，读到“正常/不那么理性”和病理学的混合观点。竞争的嫉妒消失了，取而代之的，是妄想。这样的扭曲并非弗洛伊德思想的原意。弗洛伊德非常重视情绪的表达，反对压抑。这个原则适用于过去（恋母情结），照样适用于现在（我的丈夫出轨了）。我们需要容许连于现实与当下的痛苦。全盘理论化的指责，即便在医学上，也只会前后矛盾地将压抑的倾向合理化。拒绝承认事情的事实部分，会释放出一种情绪，这情绪引发更深的否认。

在20世纪30年代，两位英国精神分析家，梅拉妮·克莱因（Melanie Klein）和琼·里维埃（Joan Riviere），出版了一本具有里程碑意义的书：《爱，恨和修复》（1937年）[1]。她们认为婴幼儿时期的情绪会对人的伦理产生重要的影响，此外，她们比弗洛伊德更加强调这种婴幼儿期情绪的强度。这些情绪中有恨，更有渴望——嫉妒就是从渴望而来。这是不好的、令人讨厌的。因为，她们认定，我们希望把这些敌对的冲动投射到外面。成人的嫉妒既然从婴幼儿经验而来，就毫无社会性及事件的合理性可言。所有一切都发生在内部空间，我们试图把这混合物排出去。仿佛人类对这异物——“恶”有一种天生的过敏。总而言之，既然是负面的东西，就不存在负面的愉悦；有的，只是一个自动的免疫系统。

1 M. Klein et J. Riviere, *Love, Hate and Reparation*, Hogarth Press, 1937 (trad. fr.: *L'Amour et la Haine. Le besoin de réparation*, Payot, 2001).

投射（projection）是心理需求，也是道德需求；这样，嫉妒形成了其特有的机制。它不再有情绪双重性，这双重性有时导致精神病式的投射，但更多时候处于能够忍受的精神官能症边缘。然而在她们的言论中，不再有这样的双重性，有的只是善与恶、里面与外面的二分法。琼·里维埃写道："如果不谈及构成正常嫉妒的微妙甚至几乎有争论的那些问题，我们在一些基本原则方面还是一致的。"[1]这些原则总结了一个事实：即使在"正常"的嫉妒中，我们仍感受到一种自恋的创伤，我们浸淫在一种对自己严厉、批评的态度里。而这总是取决于主体感受到的攻击性冲动，它试图补偿、谴责和驱逐。所有形式的嫉妒，一贯显得比它本身所表现出来的更具病理性。这样，我们其实远远偏离了弗洛伊德定义的爱情本质，对弗洛伊德来说，爱情的后果是不可避免并且符合逻辑的：那就是正常的嫉妒，失去爱恋对象的痛苦，伴随着羞辱的感觉；因为爱情让我们为他者感到幸福、自豪、高兴，也对我们自己感到满意。

今天的精神分析经常与哲学批判相吻合。嫉妒的女人充满了羞耻，被其弱点攻陷、几乎跌倒在地。她们无法挺起胸脯站立得稳，那是因为她们患了自恋症。关于这自恋症，我们应该从男根机能减退（phallicité déficiente）的角度来理解她们。这

1 J. Riviere (1932),《Jealousy as a mechanism of defence》, *in* A. Hughes (éd.), *TheInner World and Joan Riviere: Collected Papers, 1920–1958*, Karnac Books, 1991, pp. 104–115, notamment p. 114.

是一个反事实的假设：要是她们多一些男性机能，这些可怜的女人就可以挺起胸脯了。与其如懦弱无能之辈那样昏倒，还不如告诉自己，缺乏爱一点也不重要，因为她们配得上比这更好的。很简单。但，这难道不可能是对嫉妒压抑的症状吗？爱情依附是非常可怕的，必须对其进行哀悼[1]。

再一次，在这样的诠释中，一切都发生在女病人的内在，好像"实际发生的不忠"，带来的不可预期的冲击，不会让人对整个生命、社会性的存在以及自我形象产生疑惑。而事实上，有时那确实是一个真正的伤害，破坏了在爱情中的信任。然而，不管我们在经济、职业、情感上的自主能力如何，爱情总是支持、帮助、安慰我们的。就算它是锦上添花，它也已成为必不可少的锦上添花。或者说就算它是奢侈品，我们也已习惯了这样的奢侈。他者在我们身上发掘了许许多多的闪光的小"钻石"，他在生命中扮演非常重要的角色：一个虚构，同时具有象征性、又非常真实的角色，关于这一点，我们或多或少能够意识到。这个支持一旦离开我们，我们就消沉、消耗

1 B. Denzler,《Miroir trompeur: la jalousie et le narcissisme》, *Revue française de psychanalyse. Jalousies*, 1997/1, 61, pp. 39–44. On verra également, dans ce même numéro, l'essai de Danielle Labrousse-Hilaire,《La jalousie en son absence. À propos d'un choixd'objet chez la femme》(pp. 83–100), 这篇文章给嫉妒正名，在介绍那些嫉妒被压抑，被异化为母亲、脆弱的自恋、当作是介于初期二期之间的同性恋、一贯以来总是被风流倜傥的"唐·璜"们吸引的女性案例之前，嫉妒在哲学传统以及女性主义文化中就已经一直顶着污名。再一次，一切都用对象的选择来解释，被迫被认为是潜意识的偏好选择必然会导致嫉妒的情况。人们并不在意是否有发生另外一种可能的希望，也不在意他者的谎言，更别提"逃逸的存在"的吸引力；而上述这些解释往往比其他解释更有趣。

殆尽、筋疲力尽。没有足够的男根，就不会有足够的血清素(sérotonine，又称5-羟色胺和血清胺)[1]和足够的自我肯定吗？或许是没有足够的全能妄想吧！

如果没有过对他人的依赖，我们就可以像什么都没有发生过，翻过这一页。如果我们没有信任过，就不会在发现谎言时目瞪口呆。如果我们所编织过的这许多的关系不是独一的，就可以随意地用一个身体替换另一个身体而毫无感觉。如果对方不重要，我们可以漠然地面对这一切。总而言之，只要我们没有相爱，我们就不会嫉妒。因为，如果我们没有用自我防御、不信任、隔离、可以自给自足的宣言，筑起自私而孤独的高墙——简言之，如果我们对爱情说"是的"，那么我们就已经被他者异化了。

颤抖的手

嫉妒若可以被称之为"正常"，只能带着双引号。然后，还有"为什么在我写'正常'这两个字时，手指会如此地抗拒？不管怎样，弗洛伊德并未禁止使用这个词啊。"希尔德加德·鲍姆加德（Hildegard Baumgart），德国治疗师极其严肃地如

1 W. Pasini, *La Jalousie*, Odile Jacob, 2001. Ce livre offre un panorama sur la cliniquede la jalousie et sur les recherches contemporaines en neurosciences.

此自问[1]。我们在他的书《嫉妒》中读到当代精神分析采用的标准和反悲剧趋势的措施。嫉妒的行为，即刻会被嘲讽压得粉碎。建立在事实上的嫉妒和无事实根据的嫉妒之间的差别被缩小，因为真正重要的是心灵内部的经验。基本上，这意味着嫉妒的人应该改善自己（与父母、姐妹、兄弟的关系），改善他的依附关系（爱是一种瘾），提高他的自尊（他必定缺乏自尊）。而此时此刻，突然发生在他身上的那个事件本身的意义，完全消失了，取而代之的是，我们只考虑他的性格和情感。

德国心理学家丹尼尔·拉加什（Daniel Lagache）在他的经典著作《嫉妒——描述心理学和精神分析》（1947年）中，重新提出并精炼了弗洛伊德曾说过的那些微妙区别。他以十二分的小心来处理这些区别，就是为了避免建立差异[2]。作为总结，在一个文学文本的精神分析中，哲学家鲍姆加滕选择了莎士比亚的《奥赛罗》，他认为那位威尼斯的摩尔人强大、自信、爱得深切、落入阴险算计，从始至终，他的嫉妒都是妄想。医疗化、道德主义扼杀了"悲剧人"[3]。

重新拥有欣赏悲剧的能力，即不管在欧里庇得斯、塞内卡、高乃依、莎士比亚的作品里，还是在我们自己的生活中，

---

1 H. Baumgart (1985), *Jealousy. Experiences and Solutions*, Chicago University Press,1990, p. 44.

2 Ibid., pp. 44-49.

3 关于精神分析的偏差，特别是精神分析核心的自我理论，该理论违反了主观性的悲剧观点；我们参考E. Roudinesco, *Pourquoi la psychanalyse?*, Fayard, 1999.

理解爱情内在性的痛苦，是这本书提出的挑战。其他学者也邀请我们如此行。“这是个悲剧的重要性已经失落的时代，却也是个机会，借此重建悲剧意义的机会”，拉康学派精神分析家，让-保罗·希尔滕布兰特（Jean-Paul Hiltenbrand）写道：“嫉妒抗议的是：两个相爱的人制造和谐的假象而彼此伤害。爱情，以最完美的媒介著称，理应是解决一切争执的最佳良药。”[1]唉，嫉妒唤醒我们，让我们看见人类最原始的脆弱性，我们只能在伴随着失去的极大危险下找到幸福，这样的本质最终还是再一次陷入被诊断的困境，让铡刀落下。爱情是两个人的疯狂。嫉妒让这一点显而易见。但凭什么呢？

凭什么嫉妒必须成为愚蠢爱情的嘲讽？这些被欺骗的人，他们梦想着和谐与完美，而事实上每个人都清楚他们已经不再有性生活了。最常出现在我们身边或我们自己身上的，就是正常的嫉妒，它难道不应该是一出悲剧事件吗？这样的悲剧让人

---

1 J.-P. Hiltenbrand,《Présentation》, *La Revue lacanienne. L'Intelligence de la jalousie*, 2012, 2, § 2.作者介绍了一系列非常有趣的文章，这些文章涉及“当前的临床症状的复发”；以及在“正常且普遍的情感”和爆发性的激情之间界定嫉妒的困难。他为嫉妒正名（用占有欲的观念，弗洛伊德并不使用此观念，我们前面也看过因着观念对嫉妒造成的误解）：“嫉妒在爱情和欲望的经验中特别突出，因为爱情本身的方式，就是渴望排他性地占有对象”。（第2节）可他在精神官能症中，确定了一小群精神病人。不管“最近精神不安的实际发生状况”（第5节）如何，嫉妒在过去就已开始形成。嫉妒的人犯的最主要的错误就是：用想象的他者代替象征性的他者——也就是作为语言和意义来源的他者，或称为父亲之名（Nom-du-Père）。“嫉妒显出第三他者（Tiers-Autre）的主体外在彰显，这就是它的智慧，然而这样的智慧，通过撤销模糊性和给想象的第三者带来疑惑才能获得”（第6节）。所以，赋予嫉妒的位置，就是“说的存在”（parlêtre），这个“说的存在”让象征（大写的Symbolique）可以用其惯常的功能进行运作：失去、缺乏、空缺。嫉妒自我纠缠在一起（第5节）。再一次，事件本身失去了意义。此外，我们可以参考C. Melman,《Baisse un peu la jalousie》, *La Revue lacanienne. L'Intelligence de la jalousie, op. cit.*, p. 17, 他支持另一种论点：嫉妒在一对夫妇彼此面对又都自恋的关系中，总是使男根丧失其功能。

觉得震惊、受伤，不就是因为我们期待的是另外一样东西——独一的相互性吗？在最常出现的情况下，难道不是失望、令人心痛的谎言、终止的计划，以及我们认为的性亲密关系被破坏了吗？爱的对象不是别的，而正是那样一个人，我们和他在一起，也为了他有了一段区别于其余任何一切的生活经历；而突然，这个经历不那么特别了。我们有过情人，也将会有别的，但在两者之间，就在这个当下，我们希望和这个人共同度过美好的时光。他唱歌走调、打鼾，比起其他人没那么漂亮、富有、年轻、有趣，可是，他很爱大笑。这时发生的一切，对我来说就像诗词歌赋里所歌颂的，此时，我的人生是玫瑰色的。“当你跟我在这里，这个房间没有墙壁，只有树[1]……她走路的时候有些特别的东西……”注意哦，有些特别的东西，这与完美的假象毫无关系。

当然了，在嫉妒的源头、本质、起因、根源里，我们确实会找到恋母情结的影子：谁没有父母呢？谁不曾是孩子、青少年呢？玛尔西安娜·布莱维（Marcienne Blévis）自己也曾经历过某一事件引起的痛苦，即便这样，她仍在一个临床病症集子里提出了演变病理学（étiologie évolutive）。嫉妒与每个人自我的身份认定有关。“它的产生，追溯到孩童或青少年时期，当个

---

1 “当你跟我在这里，这个房间没有墙壁，只有树”（*Il cielo in una stanza*，Gino Paoli的歌，Mina于1960年录制）。这个句子所描述的那么感人，就是因为情欲之爱那么昙花一现。（*Il Corriere della Sera*, http://cinquantamila.corriere.it/ storytellerthread.php? threadId=PAOLI+Gino.）

体处于缺乏/需要性或情感回应的时候，他拥有这些回应才会感到坚强、自主、被渴望。因此嫉妒可以被看作是一个人经历过无助和羞辱的情况，事后迟来的反应。”[1]这难道不是每个人的经历吗？在青春期总有最本质的不安，而成年之后的焦虑总可以在那里找到源头，难道不是这样吗？毫无疑问，我们每个人都有这样的脆弱性。破碎的爱情，让旧日的伤痕裸露在空气中，可是，若不是失去爱的对象，过去的伤害又怎会在此时爆发？失去爱情让人心痛，出于同样的理由，爱情也让人感到惬意。这里确实有旧伤对现在的影响，但也有现在的实际情况。成人的爱情是一种现实，包含欲望、计划、期待、享受、关系，这一切我们不能简单化约为关乎婴幼儿时期的一切。否则，所有一切都会被化约。

让我们重新来读弗洛伊德。“很容易看出嫉妒主要由自认为失去所爱对象的悲伤或痛苦，以及自恋的创伤组成，这样说的前提是我们能把后者跟前者区分开来。”值得欣慰的是，还有几个精神分析家对正常的嫉妒感兴趣，而且，他们的双手并没有因此颤抖。

安尼·德比尔热–多纳尔（Anne Deburge-Donnars）用自由、不同寻常的口气推进这些开放性的问题。“嫉妒可以增加冲动行为吗？它可以成为获得更多爱的途径吗？”令人惊奇的是，

1　M. Blévis, *La Jalousie. Délices et tourments*, Seuil, 2006.

她肯定地回答这些问题：正常的嫉妒非常有建造性，因为它“借着引入第三个人让人摆脱与母亲的共生关系，从这意义上来说就是脱离异化”。通过挑起对他者的好奇心，嫉妒像“幻想巨大的推动力”一样运行在人的心里。在一次分析中，当女病人终于可以说出：“我嫉妒了！”这样的言明使情况发生很大的改变。言明，使她走出压抑。依附明显降低了，对缺席的忍耐度也提高了。这位女病人说的话，非常幸运地落入这样一位读过马塞尔·普鲁斯特[1]的聆听者的耳中。

哲学家杰尔姆·诺伊（Jérome Neu）更彻底地接近弗洛伊德的思想，他是后者最精确的解读者之 ，也在重新思考嫉妒上有很大的贡献。嫉妒是非常复杂的情绪，合法、正常，害怕“消失”，与爱情不可分割。我们失去爱的对象（他与物件毫无干系），这个失去是一段关系的失败，我们与另外一个人的连接被切断了，而我们深爱这个人。我们如此痛苦，是因为这个人已经被我们真正当作一部分。爱情，让我们把所爱对象强烈地理想化，事实上，这样把他者理想化是从我们的自我形象而来。我们在这个他者身上找到自己：通过他者身上闪闪发光的晶石反射的光，让我们身上光彩四射；相反也如此。诺伊提醒我们，“理想化，在弗洛伊德看来，是自恋的转化”。若我赞美他人，是因为我觉得自己很了不起。这是镜像游戏。

1 A. Deburge-Donnars,《Enfin jalouse?》, *Revue française de psychanalyse. Jalousies*, 1997/1, 61, pp. 67-82, notamment p. 77.

而反过来说，自恋也是对别人依附的一种形式：我们需要这个镜子才能存在。我们像爱自己一样爱着这个他者，只要他不再出现在我们身边、肯定认同我们，我们的自我形象就毁了。嫉妒不是别的，正是对此否认的恐惧；甚至比这个恐惧更强烈。它是非常矛盾的激情，因为它与哀伤不同，在焦虑的同时仍带着希望，希望对方不管怎样，还可以回心转意[1]。

因此，精神分析可以帮助我们理解嫉妒的伦理意义。我们要特别避免压抑的影响。一方面要说出来；另一方面要辨明它。嫉妒不意味着被想象出来的自负欺骗，期待着与所爱对象“合二为一”。恰恰相反！我们可以过独立的生活，经营尊重彼此个人空间的爱情关系；但当性关系的平衡——特别是我们常以为自己就处在平衡中——坍塌时，我们仍会像经历地震一样整个人被震动。我们按照环境和习惯，进入一段混合着舞步清单和礼貌尊重的一夫一妻制的关系中，信任或许是可笑的、隔

---

1 J. Neu,《Jealous thoughts》et《Jealous afterthoughts》, *in A Tear Is an Intellectual Thing, op. cit.*, pp. 41-67, pp. 68-80 (citation, p. 73). La *Revue française de psychanalyse* a consacré le volume 75 (2011/3) à *Jalousie, projection, paranoïa.* À signaler l'article de Bernard Chervet,《La jalousie》, pp. 713-730, qui développe la notion de désir de désir. Paul-Laurent Assoun (dont je ne partage pas tous les arguments) met la jalousie à saplace dans l'amour et dans l'intelligence de l'《aliénation constitutive du sujet au désir de l'autre》. On verra *Leçons psychanalytiques sur la jalousie*, Anthropos, 2000, mais aussi《La jalousie ou le symptôme amoureux》, *Pause santé*, 15 décembre 2011, magazine en ligne. “嫉妒穿过无意识场域的这条路径，是对弗洛伊德以下观点的认同：‘嫉妒……似乎能够给我们能力理解最深的心理活动，不管这心理活动是正常的，还是病理性的。’（他在1920年写给Ludwig Binswanger的信中如此说）——正是关于揭示了这个主体对他者欲望的欲望、建构性的异化，也就是主体在精神分析的过程中试图分辨的。我们仍有必要把普通精神官能症的各种形式同精神病的结晶区分开来。嫉妒，如果真的无所不在，每一次揭示的都是主体在欲望、爱情、愉悦之间无意识的位置。”

靴搔痒或让人尴尬的，但绝不是“海市蜃楼”的幻想。信任意味着接受第三者出现的可能，但不带着恐惧。在一段距离内相爱，不管是秘密的或放纵的，一切都是在习惯的界线内达成一致，留下确定且随着环境改变的空间。在某些可圈可点的部分达成一致，并不意味着我们可以免于嫉妒。不忠的人非常清楚这一点。

在任何一种情况下，我们都可以对两个存在的和谐共生不抱任何幻想而嫉妒着。我们可以非常清楚地意识到排除在外的、已经进入关系的或假想的第三者，围绕着这些，欲望，不管是否有其确定对象，四处流溢。在此处，在此时，我们有独一、相互性的欲望。我们允许了这欲望的存在，仅此而已。

燃烧的手

拉康学派的思想给我们启迪，又让人觉得迷惑。一方面，拉康在1938年的一个文本《家庭情结》中谈到嫉妒。我们得从最初的婴儿时期，就是个体的“社会情感”开始产生的时候说起。这与卢梭说的自然状态有点类似，对婴儿来说，兄弟之间最初的竞争肯定了他对爱与认同的寻求。一个模仿另一个。为了打败他，我们想成为像他一样的人。爱情中的嫉妒就存在着竞争和敌对原始的模糊性，拉康如此写道。嫉妒的人对对手有着“强烈的兴趣”，该兴趣以仇恨的形式存在。这样的敌意是这个激情消极的一面，但这情绪还存在着另一面，可以成为“占主导地位且积极的益处”——也就是身份认同和爱情的混合体。“尽管这个骚动被爱情所谓的对象驱使，但它看上去并没有被主体用毫无根据、最珍贵的方式来对待。”爱情本身的感觉有时被嫉妒主宰[1]。因此，嫉妒就以纠缠不休、精神病的面目出现，聚焦在下贱又迷人的第三者身上[2]。嫉妒不仅是因“精神认同”引起的敌对，更是幼年时在三角恋父/恋母情结中对父亲或母亲的感觉：在与异性的父亲或母亲的爱中间，有一个“障碍”[3]。

除此之外，我们也可以在拉康的言论中读到非常神秘（我甚至可以说“浪漫”）的关于爱情的句子。欲望，是向“果实、玫瑰、突然燃烧起来的木桩”伸出手来。所以，欲望是朝向对

---

1 J. Lacan (1938),《Les complexes familiaux》, *Autres écrits*, Seuil, 2001, pp. 38–39.

2 这就是安妮·爱尔诺（Annie Ernaux）所谈到的嫉妒的类型，《L'occupation》, *in Écrire lavie*, Gallimard,《Quarto》, 2011, pp. 877–909. 这本书被帕特里克·马里欧·贝尔纳（Patrick Mario Bernard）和皮埃尔·特里维迪克（Pierre Trividic）拍成电影《他者》（*L' Autre*）。对其他女人的欲望的确定并没那么偏执，如小说一开始给人的印象。“我想重新夺回他，”女叙述者说道，“我时常跨过一切，想起我们在一起的最初时光，他在性上‘辉煌’的成就，我在日记本上这样写着。最终，我在我原本的位置上，不是看到另一个女人取代了我，而是我自己，我再也不会如此疯狂地爱一个人，再也不会如此确定他的爱，再也不会徘徊于我们尚未发生的美好之中。”当然，读着这本凄美的书，我们可能只停留于题目，它暗示着挥之不去的另一个神秘、无处不在的女人。但这一段文字很清楚地指出三角关系的幻想：已经不存在他者的欲望了。“毫无疑问，最大的痛苦，诚如最大的幸福，来自他者（大写的他者 Autre）。”

3 J. Lacan,《Les complexes familiaux》, art. cit., p. 37：“儿童的实验观察和精神分析调查证明了婴儿嫉妒的结构，更新了它在社会化过程中起初的角色，这个过程，也是他对自己作为人类的认知的开始。要说，这些研究里比较有争议的点在于，嫉妒从其本质来看，代表的不是致命的对立性，而是精神上的认同。”

象的张力，而此对象就是引起欲望的原因。“在这个触及、吸引、鼓动的运动中，这只手与对象——不管是果实、花或树桩——有一段距离，另外一只手朝向你的手所在的位置伸出来，这时，你的手仿佛冻结在饱满的果实、绽放的花朵、突然火焰四射的那只手之上——这里所发生的这一切，就是爱情。”[1]这样的爱情，“给予自己所没有的东西”[2]，在短暂的瞬间，迸射着双方的一致性。不会要求同等付出，不会要求回报，不在算计好的交换系统（“成功心理学”）中：这是个奇迹[3]。谁不想留在奇迹里呢？

拉康这番关于爱情的谈论，让我们能更好地明白嫉妒的逻辑。若不提婴幼儿时期的恋父/恋母情结，这双手相遇时发出的火花已让人预先感受到把它们分开的可怕了。

不可言说，就是压抑

因此，精神分析的奠基者弗洛伊德和拉康，提出模仿性的和病态的嫉妒，同时也提出了爱的嫉妒——就是爱情固有的本

1 J. Lacan, *Le Séminaire*, livre VIII: *Le Transfert, op. cit.*, p. 69.
2 Ibid., p. 159.
3 Ibid., pp. 70–74.

质。精神分析的论文大多偏向第一种[1]。临床观察和病例的说辞让我们重新回到治疗的小世界，而在这小世界里根本不存在社会视野。游戏规则已经定好了，从婴孩时期开始，一直到人生的最后，都是一样的。不存在微妙差异、文化习惯和偶然性。

如此一来，若一个女人在她丈夫的电子邮件里找到一封情书，长久以来她丈夫一直允许她查看邮箱，她只能对自己说："我肯定生病了。"如果她有机会躺在Berggasse街19号（弗洛伊德在维也纳的心理诊所和住所）极具东方韵味、维也纳气息的长沙发上，她的故事就会被听取并如实记录：一个不幸的人的叙述，厄运突然降临到她的生活。然而，在当代分析师消过毒的沙发上，分析师马上推断这是病理性的。事件并没有发生，治疗的既有形式已经存在。白纸黑字的叙述并不重要。相较之下，男女的偷情完全不重要，只有不得不进行的治疗是重要的，为了深掘已经发生的过去，追溯至口欲期（la phase orale），不断重复与姐妹的竞争，发现孩子的欲望——这一切都非常卓越，只是我们没有告诉这个人，她感到痛苦是有道理的，因为一切都崩塌了。一切的一切，除了合理地认同痛苦。一切的一切，除了床的公平。

在一个被道德化了的弗洛伊德面前，一个因为所发生的事件而嫉妒的人——一件非常残忍且始料未及的事发生在他身

1 关于精神分析传统中嫉妒的历史，我们参考P. Mollon, *Shame and Jealousy. The Hidden Turmoils*, Karnac Books, 2002.

上，根据症状，这个词的希腊语意思就是“巧合”，他只有一个愿望：证明他从未跌得如此之低。这已经是个耻辱了，此外还犯了品味上的错误，决定的差错，甚至政治错误。现在在被诊断时还得添上一种错误：嫉妒，不管它是什么，将你钉在偏执狂的柱子上。或者，在拉康学派的流势里，将你钉在“嫉妒享受”（jalouissance）之上，嫉妒的享受。“临床证明，嫉妒愉悦的时刻，就是嫉妒激情爆发的那一刻，它侵占整个人，以至于不能说出口，因说出口让人觉得羞耻。”我们想象，我们妄想，我们自我暴露[1]。爱情的嫉妒起源于对弟兄姐妹的嫉妒，玛丽–玛格达莲娜·沙泰尔（Marie–Magdaleine Chatel）把这根源推到底，就发展出了拉康学派的文字游戏（嫉妒＋享受＝嫉妒的享受）。嫉妒是享受，好吧，如果这享受指的是自相矛盾的愉悦——就是不可抗拒的痛苦。然而，再一次，仿佛所有的嫉妒都是从这一种矛盾而来。仍然没有正常嫉妒的位置，就是我们已经做不到不用带着不屑的引号提及嫉妒。失去、爱、信任的损害、受伤、孤单，这些都与嫉妒享受毫无关系。

把嫉妒病理化非常有害，因为，在我们的文化中，或许我们可以忽略拉罗什富科，但无论如何都逃不过弗洛伊德的影响。如果弗洛伊德这样说了，他的跟随者们也让我们这样相信，那么嫉妒必定是一个病态的情绪，需要被治疗；若有情绪

---

1 J. Lacan, *Le Séminaire*, livre XX: *Encore*, Seuil, 1975, p. 91. Voir M.-M. Chatel,《Pour introduire à la férocité》, *Littoral. La Férocité*, 1990, 30, pp. 7–10, notamment p. 9.

需要被责骂，嫉妒首当其冲。再进一步说，让我们在拥有医疗护理的前提之下，培养媚俗的禁欲主义（le stoïcisme kitsch）。更重要的，我们得相信自己可以对爱情免疫。在悲剧里嫉妒是清醒的意识，医疗护理却让我们忘记嫉妒的悲剧性，并相信那是虚构的。然而，弗洛伊德至少教了我们两件重要的事。第一，不要混淆在投射或更糟的虐待下的所有形式的嫉妒；第二，不把嫉妒说出口不是道德上的壮举，是因为把事实说出口太痛苦而产生的防御机制。这样的防御是精神官能症的症状。不可言说，就是压抑。

嫉妒的言语

所以，那些倡导面对嫉妒应该安静、保持“尊严”的说教者都错了。他们很残忍，因为他们把一种与自己本身的关系强加给别人，这种关系让正经历嫉妒的人们更加痛苦。说出来，反而是更保险的方式，可以让人更容易面对他者、找到自己，并且摆好姿势从伤痛中站立起来。毫无疑问，这些说教者非常不安，因为他们完全不想知道他者的脆弱性，或许这脆弱性还会传染。嫉妒之人哭丧的脸，挑战人们直视他们眼中爱情的道德性。作为总结，这些说教者是过于天真了，把情欲之爱的真相看得微不足道。他们想象着，只要稍微安静一些，就可以卸下情欲之爱的翅膀。

说出嫉妒，自己的或别人的，而不是压抑下去，需要勇气。当我们述说着我们的痛苦，我们只是很诚实。嫉妒之人是一个诚实的恋爱中人。让他闭上嘴巴，是一种非常可怕的不公平。我们需要允许嫉妒的存在，并让这允许成为一个有尊严的动作。有尊严，更准确地说，是诚实。值得肯定，值得同情，值得尊重。应该给予人们说出嫉妒的自由。

为什么对自己说谎、讲出令人难以置信的借口反而更加优雅？如18世纪的哲学家推荐的那样不表达或任凭人们按照他们所感受到的去想象，在我看来远比承认受伤和羞辱来得可笑，承认回归到对爱的诉求。“除非我感到受伤，否则我并未爱上某人”（*Non nisi laesusamo*），奥维德如此说道，我们下文会更仔细地探讨他。诚实地说出自己正在经历的，不是暴露狂的一种表达形式，而是对自己的尊重。在古时如是。

提倡诚实面对自己，首先意味着赋予嫉妒的经历实在论（réalisme）的价值。陈腔滥调的哲学说嫉妒是想象力的一种疾病。人们强调着它幻想的属性，希望把它去现实化（déréaliser）。然而，我们失去爱的对象时痛苦的真确性，并不亚于我们对他者的欲望。说出我们如何痛苦，意味着表明我们为什么而受苦。说出事实和详细的情绪感受，可以让我们意识到确实发生了一些事——而这些事并非什么都不是。既然过去、现在和未来是环环相扣的，愤怒作为叙述性的激情，再完美不过了。这样的愤怒，我们称为“嫉妒”，把它说出来，是好的。

所以，我们需要忘记哲学家所说的，至少忘记那些把为情欲而承受痛苦诠释成不可言说的模式，或反过来诠释成高尚模式的哲学家。我们不需要听那些评断情绪的批评家的话，而是那些懂内情的人的言论，是他们把嫉妒说了出来。精神分析师若不是把嫉妒置于妄想症的位置，他们所做的也算合乎中道：倾听嫉妒之人痛苦的旅程。我们最需要的，是倾听诗人们。萨福，用第一人称向我们讲述：“在你面前，我发现，他像神一样。”[1]诗歌，让嫉妒可以在其中被说出来。诗人从不觉得羞耻。他们是真正的现象学家，有能力超越假象，让痛苦表现出来。[2]

真相之门

现在让我们回到经典中的经典：莎士比亚的《奥赛罗》。我们一起来读这些文字，不带着偏见，不查考页码下方的注

1 (Sappho), 31.

2 我认同René Girard (*Mensonge romantique et vérité romanesque*, Grasset, 1961)极深的信念：爱情中最美好的思想只能是叙述性的、悲剧式的或诗歌式的；我也认同Martha Nussbaum (*The Fragility of Goodness. Luck and Ethics in Greek Tragedy and Philosophy*, Cambridge University Press, 1986) et Stanley Cavell (*Disowning Knowledge in Seven Plays of Shakespeare*, Cambridge University Press, 2003, édition augmentée)的研究，尽管我并没有在这里逐字逐句引用他们的文字、诠释他们的观点。

解，也不参考学者们的介绍。

从前，有一位骁勇善战、被人尊重的战士，带领宁静的威尼斯共和国军队。他出生在北非，母亲是埃及人。那些讨厌他的人嘲笑他“厚嘴唇”、老山羊、“巴巴里马”[1]、黑胸膛的“东西”、好色的家伙，而他，毫不在意这些话[2]。就像古时成为经典的伟人一样，这个威尼斯的摩尔人懂得自己的价值。他知道自己是了不起的。出身高贵、才能卓越、拥有财产和美德，生活一直都在向他微笑[3]。奥赛罗，这位迷人的叙述者，迷倒了威尼斯贵族阶级的一位年轻女孩，苔丝狄蒙娜，贵族勃拉班修（Brabantio）的女儿。她爱上了他，愿意嫁给他、跟随他，甚至愿意跟着他行军打仗。

苔丝狄蒙娜和奥赛罗成了一对看似不可能却充满热情的夫妻。他们彼此相爱，差异很大却没有嫌隙：他们肤色不同、兴趣不同，一男一女。但他们希望在一起。他们将会做爱，他将会讲述许多事，而她默默地听着。但在奥赛罗的身边，有一个被觊觎吞噬的人，伊阿古（Iago）。他是奥赛罗的下属，一直期待自己成为副将，却只做了他的旗官。另一位佛罗伦萨人凯西奥，则得到了他想要的位置。伊阿古恨他们两个。他打算毁灭

1 剧中的伊阿古两次使用“巴巴里”或“巴巴里人”来指代奥赛罗，似乎暗指巴巴里海岸住着“黄褐肤色”的摩尔人。——译者注

2 W. Shakespeare, *Othello*, préface et traduction française d'Yves Bonnefoy, Gallimard,《Folio théâtre》, 2001, pp. 78-79, pp. 80-81, pp. 84-85, pp. 86-87 (ici et dorénavant, les références renvoient aux pages, en anglais et en français, de cette édition bilingue).

3 Ibid., pp. 94-95, pp. 118-119, pp. 358-359.

他们两个：一石二鸟。他让奥赛罗相信，他的妻子和凯西奥彼此相爱。伊阿古一点点向奥赛罗灌输怀疑，还制造了假的证据。奥赛罗向苔丝狄蒙娜讲述他的戎马一生，伊阿古则不同，编造了苔丝狄蒙娜和凯西奥许多色情方面的故事，他的描述巨细靡遗、超越现实、谎话连篇。奥赛罗被这样的描述冲昏了头脑，最终相信了这件事，让人动手去杀死描述中的情敌，在婚姻之榻上掐死了自己的妻子。

伊阿古本人就是这个低下且完全负面的激情最好的写照：别人拥有我想要却得不到的东西，觊觎就是对这个人愤恨的情绪。从柏拉图（他在《法律》中批评这个情绪）和亚里士多德（他在《修辞学》中用同样的态度回应）就已经说明，这样的激情与竞争意识，尤其爱情中的嫉妒，是截然不同的。[1]正如我们前文所说的，觊觎的人，努力抢夺别人的财产、物品或其他象征性的东西。我们很容易跟这样的人进入竞争关系，并努力和他们做得一样好，甚至更好。而他们想要的，纯粹只是别人的失败、痛苦。这样说来也矛盾，他们其实对别人毫不在意。“摩尔人，”伊阿古说，“必须流放他、追捕他，尤其要破坏他的幸福！他享受盛大的欢乐吗？就让蚊虫滋扰他吧！”[2]伊阿古是个孬种，并没有打算直接挑战凯西奥和摩尔人，他被带着谋杀意念的嫉妒驱使，只想暗地里毁了他们。他编造了并没

1 Le mot grec est *phthonos*; le mot latin, *invidia*. Platon, *Lois* 731a-e; Aristote, *Rhétorique*, 2, 10.
2 W. Shakespeare, *Othello*, *op. cit.*, pp. 78–79.

发生过的不忠事件，背叛了他们两个人。他的嫉妒是人为的，奥赛罗的嫉妒也是人为的；他的嫉妒和苔丝狄蒙娜的不忠诚，都是伊阿古的杰作。悲剧就此慢慢展开，从觊觎慢慢转变为嫉妒。觊觎之人制造了嫉妒之人。

伊阿古有计谋地杜撰着故事，剧情随着奥赛罗由不信到渐渐相信，推向高潮。伊阿古周密地进行着他的计划。“怎样才能达到我的最终目的，一石二鸟的阴谋？是的，怎么办？怎么办？想一想……等过些时候，在奥赛罗耳边捏造一些鬼话，说凯西奥跟他的妻子苔丝狄蒙娜看上去太亲热了。”[1]他甚至计划“叫这摩尔人心里长起根深蒂固的嫉妒来，没有任何理智可以医治它”。[2]他利用一个明确、有说服力的小细节：绣着小草莓花样的手帕，奥赛罗送给新婚妻子的礼物，必须得再自然不过地出现在假想的情人手中。“我要把这手帕丢在凯西奥的寓所里，让他找到它。”[3]他甚至假装自己很懊恼：“主帅，我看你完全被焦虑所支配了。我很后悔不该惹起你的疑心。”[4]他的工作就是让妙药显出效力来[5]，灌入耳朵的毒气[6]，还是溃烂的脓包。

1 W. Shakespeare, *Othello*, pp. 144–145.
2 Ibid., pp. 180–181:《*I put the Moor, At least into a jealousy so strong, That judgement cannot cure.*》(J'ai parfois modifié la traduction des passages que je cite, ici et *infra*.)
3 Ibid., pp. 274–275:《*I will in Cassio's lodging lose this napkin, And let him find it.*》
4 Ibid., pp. 280–281:《*I see, Sir, you are eaten up with passion: I do repent me that I put it to you.*》
5 Ibid., pp. 326–327:《*Work on, My medicine, work.*》
6 Ibid., pp. 220–221:《*I'll pour this pestilence into his ear.*》

“我已经激怒了小脓包的心，他居然动起怒来了。”[1]在全世界看来，对一个如此忠贞的女人苔丝狄蒙娜起了疑心，理由还是出于嫉妒，那么只能是因为诡计操控：一定有人把这种思想放入奥赛罗的脑中，让他起了杀人的念头[2]。伊阿古就是这出悲剧的作者：他让人起疑心，让人行动。他也是人的个性的陶塑者：他改变奥赛罗的认知、思想、意图，他塑造了奥赛罗。奥赛罗看伊阿古让他看的，做伊阿古要他做的。伊阿古就是他人生的导演。

认识论的悲剧。剧中揭示了双重的信任危机：忠贞需要证据证明才相信和对所谓朋友没有保留的信任。在奥赛罗首次听到那些含沙射影的话时，他拒绝相信，他希望看到证据，希望自己能亲眼看见、亲耳听见。伊阿古后来就给他提供了证据（从苔丝狄蒙娜那儿偷来的手帕）和证词（凯西奥轻浮地谈及他自己的一个情妇时的言辞）。这两个场景很容易让人误解，而奥赛罗却以为打开了“真相之门”[3]。他这样任凭自己被欺瞒，是因为根本就没对身边的这个谄媚者起疑心，他以为那是他的朋友。

奉承之交和友谊之间的混淆，是古时思考权力很重要的

1 W. Shakespeare, *Othello*, pp. 410–411:《*I have rubb'd this young quat almost to the sense, And he grows angry now.*》

2 Ibid., pp. 364–365, pp. 458–459. C'est Emilia qui parle.

3 Ibid., pp. 282–283:《Si l'évidence de faits assez probants en eux-mêmes pour mener droit à la porte de la vérité, cela peut suffire, vous l'aurez, cette certitude.》

一个主题。普拉塔克写了一篇关于该主题的论文[1]，莎士比亚非常熟悉他的作品。奥赛罗不是国王，就当时的威尼斯共和国背景来说，他不是公爵，然而他处于领袖的位置，伊阿古的职业生涯完全仰赖他[2]。伊阿古恨他到想让他死的地步，正如有时一个诸侯也这样被恨一样：这个摩尔人，把他想要的副将职位给了别人。仇恨点燃了他，他闻其香味而入迷。这就是他美丽的计划："我知道有一种人，表面上尽管装出一副卑躬屈膝的样子，骨子里却是为他们自己打算。看上去好像替主人做事，实际上却是在利用他……而我，我承认自己就属于这一类……是的，没错，我跟随他，其实还是跟随我自己。"伊阿古追逐自己的目标，同时看上去好像承担自己应该有的职责，他掏心掏肺地忠于奥赛罗，并且"弥缝裂痕"[3]。奉承绝不是即兴发挥的，众所周知，这是修辞、社交的策略。整场戏剧中，伊阿古对奥

1　Plutarque, *Comment distinguer un flatteur d'un ami.* 伊拉斯谟（Érasme）翻译了这篇拉丁语写成的伦理小论文，并在人文主义者中间传阅。我们参考的这个翻译版本：Y. Charlier, *Érasme et l'amitié, d'après sa correspondance*, Les Belles Lettres, 1977, pp. 57–60. Une traduction anglaise, par Philemon Holland, fut publiée à Londres, en 1603.

2　关于莎士比亚对这个问题和传统的熟悉度，我们参考R. Evans,《Flattery in Shakespeare's *Othello*: The relevance of Plutarch and Sir Thomas Elyot》, *Comparative Drama*, 2001, vol. 35, n°1; B. Worden,《Shakespeare's politics》, *in* C. Alexander (éd.), *Shakespeare and Politics*, Cambridge University Press, pp. 22–45, notamment p. 35:《*Of all the sins of the court, none is more pervasive in Shakespeare's plays than flattery.*》D. Colclough,《Talking to the animals: Persuasion, counsel and their discontent in Julius Cesar》, *in* D. Armitage, C. Condren et A. Fitzmaurice (éd.), *Shakespeare and Early Modern Political Thought*, Cambridge University Press, 2009, pp. 230–245.

3　W. Shakespeare, *Othello*, *op. cit.*, p. 76–79. Voir aussi p. 218–221：伊阿古吹嘘自己的诚实及自己对凯西奥的衷情，借此奉承他。"恶魔往往用神圣的外表（天堂的表现），引诱世人干最邪恶的罪行，正像我现在所用的手段一样。"

赛罗两面三刀地阿谀奉承，表现为各种形式的机智、卑躬屈膝、假意谦虚和令人发腻的体贴[1]。奉承支配着小剂量的诽谤之言，用敬意和自己声明的友谊，让它们听上去可信一些。这种方式，就是利用虚荣心，骗取了信任。正是如此，最终奥赛罗完全地相信了他：伊阿古是一个勇敢、诚实、公正的人。他是高贵的榜样，更是做朋友的最佳人选[2]。

绿眼怪物

过高的自尊心，狡猾的献媚者，让真相大白的心愿——过于坚持的认知；告诉奥赛罗他或许在这三方面都夸大了，这样的告诫对奥赛罗而言非常有诱惑力。这里，我们仿佛又回到塞内卡《美狄亚》的“群魔乱舞”之中。它们身形庞大。奥赛罗犯下了可怕的错误，可处于他的位置，在莎士比亚赋予他的“威尼斯”背景之下，即便不能说完全无法避免，也属于非常难避免的。雇佣兵队长很难做到谦虚，或不信任当面称赞他

1 W. Shakespeare, *Othello*, pp. 258–259，我们参看 J. Weil, *Service and Dependency in Shakespeare's Plays*, Cambridge University Press, 2005, pp. 50–79.，在其中看到《奥赛罗》剧中权力关系和从属关系的分析。这些分析非常有用，尽管并未触及奉承、觊觎这些主题，但仍展示了社交关系里所有的微妙差异。嫉妒成为“从属的嫉妒”；奥赛罗受过奴役的创伤，被占有欲模糊了双眼，显得没有能力进入相互性的爱情中。另外，韦尔很清楚地表达莎翁在 *Antoine et Cléopâtre* 中使用了普鲁塔克的文本 *Comment distinguer un flatteur d'un ami*，pp. 91–104。

2 W. Shakespeare, *Othello*, *op. cit.*, pp. 412–413:《*O brave Iago, honest and just, That hast such noble sense of thy friend's wrong, Thou teachest me...*》

的人，更难以不通过知识和行动控制复杂的局面。一些哲学家们，例如马基雅弗利和伊拉斯谟正是为了帮助君主诸侯们发现这些障碍，给他们写了“通鉴”。

这里，必须指出戏剧中两处最著名的段落，常常被看作是嫉妒的“圣经”而不断被加以引用。

第一处是反对嫉妒的经典媚俗态度：“你要留心嫉妒啊，那是一个绿眼怪物，谁做了它的猎物，就要受它的玩弄。”[1]哈！哈！那么是莎翁本人这样说吗？说嫉妒是一个龌龊、可怕的生物，擅于经营自己的生活，占据我们，就是为了纠缠着我们，羞辱和骚扰我们。那是“一个凭空而来、自生自长的怪物[2]”。嫉妒自发而生，把自己全然包装成胜人一筹的幻想之物，吞噬着我们。

没有比这更荒谬的了。明明是伊阿古在嘲弄奥赛罗，作为老练的奉承者，他让奥赛罗小心这种人，其实他自己就在不断扮演这个角色！此外，伊阿古还告诉我们，怎样让这怪物——地狱与黑夜之子诞生[3]；是他，得喂养这个怪物；是他，刺破了脓包，让毒药发挥效力。要牵着奥赛罗的鼻子走不那么容易。

1 W. Shakespeare, *Othello*, pp. 254–255:《*O, beware Jealousy! It is the green-eyed monster, which doth mock The meats it feeds upon.*》

2 Ibid., pp. 312–313:《*'tis a monster, Begot upon itsemf, born on itself.*》C'est Emilia qui parle.

3 Ibid., pp. 144–145.

这是坦白爽直的人[1]，所以需要努力“滥用”他的耳朵[2]，让他亲耳听到；还要满足他亲眼见到的要求；必须把一件令人无法反驳的东西，她的手帕，放在他的眼前，同时他的竞争对手正好拿着这块手帕。嫉妒若是绿眼怪物，那么也只出现在装作保护其“朋友”的溜须拍马之辈的口中。伊阿古这样做，只向观众证实了他自己的固执，确切地说，就是他的嫉妒，无可比拟的嫉妒。再者，嫉妒不可能有绿色的眼睛，带着不安；只是伊阿古把嫉妒和觊觎混为一谈，觊觎像面色灰白的泼妇，正是伊阿古唯一、真实的激情[3]。

“像空气一样轻、完全算不得什么的小事，对于一个嫉妒的人，也会变成圣书一样的确凿证据，也许这就可以引起一场是非[4]。”这就是第二处成为经典的关于嫉妒的论述，这对莎翁自己来说，嫉妒是想象力的精神病理学吗？当然不是。再一次，又是伊阿古在说话，就在他设下手帕陷阱的时刻。他独自在舞台上，观众们都是见证人。手帕是丝质的、轻飘飘的、透明的，正是一样完全算不得什么的东西，一件小事，这是一个残忍的讽刺。因为伊阿古很清楚对奥赛罗来说这是一个非常特

1 W. Shakespeare, *Othello*, pp. 144–145.

2 Ibid., pp. 144–145.

3 觊觎的寓意形象，在*Métamorphoses d'Ovide* (2, pp. 775–782) 中第一次出现：她总是斜着眼睛观看，浸着绿胆汁的胸膛，永远苍白的脸，舌头滴着毒药。觊觎女神靠毒汁为生，从不微笑，只有在别人受苦时才会大笑。而当别人成功时，她则非常痛苦；她不断撕裂别人，撕裂自己。

4 W. Shakespeare, *Othello*, *op. cit.*, pp. 274–275:《*trifles light as air Are to the jealous confirmation strong, As proof of holy writ; this may do something.*》

别的物品：他的母亲在临终前把这手帕交给了他，希望他将来送给他的妻子。它用丝绸做成（“产丝的虫子是献给众神的祭物”），刺绣用的红颜料（“用死去制成木乃伊的年轻处女的心提取的”），就这两样，让这条手帕变得那么独特，那么私密，那么个人，奥赛罗认为它是不可复制、无可替代的——它带着魔力。小小的细软织物，其情意非同一般：它只能意味着一件事，就是单单属于他。而现在他找到它的位置，一定是苔丝狄蒙娜来过的地方，不可能是别人。伊阿古算得非常精准，这个几乎已经去物质化的物件，而它的独一性正是代表着这对夫妻彼此的独一性，使用它，让他的谎言听上去更有分量了。

手帕是母亲的遗物、定情之物，此刻在调查事情真相的过程中成了证物；这个调查，字字句句对应着戏剧一开始，公爵本人在庭审现场所要求的。“单单凭所说的话，不能证明什么”，他没有“表面上的猜测、莫须有的武断”，而需要确实显明的证据，才能支撑对别人的指控[1]。轻飘飘的手帕，掉的时间点刚刚好。狡猾如伊阿古，最知道如何从里到外让这些威尼斯原则腐坏，证成了苔丝狄蒙娜和凯西奥之间并不存在的通奸。这与偏执的奥赛罗疯狂的想象力毫无关系。

---

1 W. Shakespeare, *Othello*, pp. 116–117.

疑心过重或不够怀疑?

太多读者过于强调，奥赛罗的嫉妒是想象出来的[1]。如美国哲学家斯坦利·卡维尔（Stanley Cavell）把莎士比亚当作怀疑论的批判理论家，另有诗人和莎士比亚作品的法语译者伊夫·博纳富瓦（Yves Bonnefoy），他们对《奥赛罗》的诠释细腻、具有学术性，然而他们读到的却是谜一般的巨大错误。一个这么正直、稳重、高尚的男人，怎么会像瞎了眼一般落入如此的陷阱？在他的性格里，一定有个缺陷。甚至就是正直本身，让他无法面对苔丝狄蒙娜在性上存有的真实面。如此忠贞的苔丝狄蒙娜比不忠的苔丝狄蒙娜更具威胁性，卡维尔如此说。奥赛罗不能忍受，她如此女性化、性感的人性中，居然能躲过强烈的好奇心。这样最终导致了“两具尸体躺在婚姻之榻上，在象征着结合的被褥之上，这就是怀疑论的真相”。[2]奥赛罗被疑虑弄瞎了双眼，他执着于实际真知的幻象，以至于无法反抗伊阿古

1 我们曾经引用过鲍姆加德的话，也参考了A.Green成为经典的诠释：*Un œil en trop. Le complexe d'Œdipe dans la tragédie*, Minuit, 1969. 作者在书中所强调的是同性恋。同样的系列中，我们还可以读L. Lo, *Male Jealousy: Literature and Film*, Continuum, 2008, pp. 84-107. Voir aussi C. Melman,《Baisse un peu la jalousie》, art. cit., p. 17:“我们向来清楚，真正的爱情是两个人的疯狂。伊阿古，这个名字的原意为‘阴茎’，在舞台上用这个名字暗示一些事情真是太出色了。”此外，《L'intolérance à la jalousie dans l'*Othello* de Shakespeare》, *Revue française de psychanalyse. Jalousies*, 1997/1, 61, pp. 140-152:“他（伊阿古）控制奥赛罗的激情，为了把它贬为破坏性的热情、把‘正常’的嫉妒转化为毒药，‘正常’的嫉妒总伴随着所有恋父/母情结的骚动的再现，而毒药能把‘自我’（大写的Moi）解构为它的初始元素，并让‘自我’无力重新建构关系。这样，嫉妒就变成妄想的嫉妒。”

2 S. Cavell,《Epistemology and tragedy. A reading of Othello (together with a cover letter)》, *Daedalus*, 1979, vol. 108, n°3, pp. 27-43.

那么清晰、明确的谗言。博纳富瓦就如此建议：他完全可以核实一下。“他可以直接找凯西奥，问问他有什么需要解释的，或者他也可以找苔丝狄蒙娜对质，而不是如此粗暴地对待她，用一种需要她猜谜一样的方式侮辱她；他什么都没有做，他想要的，就是保留自己的猜疑。”[1]

所以奥赛罗，不管是疑心过重或不够，唯有他自己必须为这个悲剧的结果承担责任。他本应该、本可以不用怀疑自己的妻子，而应该怀疑他伪善的旗官。人物之间的戏剧表演至少让我们看见，一个被伊阿古的阴谋压制着的男人。“我是一个不容易发生嫉妒的人，”奥赛罗说，“可一旦被人利用以后，就会失去判断力。”[2]他的本质上并没有恶意的嫉妒，只是发生了前所未闻的事。可以这么说，有人在他身上下了功夫。奥赛罗被利用（*wrougth*），这个词的英文原意为“锻造”，“人为地改变”。不是别人，正是伊阿古，是这美好的工作的始作俑者。凯西奥的分析正是这样；罗多维科（Ludovico）这样证实：“这，是你干的好事。”他感叹道，看着这幅床上一双浴血尸身的画面，指出其唯一的作者[3]。而在莎翁戏剧中，有行动力、有

1　Y. Bonnefoy,《Préface》, *in* W. Shakespeare, *Othello*, *op. cit.*, p. 36. Pour d'autres exemples d'interprétations qui accablent Othello: H. Berger Jr,《Acts of silence, acts of speech: How to do things with Othello and Desdemona》, *Renaissance Drama*, 2004, nouvelle série 33, pp. 3–36.

2　W. Shakespeare, *Othello*, *op. cit.*, pp. 478–479:《*one not easily jealous, but being wrougth, Perplex'd in the extreme*…》

3　Ibid., pp. 476–477; pp. 480–481:《*This is thy work*》.

权力的男人被引入歧途时，他们的命运就是被利用。在《恺撒大帝》(*Jules César*) 中，布鲁塔斯 (Brutus) 也处于类似的情况。他很尊贵，可他高贵的勇气也会被利用[1]。

拉罗什富科会这样说，奥赛罗的弱点在于他的自尊心。面对他的妻子，他犯下的不是虚荣的罪，因为他知道怎么不被欲望占有。然而，作为军事领袖，他表现出来极高的自我评价[2]。他效忠于威尼斯共和国，而后者对他的回报很高。那些官员们，甚至公爵本人都这样称呼他："我尊敬的主人""英勇的奥赛罗！"[3]没有人藐视他，除了伊阿古，以及伊阿古的朋友洛特利哥(Roderigo)[4]；更没有人指出他的骄傲有些过度、不合宜。摩尔人以自我价值为傲，所以，他相信任何崇拜他、赞美他的言辞。这对所有权柄人物来说，尤为危险。所以他错了，在和阿谀奉承的下臣的关系中，看不到那个人的觊觎；还相信一个狡猾、毒气冲天的无赖、叛徒[5]。奥赛罗是他自己美德的受害者。他的心胸宽阔、高贵的自我、对周遭人人品的信任，这一切让他无法看穿奸

1 W. Shakespeare, *Julius Cesar*, 1, 2, pp. 302–334; voir *Macbeth*, 1, 3, p. 155关于人物特点、社会和心理的互相依靠性，我们将参考S. Greenblatt,《Shakespeare and the ethics of authority》, in D. Armitage, C. Condren et A. Fitzmaurice, *Shakespeare and Early Modern Political Thought*, *op. cit.*, pp. 77–92, en particulier pp. 83–84.

2 W. Shakespeare, *Othello*, *op. cit.*, pp. 94–95, pp. 118–119, pp. 358–359.

3 Ibid., pp. 104–105, pp. 110–111.

4 Ibid., pp. 78–79, pp. 80–81, pp. 84–85, pp. 86–87. 勃拉班修发现自己的女儿与奥赛罗秘密结婚，第一反应也是蔑视(*sooty bosom*, pp. 100–101)。

5 把奉承当作毒药，参考D. Colclough,《Talking to the ani-mals: Persuasion, counsel and their discontent in Julius Cesar》, *in* D. Armitage, C. Condren et A. Fitzmaurice, *Shakespeare and Early Modern Political Thought*, *op. cit.*, pp. 230–245.

计。本剧让我们看到一个无辜的奥赛罗，同时也和其他悲剧中的伟大英雄一样，为自己所做的（最终犯下了罪行）负责。

我要再加一项，他也像其他那些嫉妒的人一样。因为，通常就是在突然之间，我们变得嫉妒起来。情况突然发生了变化，我们被丢进去，猛然被弹射到后台。我们从自认为爱情中必不可少的信念——以对方的忠诚为傲——中被剥离出来，这样的信任，瞬间让你看上去像个天真的傻子。我们还没有看清楚事情是怎么发生的；对方怎么就被别人吸引了，到底出于什么好理由，我们对这些还不够敏感；看来，我们爱得不够深，以至于没能更早地嫉妒。仿佛，信任是那么轻飘飘、大方、轻便的事。嫉妒是爱情中的遗憾。

进入莎翁这出戏剧的复调音乐、戏剧性的突变和情景中，我们就不可能认同勒内·吉拉尔（René Girard）的诠释[1]，他认为奥赛罗是个可怜的家伙，作为外国人，因种族和社会地位导致自尊心的缺乏[2]。这样的缺陷让他想起一个

---

1 R. Girard, *Shakespeare. Les Feux de l'envie*, Grasset, 1990.

2 以奥赛罗不是威尼斯人为由，而认为他有社会性的不安全感，是不合宜的，何况莎士比亚已经修改了《奥赛罗》的故事原型——来自Giovanni Battista Giraldi Cinzio, *Gli Hecatommithi*, 中的一篇中篇小说（意大利语），卷三，章七。钦其奥的这个版本中，主题就在于表现奥赛罗的文化、道德差异。当苔丝狄蒙娜察觉丈夫变得沮丧、多疑时，就指责他易怒、暴躁的脾气："你们摩尔人，生性暴躁，一件小事都能让你们暴跳如雷，非报仇不可。"而她丈夫越来越嫉妒，她开始后悔自己选了与异族人结婚："但愿意大利女人们从我这里学到教训，千万不要和来自异域、长在不同天空下、有着不同生活习性的男人生活在同一屋檐下啊！"莎翁笔下的苔丝狄蒙娜绝不会说出这样的话。莎士比亚一贯蓄意地强调摩尔人心中的爱和周围人对他的器重。关于种族和肤色的讨论，请参考P. N. Braxton,《Othello: The Moor and the metaphor》, *South Atlantic Review*, 1990, vol. 55, n°4, pp. 1-17.

中间人，俊美的年轻人、被他提拔为上尉的凯西奥。所以奥赛罗在迷恋上他的妻子之前，就已经被他的对手凯西奥迷住了。他的欲望从一开始就是模仿性的，还是在知名的三角关系中。在这种诠释中，结局早就已经设定好了。给悲剧带来悬念的偶然性（contigence）从开始就失去作用了。我们上面简要但非常注重细节地分析了文本，不需要再补充什么了。奥赛罗被积习已深的一个缺陷（社会性的不安全感，实际上这对他来说是完全陌生的）玷污，自己完成了对自己的毁灭。伊阿古（莎翁深刻地刻画了他的邪恶、策略、计谋得逞）只是他的牺牲的替代品。尤其是，嫉妒只不过是一种觊觎：一件在男人们中间，或在一个男人和替罪羔羊之间解决的事。

如果真是这样，遗憾的是，就像对待美狄亚一样，我们不再懂得理解人物的需求。谋杀是不可接受的，当然，我一直在重复这一点。但这样一把抹杀奥赛罗，是再一次拒绝善意地倾听情欲之嫉妒。嫉妒之人的脾气很差，永远都是他们的错。奥赛罗经历的嫉妒并不容易对付，是嫉妒带他进入这一团混乱的复杂情景中。他的不安来自于正常、却是猜测的嫉妒，这样的嫉妒把他引向爱情：他没有马上相信。他暂时停下评判，煞费苦心地检测自己嫉妒是否是对的，试图证实在苔丝狄蒙娜和凯西奥之间是否真的发生了什么。关于手帕，他当然问了他的妻子，后者却用保证和尴尬的谎言回复他[1]。他相信自己的眼睛和耳朵。但他不知道，伊阿古才是绿眼怪物，已经弄臭了他的眼睛和耳朵。

奥赛罗正是被他的质朴真诚、宅心仁厚捆住了。这是个令人眩晕的断点，从显而易见、最坦荡的信任，到显然不真实的背叛，因此让他的自杀行为不是成为古老罪恶的致命结局，而是一个悲剧。

嫉妒的人们，知道我在说什么。

逃逸的存在

我说的，是正常的嫉妒，不带引号的。我希望可以通过小说以外的作品讨论得更多一些，例如生动地塑造了法式情感教育的作品：马塞尔·普鲁斯特的《追忆似水年华》，以及司汤达的作品。

在司汤达看来，嫉妒是形成爱情的必要条件，因为嫉妒驱使着爱情进入“第二次结晶”，也就是“更深专注”的觉醒，当爱之对象成为人们一看到就不再有“欲望”的造物时，奥赛

1 W. Shakespeare, *Othello*, *op. cit.*, pp. 304–305.

罗就是用这个词——“欲望”[1]，或在普鲁斯特的语言中，就成了“逃逸的存在”[2]。“爱情，通常只有在以下情绪融合在一起时才以身体为目标：就是失去的害怕和重新找回的不确定性这些情绪。”[3]

突然间，一切都在摇晃。所以，我需要稳住自己。爱情首先是嫉妒，若真如此，我们希望附加一个理由，给它加上幻想的特征。如果我们得先嫉妒，或对方必须躲躲闪闪，我们才能相爱，那么我们根本就不爱任何人——我们爱的是恶。若我们站在笛卡尔主义的指挥台高处，猜忌的嫉妒十分被藐视，因它背叛了不属于“好类别”的爱情，在这样的爱情中，我们要么对自己，要么就是对他者“观感恶劣”。我们不喜欢不忠的人，“我们构想出来的产业（bien）则必须单单属于我们”。嫉妒被理解为害怕失去一个完全想象的存在——这个存在无非是排他性地占有他者的一个意念（idée），因而嫉妒总是矛盾地无法与现实的不忠相提并论。“当我们仅有害怕的理由，就已经竭力地避免痛苦，这样就不是真正的嫉妒。”[4]拉罗什富科承认正常

---

1 W. Shakespeare, *Othello*, p. 266–267:《Ô la malédiction du mariage! Que nous pouvons appeler “nôtres” ces délicates créatures, mais pas leurs désirs ! [*O curse of marriage! That we can call these delicate creatures ours, And not their appetites !*].》

2 M. Proust, *La Prisonnière*, Le Livre de Poche, 1954, p. 96:《Entre vos mains mêmes, ces êtres-là sont des êtres de fuite. Pour comprendre les émotions qu'ils donnent et que d'autres êtres, même plus beaux, ne donnent pas, il faut calculer qu'ils sont non pas immobiles, mais en mouvement et ajouter à leur personne un signe correspondant à ce qu'en physique est le signe qui signifie vitesse.》

3 Ibid., p. 97.

4 R. Descartes, *Les Passions de l'âme*, Gallimard,《Tel》, 1988, p. 256.

嫉妒的理性特征[1]，笛卡尔却干脆地反对之：爱情中的嫉妒，就其定义而言，直接与猜忌和不信任相关；而失去的惧怕，确切地说应该是有事实根据的惧怕。伴侣一旦不忠了，基本上，你就已经没有理由嫉妒了。想法的清晰、明确，也算是一种幸福！

拥抱痛苦

普鲁斯特体验到的嫉妒正位于两者之间。因为想象的猜忌与偶然、意外获得的关于他者的认知不可分割，他者的不忠虽是过去式的，但也是习惯性的，因而现在是可能的。信任被打破，因而我们疑神疑鬼。我们开始问自己问题、假设推测、调查，不是因为不体面的好奇心吞噬着我们，或幽暗的邪恶正破坏我们的欲望，而是因为我们被带着翅膀的爱神射中而震惊——就在那一天、某个时刻。普鲁斯特的翅膀就是逃逸的翅膀。“从这些存在，到逃逸的存在，它们的天性，就是我们带

1　F. de La Rochefoucauld,《Maximes》(édition de 1678), 28, *in Œuvres complètes*, *op. cit.*, p. 407:《La jalousie est, en quelque manière, juste et raisonnable, puisqu'elle ne tend qu'à conserver un bien qui nous appartient ou que nous croyons nous appartenir, au lieu que l'envie est une fureur qui ne peut souffrir le bien des autres.》La jalousie est inévitable et obstinée:《La jalousie naît toujours avec l'amour, mais elle ne meurt pas toujours avec lui》(maxime 361, ibid., p. 451). Une autre maxime, cependant, affirme:《La jalousie se nourrit dans les doutes, et elle devient fureur, ou elle finit, sitôt qu'on passe du doute à la certitude》(maxime 32, ibid., p. 407), ce qui rapproche La Rochefoucauld de Descartes.

着翅膀的不安。”[1]斯万遇到了奥黛特，对她产生了小小的兴趣。她有自己的生活，这点斯万当然再清楚不过了。然而，有一天晚上，这件事突然对他而言显得那么突兀：他对她的兴趣加深了。阿尔贝蒂娜每天宅在家里，这对马塞尔和她自己而言，家似乎已成为一座镀金的监狱。可是，当他每次几乎要与一些女性朋友开始新的友谊关系时，这个年轻女人又会突然变得令他无法抗拒。他完全不可能断绝与她的关系，虽然他总是这样希望着。

嫉妒是“认知的饥渴”（soif de savoir）[2]。我们调查、发现、推测，因为我们发现身处夹缝，一边是疑心重重的嫉妒，一边是笛卡尔的成为“仅有害怕的理由”。我们知道那个理由，却不知道是否合理。对认知的贪婪，由两个现实情况造成：没有能力证明，却能感受得到谎言；说出嫉妒的羞耻感，拦阻我们直接问一些问题。因为意识到阿尔贝蒂娜总是对他撒谎，他就问了安德莱、布洛克、埃梅[3]。他学会了如何破解他的“天书”，可这并没有阻止阿尔贝蒂娜成为制造另一个骗局的骗子，而当马塞尔后来发现这个骗局的时候，那已经超越了猜忌。他也不愿在她面前承认自己嫉妒。他折磨自己，可是，不管他如何怀疑，“无论如何”，他不会对阿尔贝蒂娜说“不想冒让他看上去

---

1 M. Proust, *La Prisonnière*, *op. cit.*, p. 97.
2 Ibid., p. 90.
3 Ibid., pp. 94–95.

嫉妒或令她生气的风险”[1]。他不敢表达自己的痛苦，宁可让她相信他不再爱她了。而这两种情况是齐行并进的：不忠的人一旦观察到恋人的嫉妒，就会撒更多谎。“而且，如果嫉妒帮助我们发现在我们所爱的女人身上有撒谎的倾向，当她发现我们嫉妒了，她的谎言就会增多上百倍。”[2]希望不鼓励恋人撒更多谎，同时也非常清楚为时已晚，还得默默把嫉妒吞下去。倾听，与事实对上号，再观察。一切都得在无声无息中进行。

嫉妒的智慧，表现出来的特征是不连续的、不平稳的。嫉妒有一个开始。有间歇性的嫉妒，还有无止境的嫉妒，甚至有阶梯式的嫉妒[3]。“让我猛然（brusquement）靠近她的，更强烈地说是溶于她，不是对快乐的期待——快乐这个词也是言过其实，应该说是轻微的乐趣——而是对痛苦的拥抱。”[4]“猛然”这个副词，抓住了性事进行时的切分姿态。爱情有一种节奏，嫉妒突然闯入，把你的心脏捏在手里。一个美好的早晨，弗朗索瓦斯告诉他阿尔贝蒂娜小姐离开了，猛地一下，马塞尔微微出汗的双手，紧紧扼住了自己的心[5]。我们无法预料我们自己的反应。

---

1 M. Proust, *La Prisonnière*, pp. 91–94.

2 Ibid., p. 94.

3 Ibid., p. 29 (la jalousie est une maladie intermittente); p. 89–90 (jalousie interminable, qui vous saisit après coup,《de l'escalier》).

4 Ibid., p. 360.

5 Ibid., p. 444.

在嫉妒的智慧里，有一种悲剧性的现实主义。这种现实主义一方面知道社会面貌的变化多端：巴黎、沙龙、商店、肖蒙小丘（les Buttes-Chaumont）、巴尔贝克沙滩（la plage de Balbec）、卢瓦尔河岸、谢夫勒斯山谷（la vallée de Chevreuse），总而言之：现代的蛾摩拉（圣经中的城市）；另一方面，摧毁了信任。普鲁斯特的文本，从未让我们置身于使人安心、无关痛痒的真相的熏香中，而在这缭绕的香味中，嫉妒之人，确切地说就是因为嫉妒，而自认为应该忽略这种真相。追忆似水年华，从未获得检讨过去的眼光，它所做的，仅是一方面显出斯万、布洛克或马塞尔的错误，另一方面强调奥黛特、拉谢尔或阿尔贝蒂娜的无辜。这些男人不是奥赛罗，这些女人也不是苔丝狄蒙娜。在叙事的蒙太奇中，这些女性情人们，并非全身心投入恋情、忠诚、可靠的同伴，而被错误地诽谤。事实恰恰相反。这些女人们被供养着，属于某一“类别”，尤其，她们养成了培育快乐的习惯（*des habitudes*）。从客观上说，她们就是逃逸的存在[1]。想象她们的艳遇、出轨，并不意味着编造出不可能、令人难以置信，即没有发生过的冒险经历，而是意味着，根据我们的猜测或大约可以相信的情况和习惯，带着令人坐立不安的痛苦，回到记忆的细节中。科学实验可以解释一些人仅仅瞥见，或几乎没看见一件事情的发生，却可以勾勒出大概的真相，虽然断断

1 M. Proust, *La Prisonnière*, p. 96-97.

续续，却是统一的[1]。若说嫉妒是病理性的，意味着不是嫉妒荒谬且由内在原因生成；而是它令人非常痛苦，是慢性病。为什么是慢性的？因为信任的动摇让嫉妒的焦虑持续清醒着。

一些乐趣

一天晚上，阿尔贝蒂娜跟马塞尔说，她希望去参加维尔迪兰夫人举办的晚会（《追忆似水年华》的第五卷《女囚》整本都在描述这场晚会的来龙去脉）。马塞尔即刻就有了反应，"这个晚上，"马塞尔马上明白，"是为了一些艳遇，享受一些乐趣而存在的。"[2]是他的想象吗？当然不是！叙述者跟我们解释了为何如此"确信"的理由：他知道如何理解人们的话语，他承认，在"他们的错误"之后，他已经无法再相信下去了。他现在懂得侦测那些说话者自身都没有意识到的欲望的信号，例如潮红的双颊，或"突然的沉默"。这些信号，是他直达事

---

1 M. Proust, *Albertine disparue*, Gallimard, 1925, p. 121:《Et puis, un seul petit fait, s'il est certain, ne peut-on, comme le savant qui expérimente, dégager la vérité pour tous les ordres de faits semblables? Un seul petit fait, s'il est bien choisi, ne suffit-il pas à l'expérimentateur pour décider d'une loi générale qui fera connaître la vérité sur des milliers de faits analogues? Albertine avait beau n'exister dans ma mémoire qu'à l'état où elle m'était successivement apparue au cours de la vie, c'est-à-dire subdivisée suivant une série de fractions de temps, ma pensée, rétablissant en elle l'unité, en refaisait un être, et c'est sur cet être que je voulais porter un jugement général, savoir si elle m'avait menti, si elle aimait les femmes, si c'est pour en fréquenter librement qu'elle m'avait quitté.》

2 Ibid., p. 93.

实的捷径[1]。因为（背叛的）事实，确实存在。不忠、性欲和未明确指向特定对象的欲望，确实存在。“再者，对恋人来说最可怕的事就是：虽说具体的细节如此难以发现——那是要在对众多的可能情况进行试探、侦查之后才能知道的，而事实的真相，相对而言，却那么容易看穿，或者说那么容易猜到。”[2]

这样，阿尔贝蒂娜如此热切地重复，她并不想参加这个晚会；在不抱任何幻想的马塞尔耳中听起来，就是她这样压抑自己，具有完美的说服力。她成功了。事实是，她很想参加（至少，她想出门），她掩盖了自己真正想要的；正如此后，她总是习惯性地这样做，每一次在街上她都假装没有观察漂亮女人。过去，马塞尔曾“经常”看到她“凝视年轻女子，大胆、长时间地盯着她们看，仿佛在抚摸她们的肉体一样”。她的眼神，大胆、意味深长。“有一段时间了”，毫无疑问自从她发现恋人的嫉妒以来，她不再提及这些，并装作什么都没有看见。她这样做，是装出来的，也是被影响了的，说明的是“同样的磁化作用”。阿尔贝蒂娜“从未”用“如此专注，或反过来说，这么谨慎克制、仿佛什么也没看见”[3]的眼神观看在情欲上似乎不重要的存在。

1 M. Proust, *Albertine disparue*, p. 93.

2 Ibid., p. 94.

3 Ibid., pp. 93–94.

理解了这个谎言与痛苦、猜忌与缓解、希望与失望的共舞，我们才进入了普鲁斯特叙事的节奏。我们当然可以查看很多对作者及人物的分析，但若要理解爱情中的嫉妒这一现象，我们必须要跟随叙述的格律（scansion），直到最后。

从怀疑到调查，从以为是谣言而试图辟谣，到确认谣言为事实，故事最终带我们发现了真相：事发之后，阿尔贝蒂娜的不忠从其幅度、强度、正常性来看，都远远超过了她恋人的想象。她死后，他不那么在意了，才结束了在图莱纳（Touraine）的追寻，在巴尔贝克交代给他的侍从埃梅找出真相的任务，以及他对安德莱本人的盘问。在图莱纳，埃梅与一个魅力十足的洗衣女发生性关系，对方告诉他，阿尔贝蒂娜喜欢和年轻女人享受一点儿乐趣，包括与她本人[1]。在巴尔贝克，埃梅证实在沙滩上、洗澡时，阿尔贝蒂娜喜欢与比她年长，尤其比她年轻的

---

1 M. Proust, *Albertine disparue*, pp. 162–163:《La petite blanchisseuse m'a avoué qu'elle aimait beaucoup à s'amuser avec ses petites amies, et que voyant Mlle Albertine qui se frottait toujours contre elle dans son peignoir, elle le lui avait fait enlever et lui faisait des caresses avec sa langue le long du cou et des bras, même sur la plante des pieds que Mlle Albertine lui tendait. La blanchisseuse se déshabillait aussi, et elles jouaient à se pousser dans l'eau; là elle ne n'a rien dit de plus, mais, tout dévoué à vos ordres et voulant faire n'importe quoi pour vous faire plaisir, j'ai emmené coucher avec moi la petite blanchis-seuse. Elle m'a demandé si je voulais qu'elle me fît ce qu'elle faisait à Mlle Albertine quand celle-ci ôtait son costume de bain. Et elle m'a dit: "Si vous aviez vu comme elle frétillait, cette demoiselle, elle me disait: 'ah! tu me mets aux anges'et elle était si énervée qu'elle ne pouvait s'empêcher de me mordre." J'ai vu encore la trace sur le bras de la petite blanchisseuse. Et je comprends le plaisir de Mlle Albertine car cette petite-là est vraiment très habile.》

女人玩各类色情游戏[1]。在巴黎，安德莱——马塞尔本人还同她发生过性关系，最后也毫无保留地承认了事实，向他讲述了不可想象的事：阿尔贝蒂娜对莫雷尔（Morel，沙吕的情人）派遣给她的年轻女孩们的喜好；她与安德莱之间隐秘、持续的性关系，多亏了马塞尔每日留给她们俩的亲密时光，他的猜忌反而是她们俩最好的掩护。安德莱向他讲述了她们两个女人表里不一高超骗术的顶峰：一个下午，他比预期的回来早一些，带回了香气四溢的香梅。安德莱急切地跑来迎接他，假装必须把这些花丢掉，因为阿尔贝蒂娜对这香味过敏、会很麻烦。而这笨拙的即兴表演，只为了分散他的注意力[2]。

所以，马塞尔并没有瞎编故事。事实正相反，他只是没有意识到那个自己找来盯紧女朋友的人，恰恰就是利用了这些情况，和他女朋友做爱，就在马塞尔自己的屋檐下。他意识

1 M. Proust, *Albertine disparue*, pp. 172–173:《D'après elle la chose que supposait Monsieur est absolument certaine. D'abord c'était elle qui soignait [Mlle A.] chaque fois que celle-ci venait aux bains. [Mlle A.] venait très souvent prendre sa douche avec une grande femme plus âgée qu'elle, toujours habillée en gris, et que la doucheuse sans savoir son nom connaissait pour l'avoir vue souvent rechercher des jeunes filles. [···] Mais [Mlle A.] venait le plus souvent avec des jeunes filles plus jeunes qu'elle, surtout une très rousse.》

2 Ibid., p. 224–226:《Ah! nous avons passé toutes les deux de bonnes heures, elle était si caressante, si passionnée. Du reste ce n'était pas seulement avec moi qu'elle aimait prendre du plaisir. Elle avait rencontré chez Mme Verdurin un joli garçon, Morel. Tout de suite ils s'étaient compris. Il se chargeait, ayant d'elle la permission d'y prendre aussi son plaisir, car il aimait les petites novices, de lui en procurer. [···] Je dois avouer que, tout à fait au début de son séjour chez vous, elle n'avait pas entièrement renoncé à ses jeux avec moi. [···] Vous rapportiez avec vous une longue branche de cet arbuste, ce qui me permit de détourner la tête et de cacher mon trouble.》Cette révélation fait écho au récit de Marcel dans *La Prisonnière*, *op. cit.*, pp. 56–57.

到真相，却不清楚细节。他起了疑心，却从未有足够彻底的疑心，也没有选对时候，怀疑的对象也不对。香梅事件之后，阿尔贝蒂娜因为担心他识破真相，三天睡不着觉。而他，尽管想象力丰富，却还是没能够猜出发生了什么。正如许多其他的例子，在巴尔贝克、图莱纳或巴黎，他总是无法识破这些“小事件”。阿尔贝蒂娜的激情，在空间和时间上，都比他能够想象的更真实。

现实（réalité），对普鲁斯特来说，最终决定一切。“现实比敌人更狡猾。它在我们心房上宣战，我们根本没有如此期待，也未做好防备。”[1]有时，我们看到了真相，一个突发事件让过去发生的一切真相大白——不幸中之万幸，还好就在我们对这些事已经没那么在意时，我们才能忍受真相。只是，自此这成了“毫无用处的真相”。这种情况下，真相来得太晚，我们已经不用去承受其中的痛苦，还一边想象着，若我们现在还处于热恋中，该多么痛苦啊。[2]

---

1 M. Proust, *La Prisonnière*, *op. cit.*, p. 416.

2 M. Proust, *Albertine disparue*, *op. cit.*, p. 228:《Comment! cette vérité que j'ai tant cherchée, tant redoutée, c'est seulement ces quelques mots dits dans une conversation, auxquels on ne peut même pas penser complètement parce qu'on n'est pas seul! [···] L'habitude de penser empêche parfois d'éprouver le réel, immunise contre lui, le fait paraître de la pensée encore. Il n'y a pas une idée qui ne porte en elle sa refutation possible, un mot, le mot contraire. En tout cas, si tout cela était vrai, quelle inutile vérité sur la vie d'une maîtresse qui n'est plus, remontant des profondeurs et apparaissant une fois que nous ne pouvons plus rien en faire!》

自恋的危机？

研究《追忆似水年华》的学者们已经让我们那么习惯于把普鲁斯特的嫉妒看作妄想，而上面所使用的语言：现实（réalité）、真相（vérité）、事件（événement），让人多么惊讶。然而，普鲁斯特正是这样经历嫉妒这个过程的。走到最后，当人们回顾所经历的一切，充满了生活片段，我们自己的或我们爱过、竭力去认识的他们或她们的生活片段。就是在这时，真相，无论怎样，一定会浮出水面[1]。

在所有爱嫉妒的人中，普鲁斯特和他笔下的人物受到了最严厉的抨击。如我们前文所看到的，哲学史家尼古拉·格里马尔迪走遍了"普鲁斯特地狱"。精神分析满心欢喜地利用之。小马塞尔，在他那个年龄已是个天才，"从未超越，甚至从未达到恋母的地步"。因为小说的写作方式，用大量细节带我们进入经验的真相（la vérité de l'expérience），这就意味着它的作者仍停留在"初级"阶段，就是婴儿阶段。"典型的普鲁斯特式嫉妒，用口头、破坏性的暴力践踏一切，显得坐立不安，

---

1 M. Proust, *Albertine disparue*, p. 113:《Et pourtant ces douloureuses, ces inéluctables vérités qui nous domi-naient et pour lesquelles nous étions aveugles, vérité de nos sentiments, vérité de notre destin, combien de fois sans le savoir, sans le vouloir, nous les avions dites en des paroles, crues sans doute mensongères par nous, mais auxquelles l'événement avait donné après coup leur valeur prophétique. [···] Mensonges, erreurs en deçà de la réalité profonde que nous n'apercevions pas, vérité au-delà, vérité de nos caractères dont les lois essentielles nous échappent et demandent le temps pour se révéler, vérité de nos destins aussi.》

其实他首先是并且主要是婴儿陛下（*His Majesty the Baby*）。”[1]法国心理分析学家朱莉叶·克里斯蒂瓦（Julia Kristeva）甚至给我们出具了一份诊断书：“自恋的危机边缘”“仇恨对欲望的入侵”“爱与被爱（aimant/aimé）的共生”“诠释的过度”“嫉妒者致力于剖析仇恨或伤害的意义，而不是承认心爱女人的独立性或恋人之间的沟通有问题。”[2]

正相反，普鲁斯特式的嫉妒之人，对心爱女人的独立性看得很清晰：正是他们认知的翅膀披在逃逸的存在之上。嫉妒之人很清楚对方丰富、难以捉摸、不可知的生活。他们对此感到好奇，因为这些人比其他人更有趣。但有件事困扰着他们，就是性。那是享受的一种习惯、激情，享受和诱惑的需要，简而言之，就是他们的情妇在情欲上的不受约束，谎言让这无约束变得更加令人不安。这才是他们不安的原因。马塞尔在这

1 E. Castellano-Maury,《*Sua cuique persona*: la jalousie dans l'œuvre de Proust》, *Revue française de psychanalyse. Jalousies*, 1997/1, 61, pp. 153–161 (citations, p. 156 et 158).

2 J. Kristeva,《Le temps, la femme, la jalousie selon Albertine》, conférence présentée dans le cadre de la journée d'étude organisée par Francis Marmande et Sylvie Patron, le 27 janvier 2007, pour les étudiants et les enseignants de khâgne moderne: “每次不管是我个人还是我的病人遇到嫉妒的问题，在我看来都是变相的仇恨。恋人自我理想化或理想化他的对象，他的自我处于有问题的自恋的危机边缘，而嫉妒这个激情把这危机带向最高点……嫉妒就是仇恨入侵欲望，它传递的是以相反形式出现的侵犯：就是朝向另一个幻象的爱情，这个幻象使人转离自己。恋人不是仇恨自己，而是嫉妒‘另一个被爱的人’。他的伪对象从不以特殊、不同的样子出现，只是必然低于理想化的欲望，并且必须是背叛的。如果是这样的话，激情者间歇性的头脑清晰，只会把他带向自我建造的毁灭，就是爱情的毁灭。然而，嫉妒者既不是忧郁症患者也没有生病，他只是没有时间自省，退回到属于自己的时间里。他被嫉妒之火控制着，痛苦地解读被折磨的时光、残忍地享受着无用或被背叛的那些迹象。爱/被爱的共生让他无法割舍这份爱情，他面对共生的这种侵犯，转化成一种诠释的过度：嫉妒者致力于剖析仇恨和/或伤害的意义，而不是承认心爱女人的独立性或恋人之间的沟通有问题。”

点上表达得非常清晰："自从在巴尔贝克的第一天起"，他难道没有猜到吗？阿尔贝蒂娜是众多这样的女孩中的一个：不管在纸牌游戏中，在教堂或剧院里，还是在"一望无际、川流不息"的人群中，她们表面的肉体下，隐藏着焦虑不安的探索。"这些'存在'寻找的"尤其是"欲望、肉欲的回忆、焦虑不安"[1]。被爱永远无限地充满了过去和未来、记忆和可能性、已知和变化的欢愉。如果我们自己又倾向于引诱、寻找刺激、想象各种开始的可能性、翻阅记忆，那么这种情欲的无穷性又变得更加让人晕眩。我们自己也是，充满了画面和欲望[2]。猜测他者时，我们做得更好，这样就轮到我们自己成为逃逸的存在。

我们很清楚地意识到欲望流动"无限可能性的场域"，它的疆域和事实，尽管我们有认知的饥渴，"现实"还总是可以让我们觉得惊讶：如果现实突然摆在了我们面前，"我们可能仰面跌落在地"。[3]"我们盲目轻信"，测试的总是最后所剩无几的信任[4]。我们面对他者，或我们自己，成为现实主义者，这样至少可以发现自己的敏感、单纯。

---

1 M. Proust, *La Prisonnière*, *op. cit.*, pp. 98–99.

2 Ibid., p. 27. Marcel écarte les rideaux de sa fenêtre pour suivre du regard quelque blanchisseuse, boulangère, laitière ou autre passante–autant de femmes plus désirables qu'Albertine, parce que inconnues (tant qu'Albertine ne le redevient, par son désir ou par le désir qu'elle excite chez les autres). Voir aussi p. 90.

3 Ibid., p. 97.

4 Ibid., p. 101.

嫉妒者若是自恋的，那就跟我们所有男人、女人一样，总是处于自尊心“过剩”或“缺乏”的不稳定的平衡之中。是的，无论我们自恋的程度如何，失去拥有我们偏爱的性伴侣特权，总是让我们受伤的。是的，我们希望独一地被爱，尽管我们并不完美，我们仍希望有一些东西可以吸引住他者的欲望。是的，如果我们不幸地发现我们的伴侣是喜欢引诱之辈，谎言连篇，需要一些时间让这些谎言真相大白，我们才不再渴望不忠并不存在。最终我们确认不忠是事实，在痛苦中决定结束这段关系；或是如果对方停止了折磨我们，我们也可以原谅。

正常的精神官能症，而事实上，我们、斯万和马塞尔，全都只是正常的嫉妒者。

我的不正当手段是可憎的

撇开所有麻痹论的说教者，现在我们终于到了卡特琳·米勒的文字之中。我在她的《痛苦之日》[1]这本书中发现难得的分析能力，她关于嫉妒的观点公正、尖锐、诚实。叙述性的思想，刺穿了羞耻自我防御的外衣，细致地描绘出把嫉妒说出来

1 C. Millet, *Jour de souffrance*, Flammarion, 2008.

的巨大努力。

她属于纵欲主义者，自认为可以掌控自己的欲望、预期自己的情绪，直至偶然发现丈夫另有性伴侣。她陷入极大的痛苦中，一切分崩离析、错位，然后绝望，“残酷的生理性的感受：我的身体向冰冷、干燥的寒流开放”[1]。她身处于此，迫切地询问，希望知道得更多，还说出她早已知道的那些道理，可是却因害怕愤怒，害怕别人不理解，尤其害怕说出她的感受后遭到简单、粗暴的羞辱[2]。“我不知道构思了多少计谋想让他知道而不用说出口……”拐弯抹角、暗示、等待，希望在我乞求之前，对方可以回应。可最终她只能投降，只好说出口[3]。嫉妒真的是非常矛盾的激情，它强迫人不能说出这个激情，可是我们有所有的理由、权利，让对方坦白。“我的不正当手段是可耻的”，米勒如此承认，她的好奇心驱使她翻看丈夫的文件，翻看丈夫存隐私的角落，在那里她偶然看到了年轻女孩的照片，然后她还翻看丈夫的记事本[4]。

多少女人，在欧洲爱情的历史中，都曾感受到“不正当”：是因害怕被藐视而几乎瘫痪、因愚蠢地冒险而惊慌失措、因隐私的勒索而陷在困局里。古时的女人没有这个问题。在美狄亚和卡特琳·米勒之间，我们已经在充满善意的麻醉

1 M. Proust, *La Prisonnière*, *op. cit.*, p. 127.
2 Ibid., p. 192.
3 Ibid., pp. 158–159. Voir. pp. 156–157, pp. 83–90.
4 Ibid., p. 126.

迷宫里迷路了。我们不再演戏。我们让一切像什么都没发生过一样。

我恳求，用古时的方式（当然要少一些谋杀）重现高贵的嫉妒。

第五章

爱的艺术，嫉妒的艺术

Art d'aimer, art de jalouser

把一个人当作可以被占有、准备好被使用的物件，被认为是嫉妒的基础。人类喜欢各种放肆的过分亲昵，包括在爱情当中，嫉妒是“饥饿、贪婪、害怕缺乏的动物”。嫉妒作为错误道德观的产物，以及“对一个有感知能力、思考能力、自主能力及自由对象的所有权”，它是“不公平的情绪”[1]。就是把财产当作物质的财产（un bien matériel），启蒙运动时期的思想才使爱情中的嫉妒名声扫地。康德等人便是这思想的继承者。至此，我们已经重建了整个藐视嫉妒的历史，我们还得再一次回到其中，这将带领我们进入几个世纪以来一直流行着的，而且正确使用情欲之爱的理论：爱的艺术。

---

1 D. Diderot (1772),《Supplément au voyage de Bougainville》, *in Œuvres*, *op. cit.*, t. II, p. 572.

让自己被爱上的计划

在新康德主义的女权思想中，让自己成为对象，意味着自我客体化。一个尊重自我的人绝不允许此类事情的发生，而性使你成为一个物件。有一种谈到“衍生化”（derivatization）的思想，对上述想法的批判很中肯。在这批判中，女人这个概念一直都是相对于男人来思考，她们作为性的存在从男性的欲望衍生而来。因我们是活着的、肉身化的、嵌入式的呈现，所以，不可以明确地否认作为对象的位置，但要小心把我们当作女仆此类观点的陷阱[1]。这个反思更尊重我们的身体。

这很好，却还不够。

这有点儿像在西蒙娜·波伏娃之外重新发现法国现象学最喜欢的主题。“我永远不会完全成为这个世界里的一个物件，”法国哲学家莫里斯·梅洛-庞蒂于1945年如是说，“我总是缺乏作为物件存在的完满性（plénitude），我自己的实体从内在向外逃逸，从而总是具象化一些意图。”[2]因此按照梅洛-庞蒂的说法，即使我们很想，也不可能让自己成为物件。没有人可以强

1 A. Cahill, *Overcoming Objectification. A Carnal Ethics*, *op. cit.*关于客体化所使用的语言和极端论点（如僵化、心理健康可能恶化等等），参考T. McKay,《Female self-objectification : Causes, conse-quences and prevention》, *McNair Scholars Research Journal*, 2013, vol. 6, n°1, article 7. http://commons.emich.edu/mcnair/vol6/iss1/7. 另外也参考C. Moscovici, *From Sex Objects to Sexual Subjects*, *op. cit.*

2 M. Merleau-Ponty (1945),《Phénoménologie de la perception》, *in Œuvres*, Gallimard, Quarto》, 2010, p. 851.

迫我们。

早在此前几年，让–保罗·萨特曾写了许多关于爱情和欲望令人难忘的文章。他从自己也就是作为男性引诱者的角度出发，写下了看待爱情的方式。“爱，就其本质而言，是一个让自己被人爱上的计划。”[1]欲望的起点，事实上，就是把自己摆在对象的位置上。“施爱者（aimant），就是对象；他也接受自己是对象。”[2]我谈论爱情，确切且首要的目标，就要把它作为欲望对象来谈论。“施爱者，不是渴望像占有一个物件那样占有被爱者（aimé）；他要求的是一种特殊的据为已有的方式。他想拥有占有他人自由的自由。”[3]这就是为什么对萨特来说，同等看待爱的对象和私有财产，完全是荒谬的[4]。同样地，用物化谈论爱情，也是矛盾的。

施爱者不希望奴役他者，正相反，他希望爱情的对象不是机械化的、自动化的、被迫的，而是完全自由的[5]。希望被爱，就是希望他者让我在每一刻自由地存在。如果我真的拥有了这样的爱情，那么我就成为他者不可逾越的目的，就是一种目的本身（une fin en soi）：“我从器具化（ustensilité）中被拯救出来。”

---

1 J.-P. Sartre, *L'Être et le Néant, op. cit.*, p. 415.

2 Ibid., p. 408.

3 Ibid., p. 403.

4 Ibid.:《Cette notion de “propriété” par quoi on explique si souvent l'amour ne saurait être première, en effet. Pourquoi voudrais-je m'approprier autrui, si ce n'était justement en tant qu'autrui me fait être?》

5 Ibid., p. 407.

被爱，其实让我成为“对象–超验性”(objet–transcendance)[1]。诱惑，就是“为了他者我完全承担起自己所冒的风险：就是对象性”[2]。我让自己所处的位置，就是迷人的、有意义的对象。语言，正是我向他者自荐的一种方式[3]。

性虐狂与受虐癖

相反，在受虐癖和性虐狂中，欲望对象才成为可使用的、服务人的物件。在第一种情况中，我努力让自己成为“所有物件中的一个，如同要被使用的器皿（instrument)”[4]；第二种情况则相反，我扭打、抓住、控制我的恋人，把他当作“对象—器具”(objet–ustensile)。他者是我自己享乐的工具，我要立刻把他占为己有[5]。在这种方式中，缺乏的是双向的肉身化，这让萨特所描述的性爱成为有点类似于欲望导师或爱情教师的角色。

性爱，对萨特而言，在“爱抚”中实现。这是我在混乱、欲望的“僵滞”中成为肉体的经验，同时，我用同样的感觉唤醒他者的身体。让自己成为肉体，不意味着让自己成为物件，

1 J.-P. Sartre, *L'Être et le Néant*, p. 409.
2 Ibid., p. 412.
3 Ibid., p. 412.
4 Ibid., p. 418.
5 Ibid., p. 439–440.

或更糟地被形容为烤小牛肉，而是在性爱进行时，在此地此时此刻，在纯粹的存在偶然性（facticité）中，成为完全裸露、只在意肉体感觉的身体[1]。对方也在实现同样的肉身化。性欲是欲望的联合。“欲望是对进入欲望的一个邀约。”[2]

萨特思想的底层与康德的思想和谐一致。在康德的观点中，交配是性器官的互相使用，从把人自己当作物件的角度看，是人性可耻的退化；阅读萨特的文字，我们再一次听到这样的伦理音乐最初的一些音符。然而，调式是完全不同的。萨特认为，性爱附属于去脉络化的身体，脱离情境的身体，成为肉体的身体。男人自愿处在不安和僵滞中，裸体的女人甘心成为纯粹的呈现。他们分享了内在性。肉体物质彼此触摸，皮肤互相摩挲。恋人们就在这里，彼此成为对方所“不可逾越”的。在这个时刻，康德主义的厨房中，肉体已经成了可烹煮的肉，大腿成了牛后腿肉，屁股成了牛里脊，腹部则是牛腩肉。而对萨特来说，肉体不是物件。肉体是敏感的。恋人们的双重肉身化不是去人格、去人性——进而是堕落、兽性、羞耻的物

---

1 J.-P. Sartre, *L'Être et le Néant*, pp. 435–436:《Mais si le désir reflue de la situation vers l'être qui est en situation, c'est pour dissoudre la situation et corroder les relations d'autrui dans le monde : le mouvement désirant qui va des “entours” à la personne désirée est un mouvement isolant, qui *détruit les entours et cerne la personne considérée pour faire ressortir sa pure facticité.*》Se jeter vers《la *facticité* de l'autre》,《l'atteindre dans sa *chair*》en écartant《ses actes et ses fonctions》, c'est s'incarner soi-même.《Je ne désire qu'avec mon trouble, je ne dénude l'autre qu'en me dénudant moi-même, je n'ébauche et n'esquisse la chair de l'autre qu'en esquissant ma propre chair》(c'est moi qui souligne).

2 Ibid., p. 436.

化过程。更应该说，这是神奇、性感、稍纵即逝的时刻[1]。

康德主义的主旋律——羞耻，应该归属于受虐癖，就是那些竭力让自己被当作杂货物品对待的人。找寻羞辱和肉体上的痛感，这样的欲望，除了让自己成为解剖医学中肢体的一部分，任他人摆布之外，什么都不是。这就是自我客体化。为此我们应该感到脸红。“事实上，仅因我是对象，就足以让我被定罪。我亏欠自己本身，因为我认同了绝对的异化。”[2]这是康德的阅读者萨特所说的。我在让自己成为物件的同时，牺牲了我的人性。再者，我使他者客体化，因他只能按着我所要求的习惯服务我[3]。

主动的物化是性虐待者特有的，这种特质具有对称性：我夺取，我自己被对方攻占。我并不觉得困扰。我沉湎于他者身体的某一部分，这么有讲究、有韵律的身体。只要你看看性虐狂为获得享受所需要的精致工具，就能看出使用者多么精通色情游戏。在困扰中没有相互性，也没有迷恋；只有需要操作的工具、让其运转并服务人的器具。在其中，身体是被剥削的。

---

1 J.-P. Sartre, *L'Être et le Néant*, p. 416:《À chaque instant, chacune des consciences peut se libérer de ses chaînes et contempler du coup l'autre comme *objet*. Alors l'envoûtement cesse.》

2 Ibid., p. 418, mais voir p. 417, sur la honte/fierté dans l'amour (non dans la sensualité).

3 Ibid., p. 418:《Je tente donc de m'engager tout entier dans mon être-objet, je refuse d'être rien de plus qu'un objet, je me repose en l'autre; et comme j'éprouve cet être-objet dans la honte, je veux et j'aime ma honte comme signe profond de mon objectivité; et comme autrui me saisit comme objet par le désir sexuel, je veux être désiré, je me fais objet de désir dans la honte.》

爱抚

萨特认定把从对象的部分（l' objetpartiel）获得的、通过他者而有的、与他者在一起经历的欢愉是一种反常行为，认为这是性爱中的首罪。这些行为里潜伏着烤小牛肉和带骨髓的骨头，就是康德，连同另一位哲学书籍的作者萨德，当然还有奥地利作家萨克–马索克[1]所认为的。婚约，不是为了把这些不名誉的事自然化，而是在定言命令下所必须执行的目的。事实正好相反，自由必须不断地更新爱情。只有爱抚，通过欲望的相交，拯救肉体人脱离食用肉类的堕落趋势。“接触就是爱抚，也就是说，我的感知不是对象的使用和为了目的对在场的超越。”[2]然而，如果接触就是爱抚，那么这就意味着康德错了，性行为不是一种“使用”。我不是为了自己的享受，把他者当作一种手段。性欲被共享，这就是“不可逾越”的目的。

关于这些行为、感觉的现象学文章，花了大量笔墨描述细节，在那些文字里，我们读到喜欢做爱的人的欢愉，更有甚者，我们看到作者努力把性行为的伦理价值当作目的本身（fin en soi）。为了回应康德主义的言论，萨特说，在爱抚中，确切地说，只有在从所有脉络中隔离、从所有情境中脱离、从所有

1 关于萨特和康德之间的连接，我们参考C. Leguil, *Sartre avec Lacan. Corrélation antinomique, liaison dangereuse*, Navarin, 2012.

2 J.-P. Sartre, *L'Être et le Néant*, *op. cit.*, p. 432.

次要目的中分离出来的现在这个时刻，不存在被化约为物件的人，只有相互性的欲望对象，让彼此一起成为肉体。相爱者双重的肉身化，就是这样取得了伦理上的合理性。

西蒙娜·波伏娃却相反，她把物化延伸到任何形式的情欲之事上，尤其与爱抚有关的一切。萨特从互相抚摸的肉体上看到拯救的美。他写道，欲望对准的是整个身体，但“主要通过肉体最无特色、大致上最容易被神经支配而活动、最没有能力自主运动的区块而触及身体”。乳房、臀部、大腿、腹部，都似乎是“纯偶然性（facticité）的影像”[1]。丰腴肉体的相遇，让爱的方式充满了魅力，也使人躲过被占据、被渗透的命运。而波伏娃赋予同样的“肉体区块”以女性解剖学上的意义。正如我们前面看到的，女人因其内在性而僵滞，停留在那里，冻结在许多黏稠笨重的脂肪和肉堆里。女人是身体—肉体—物件。男人则超越这一切。

这是怀疑论调的女权主义的基础。这样的女权主义不仅笼罩在性别的疑云之中，连对女性和男性之间的性行为也有怀疑。波伏娃正是这样找到了对康德主义的批判，但她的批判只朝着单一的方向：男性把女性物化、器具化了。没有相互性。我们前面已经看过了该理论的后果。为了赎同性行为，把它从客体化当中拉出来，绝对需要确认支撑自己与其进行性行为的

1 J.-P. Sartre, *L'Être et le Néant*, p. 436.

那个人的关系类型——准确地说，这样就避开了肉体纯粹简单、裸露、除去“周边”（entours）的呈现。因此，从今往后，即使是一位女性自问同样的问题，我们最终都会产生同样的担忧：“我有权把头放在我的恋人的小腹上吗？”我们应如此认真地自问，正如美国哲学家玛莎·努斯鲍姆一样。

爱的一种艺术

在萨特看来，有一门爱的艺术。波伏娃认为并不存在这样的艺术。萨特主义的性欲（sensualité）引发了情欲的辩证法。要知道如何进行，这不是技术的问题，因为仪式的协议是虐待狂和受虐癖固有的特权，而我们需要的是爱抚，萨特认为的爱抚，要求为他者、为自己考虑到享受的问题。这个状态被他称为“肉身化”，我们可以将其理解为一种慵懒且集中的放任，这样的放任排除了威胁性的方式，尤其是那些充斥着某种男性特征的方式。强度、操作、性能都退位让给任凭自己被欲望和快感淹没的能力。爱抚是缓慢的、充分的，对自己和他者的愉悦都非常注意。这样的接触创造出来可触摸的镜像游戏，在两个相遇的身体之间，一起分享个人、私密的经历。

萨特主义的性爱在情境、服务之外进行，但不是在正常状态之外。受虐癖和施虐狂绘出了正常状态的边界，在此边界之外，我们就会落入客体化。我们需要精神分析（或个人经历）才能打开情欲之爱的时间—空间通向反常行为、幻想，即无意识的道路。尽管情欲之爱需要被把他者当作目的而非工具的命令限制，但在这性爱的场景中，这是多大的自由啊！多么复杂啊！

当然，自由排除了合约性的忠诚，但爱情要求的对象并不因此就变成随意的一个身体或一个可替换的个体。我寻找的是一个个人化的对象，跟我一样独特，他也爱我的独特性。“其实，施爱者需要的，是被爱者绝对地选择他。”[1]这样的要求，衍生出欲望首要的观点。因为施爱者从一开始的姿态就很明确，一个可爱的、让人产生欲望的对象。人都希望专门地被爱。“希望他者以有别于其他所有人的方式爱自己，作为这样的人，每一个施爱者都完全被他者俘虏了。”[2]正是这一点，让爱情的正面角色显得很矛盾，从而获得了独特的被动性，也可以这样说，他在等候他人的爱。

一旦我们进入这样的路径，我们就进入了性欲。因为，在

---

1 J.-P. Sartre, *L'Être et le Néant*, p. 411. 梅洛－庞蒂关于爱情的定义要求极高，对此的批判，我们参考E. de Saint-Aubert, *Du lien des êtres aux éléments de l'être. Merleau-Ponty au tournant des années 1945-1951*, Vrin, 2004, p. 181:“爱情是嫉妒，正如嫉妒一样，爱情所要的就是不可能。”梅洛-庞蒂这样解读萨特的思想，尤其是后者关于普鲁斯特的看法。

2 J.-P. Sartre, *L'Être et le Néant*, *op. cit.*, p. 415. 我在这里所说的，只是萨特的思想，而不是让-保罗·萨特的爱情生活，或他的性爱风格——他在对自己与波伏娃和其他情妇之间的情欲经验的描述中充斥着这些。通过一些自传，我们可以重新看到萨特和波伏娃之间的关系，关于这点，可参见H. Rowland, *Tête-à-tête. The Tumultuous Lives and Loves of Jean-Paul Sartre and Simone de Beauvoir*, HarperCollins, 2009; C. Seymour-Jones, *A Dangerous Liaison. A Revelatory New Biography of Simone de Beauvoir and Jean-Paul Sartre*, The Overlook Press, 2009.

情爱进行的时刻，我的肉身化将激励他者的肉身化。欲望邀请欲望。事实上，性反常行为和爱抚区别就在于所爱对象的品质。在性反常行为中，对象只不过是众多对象中的一个；而后一种情况中，面对的是独一的对象——就算只是在简短的相遇当中。“当你跟我在这里，这个房间没有墙壁，只有树”，吉诺·包利（Gino Paoli）在《在房间里的天空》中如此唱道。

快乐、痛苦和嫉妒

波伏娃和萨特这一对情侣，要求彼此消除嫉妒。但这一承诺实行起来，比想象中更复杂。首先，我们可以从《女宾》这本小说得出这样的结论。波伏娃把她与萨特、奥尔加·科萨基维兹（Olga Kosakiewicz）的三角关系写进虚拟的小说里。小说最后以谋杀结尾：妻子杀死了年轻女人。他们的书信和那些他们情人或朋友们的证言交织在一起，也让我们看见，尽管他们一直信守约定，但他们之间冲突持续不断。我们在这里不是要讨论他们的成功或失败。波伏娃和萨特都不是普通人，波伏娃的双性恋应该在他们的协约中扮演了非常重要的角色。对我们来说，重要的是，欲望流离的自由和创造要求强烈独一性的享乐情境以及萨特思考两者之间兼容性的方式，即使在重复中，也是独一无二的。就是这一点，才让性行为免于落入康德主义的物化，也是波伏娃认为在异性性行为中最重要的。这种兼容性的微妙之处，正是被称为爱的一种艺术[1]。挑战在于如何调节快乐。

论及快乐，我们一定也已经想到了不悦。从荷马直到弗洛伊德，快乐一直都被负面地定义为对痛苦的终止。我们是库拉（Cura）也就是忧虑的孩子，如德国哲学家海德格尔所愿，我们被丢在这个世界中，焦虑、脆弱、必死。把我们从这个条件中拉出来，同时创造阶段性的快乐，这就是享乐主义（hédoniste）的愿景。激进的享乐主义者不是光芒笼罩、过于暴露并忘记关于负面的一切的人[2]。他不是自私的。所有一切都是为了寻求愉快。而快乐，有时造成他者的痛苦。

嫉妒是快乐和痛苦交织着的经验。每一次当嫉妒让我们震惊，不管在我们自己还是在另外一个人身上，这个最初的激情撕碎的是欢愉的美梦，这美梦对正在经历它的个人而言是欢愉，也让所有人都高兴，这样的美梦对他而言是生命的全部。此激情向我们表明：婴儿的最高权力已经结束了，没有人配得上无条件的爱，一个人自我陶醉的幸福或消遣性的短暂艳史，可能是另一人的幻灭。并不存在普遍意志（volonté générale）以

1 关于爱的多种艺术的历史，我们参考 M. Feher,《Esquisse pour une histoire des arts d'aimer en Occident》, *Chimères*, 1991, 13.

2 正如我们在米歇尔·翁弗雷（Michel Onfray）的著作中所读到的，例如他的 *La Puissance d'exister*, Grasset, 2006 ou *Le Souci des plaisirs. Construction d'une érotique solaire*, Flammarion, 2008.

及集体的、平等的、感染性的、共享的快乐；有的只是独一的互动，由相互性的偏爱促成的。如果我们想付上一切代价获得自己的快乐，必须防止他者为此而忍受痛苦，必须敢于残酷地做一些事，宣扬麻木不仁，把沉默强加给他者。那么就要对情绪的这些形容词——差劲、吝啬、残忍、微小、多疑、忧伤、小资、愚蠢、耻辱、可恨、偏执、病态——说：前进吧。对禁欲主义或纵欲主义的学术恐吓、政治恐吓、医疗恐吓，说：前进吧！前进吧！或者说一句：够了！

嫉妒让我们不舒服。它提醒我们，快乐不是取之不尽用之不竭的，也不是无害的。它暴露出给予的欲望和在独一性中期待被渴望的脆弱性。它知道什么是献媚、调情，同时知道它们的界限在何处。我们让它变得不可言说，因为我们不想知道快乐可以让人不悦，而我们的欲望可以突然变得不被渴望。我们压抑它，只因为它是正常的。

我们需要重新回到亚里士多德和那些悲剧中，把承认当作是一种感激之情，把嫉妒当作既痛苦又正当的情欲的愤怒。我们需要重新发现伊壁鸠鲁、霍布斯和弗洛伊德，让我们生活的锚定于快乐和痛苦之中。这是享乐主义的颂歌。我们需要和司汤达、普鲁斯特和弗洛伊德一起，重新思考嫉妒之爱的真实性、不被爱的绝对痛苦和这痛苦的压抑倾向。我们需要从我们个人的经验，质疑爱情伦理的缘由。带着条件和概率性的观点，我们想让自己变得可爱、让自己被爱，在忠诚的同时思考着他人可能因我而痛苦：这看上去没什么，这会给人带来好处。这就是爱的艺术的赞歌。艺术是对于残酷性唯一真正的解药。这是给性欲的礼赞。所有这些，都让人非常愉快。

我们还需要性爱伦理。在这点上，萨特可以帮助我们，因他邀请我们脱离康德主义对性欲强烈的批判。然而，对嫉妒的恐吓却达到了史无前例的地步。“戴绿帽的人，当然，让人笑到岔气。”[1]还是残酷赢了。此外，剧院就是为此而生的。萨特尤其是透明化的冠军，这样的透明引起嫉妒，却又同时完全禁止它。

有这样一位爱的艺术的大师，承认嫉妒的“病变”，并建议制止它。他是古代诗人兼哲学家普布利乌斯·奥维修斯·纳索（Publius Ovidius Naso，即奥维德）。我们将与他一起，回到过去，虽然与现在相距甚远，他仍有许多东西可以教导我们，我们将借由他结束我们的嫉妒之旅。

爱的艺术

在基督教时代刚开始的时候，奥维德写了一部长篇诗歌《爱的艺术》，诗歌中带着前所未闻的傲慢。这三册书改变了当

1 J.-P. Sartre, *L'Idiot de la famille. Gustave Flaubert, de 1821 à 1857*, Gallimard, 1971, p. 825.

时的爱情观，发表了对诗歌的颂扬。对奥维德来说，改写爱情观非常紧迫，因为一方面，当时的哀歌作者不断地吟唱情欲之爱何等悲惨，如普罗佩提乌斯（Properce）、提布鲁斯（Tibulle）和卡图卢斯（Catulle）；另一方面，哲学诗人如卢克莱修又下结论说这样的悲惨是不可避免的。

可怜的卡图卢斯！哦，可怜的卡图卢斯，停止说蠢话吧！你认为丢失的东西，已经千真万确地消失了啊。快乐的爱情照耀的日子，亲吻、温柔的咬痕、调情的嬉笑，都已经过去了啊。年轻女人不再来了。但愿她反悔！而你，卡图卢斯，要反抗啊：不要再活得像个可怜虫，不要再过悲惨生活！[1]莱斯比亚，他的莱斯比亚，这个独一无二的女人，他爱她胜过爱自己，可现在呢，她宁愿在路口、在贫民窟，把身体献给最低俗的性爱。[2]他爱她，也恨她。[3]在普罗佩提乌斯的作品中，阿瑞托萨写信给她亲爱的里克塔斯，她的眼泪沾湿了信纸，信上的一些字迹模糊不清。“如果信上出现不明所以的笔画，那是因为这写字的手已经不再有生气了。”她的爱人不在身边，这让她筋疲力尽。她非常担心他遭到厄运，但她宁愿他在战场上受伤，也不愿另一个女人在他的脖子上留下齿印，那些恶劣的痕迹啊！[4]那封诗体信，沾满泪水、字迹模糊，充满了悲伤、怀

1 Catulle, *Poèmes*, 8.
2 Ibid., 58.
3 Ibid., 85.
4 Properce, *Élégies*, 4, 3, pp. 1–6; p. 26.

念和嫉妒。这又是哀歌的另一力作：哀怨、指责、牢骚满腹。

说起卢克莱修，在长诗《物性论》中，他以理性之名向我们展示了一个哲学场景。爱情使我们盲目，语言让这种盲目转变为疯狂的赞歌。这样的批评带来巨大且可怕的影响。卢克莱修的描述让爱情成了性的坏疽，欲望成了视觉的幻想，情欲之爱成了范畴上的错误，而快感则在行进中成为虚无。尽管他写作的意图是为了感化人，但这部爱情长诗，只不过是充满情爱之语的胡编乱造罢了。然而，卢克莱修是唯一一个被奥维德称为“高尚”的诗人。他在《爱情三论》中写道，他（卢克莱修）的诗永远不会消失，除非到了世界毁灭的那一天[1]。卢克莱修的思想给了他独特的挑战。

卢克莱修的诗有如下教化目的：揭开爱情的面纱，让人清楚其缘由和本质，理解其令人不愉快的原因——痛苦、依赖、欺瞒。事实上，这样做的根本目的是为了避免爱情。诗人为这个目的教导这首诗的受众——年轻的明米佑（Memmius）。《爱的艺术》则翻转了这个教导，它重建了爱情的权利，也就是说，爱情真正的本质是快乐（不是痛苦）、策略（不是依赖）和真实（不是谎言）。爱情会伤害人，却不是病，只要我们学习这门艺术（而不是运用理性），换句话说，只要我们在许多事上别不小心弄错，它就不会成为坏疽病。这些事指的是：快

1 Ovide, *Les Amours*, 1, 15, 23.

感的动向（mouvements）、欲望的节奏（tempo）和真实情欲之爱的特殊状态（régime）。

这个爱情理论的高潮在于嫉妒。我们需要挖掘一种美学，让我们可以活在爱神——带着翅膀的神祇——的稍纵即逝中，而不成为悲剧的受害者。卢克莱修希望看到的就是悲剧收场，而其他哀歌诗人抱怨的正是这个结局。在反情欲之爱的理性和爱的艺术之间并不和谐[1]。理性让我们害怕嫉妒，而艺术教我们嫉妒，就算不能完全掌控它，至少可以好好使用它。

嫉妒的艺术

纳索（即奥维德的本名）从肉体、风险和危险中学到了爱情，在他的爱情观中，我们触碰到事物真正的本质。爱情，真实地生活在愉悦和痛苦中。它是身体生理性的感觉、不可逾越的激情，我们需要建基在这种感受之上，领悟世界是如何运行的。换言之，爱情，是奥维德宇宙观的起源。

首先，爱情是一种变形。“对人类而言，不管爱或被爱，

1　此外，我本想在这点上更多展开讨论。参考G. Sissa, *Sexe et sen-sualité. La culture érotique des Anciens*, *op. cit.*;《Amor mora metamorphosis Roma》, *in* M. De Poli (éd.), *Maschile e Femminile. Genere ed Eros nel Mondo Greco*, SARGON, 2010, pp. 7-38. 本章的论述有些地方采用了这篇用英语写作、出版的论文的观点。这里，我没有摘录整段详细的文字论述过程，也没有写出完整的参考书目。

爱情的确是一个转化的经历。”[1]我们甚至可以说得更多一些。在奥维德看来，从明白爱情是一种亲密、智性的认知开始，我们就可以预先发现法则，就是围绕在我们周围的世界的法则，事实就如《变形记》卷十五中，毕达哥拉斯所说，所有一切都在消逝。液体本体论是诗人思想的支柱。这个液体本体论首先是情欲的。其次，既然爱情是移动、变化的，它必然就是嫉妒的。爱神的翅膀已显示出它朝三暮四的特征。爱情从一个身体转移到另一个身体，从一个细节到另一个细节，嫉妒总是伴随之。“我承认：我只在受伤的情况下才会爱上某人。”诗人自己如此陈述。[2]这是关于嫉妒非常清晰、大胆、具有同理心的供认，这也是我们打开这门艺术的钥匙。大师自己也只知道会带来“病变”的爱情，除此之外别无他物。他需要的是结晶。

正如关于塞内卡、高乃依或司汤达，我谈及的是他们的思想，对于奥维德，我也要谈及他的“思想”[3]。我想补充的是，诗人不是夸大其词地宣扬自己的观点，而是在（对感知可靠性）持

---

1 W. S. Anderson,《Multiple change in the *Metamorphoses*》, *Transactions and Proceedings of the American Philological Association*, 1963, vol. 94, pp. 1–27 (citation, p. 8) (《*For human beings, indeed, love is a transforming experience, whether one is lover or beloved*》).

2 Ovide, *L'Art d'aimer*, 3, 598:《*En ego confiteor: non nisi laesus amo.*》

3 因此，我也认同卡洛斯·利维（Carlos Lévy）的观点。利维写道，《爱的艺术》是“对哲学非哲学的回应，声称自己与哲学所摒弃的系统有绝对的一致性”。实际上，爱情具有“不可治愈的双重性”。奥维德在他新创的诗体理论中，特别强调快乐和痛苦。参考C. Lévy,《Aimer et souffrir: quelques réflexions sur la "Philosophie dans le boudoir" de l'*Ars amatoria*》, *in* L. Boulègue et C. Lévy (éd.), *Hédonismes. Penser et dire le plaisir dans l'Antiquité et à la Renaissance*, Presses universitaires du Septentrion, 2007, pp. 161–172 (citations, p. 162 et 169).

怀疑论者和（认同快乐本质的）伊壁鸠鲁主义者的辩论中选择了自己的角度。他反对激进派斯多葛禁欲主义伦理对快乐的否认。

关于快乐的本质，《爱的艺术》的理论比卢克莱修权威、扭曲过的禁欲观点更符合伊壁鸠鲁主义。嫉妒就是其中的关键。关于爱情的真实性，《爱的艺术》致力于引发真正的认知论的讨论。那么，嫉妒再一次成为此中的关键。《爱的艺术》为反对斯多葛学派开出了一个处方：享受感情有智慧、感受性的欢愉。嫉妒仍然是其中的关键。爱的艺术就是嫉妒的艺术。

你是我唯一喜欢的人！

卢克莱修的宇宙被偶然支配着。性接触也遵守着偶然的规律：感受到欲望意味着被拟像（*simulacrum*）击中，拟像刺激身体、伤害心灵。会发生这突如其来的撞击，是因为无限精细的薄膜（这薄膜就是物显露的外表，它是从物的表面剥离下来的）在空中飞来飞去，停靠在别的物上，包括摸不到的东西，比如心灵。碰撞引起的是一种机械反应：导致精子[1]从拟像碰到的身体发射到成为镜像的身体——这镜像既是空气的，又是实体的——撞击心灵。血从伤口直接喷射到肇事者的脸上，也

1 semence，这里所谓的精子，并非现代生理学所认知的精子，而是导致情欲的一种“原子”。——译者注

是出于这样的原理。这就是维纳斯（Vénus）[1]了！这就是欲望了。别无其他。接着，如果无法打消欲望，伤口就会溃烂：这样我们就坠入爱河了。爱情是炎症、痴迷、依附、纠缠不清，要趁来得及的时候，就施以治疗——转移注意力。我们要逃避拟像，脱离爱情的起因，把注意力转向其他身体——精子重新投射的地方。简言之：避免爱情[2]。

《爱的艺术》则恰恰相反，从邀请人出去开始，到寻找一个可以爱的人。你必须主动出击，努力找到符合你欲望对象的人；等待不期而遇的爱情，是徒劳无功的。这种方式，反对偶然的相遇，它是人为的、艺术性的，你得动起来！更确切地说，不要寄希望于身体、镜像自发的运动。该移动的，是你自己。也可以这样说，你自己才是那个原子。因此，出去走走吧，试着在对的地方、对的时间点，找到爱情对象。用打猎、钓鱼、掏鸟巢，让年轻女人对你刮目相看吧，这样你就可以对她说："你是我唯一喜欢的人！"[3]你，唯有你！按照奥维德的文字描述，年轻女人不会通过轻飘飘的空气滑向你[4]。在轻飘飘

---

1 Lucrèce, *Sur la nature des choses*, IV, 1058 [*Haec Venus est nobis!*]. Je citerai dorénavant: Lucrèce, IV.

2 Ibid., pp. 1063–1074. Voir aussi 1146.

3 Ovide, *L'Art d'aimer*, 1, 42.

4 Ibid., 1, 43:《*Haec tibi non tenues veniet delapsa per auras.*》这里的每一个字都是技术性的词，对应着卢克莱修关于拟像的描述。我在*Amor mora metamorphosis Roma*这篇文章中阐述了这个关于两者作品之间的联系的论点。关于"空气"这个主题的研究，我们参考A. Deschard, *Recherches sur Aura. Variations sur le thème de l'air en mouvement chez les Latins*, Peeters, 2002, pp. 134–135 pour l'expression《*delapsa per auras*》. 作者没有注意到奥维德与卢克莱修在这个句子上的联系。

的空气里滑翔，如果可以这样说，从天而降，这完全就是卢克莱修形容拟像运动的方式。假如这个年轻女人是一个拟像，她就会直接掉到你的头上。然而，女人并非拟像。《爱的艺术》用计划好的、否定式的、接近平庸的言语开场，就是为了说明这个道理。从这个启发中，一个谨慎的恋人，就会得出一些结论：关于身体、空间、时间、语言和欲望的结论，当然还有关于嫉妒的。

首先，如果一个年轻女孩不是飘浮的薄膜，那么她就是一个密实、有重量、可触摸的实体（corps）。卢克莱修反爱情的决定性论据在于：即使在最亲密的肢体接触中，我们仍然是可怜人——身处河流之中，不断饮用河里的水，却依然口干舌燥。我们如此强烈地渴望，说到底，其实是那个稀薄的构造物击中我们，风却又把它吹走了[1]。奥维德反对这一点。对他来说，产生欲望，不是获得一个身体触摸不到、不断逃逸的镜像。身体就是身体，它清清楚楚地就是脸庞、头发、手指、脚、嘴唇——所有这些小小的部位，你轻抚、亲吻、命名、恭维的这些地方。借着对身体细节的颂赞，情爱之诗开启了另一种物质主义的观点：自发的运动、可触摸的身体、性欲的感受。欲望是可以触摸得到的、是可以被指挥的，它触摸自己想要的那个身体，它紧紧抓住此时、此刻、此处。我们此刻慢慢

1 Lucrèce, IV, pp. 1094–1096.

就瞥见了萨特的爱抚，当然是古典版的爱抚。

接着，如果你想遇见这个身体，你得自己费尽心思地识别，虽然费劲，却一定可以识别出来。[1]你不用担心飘浮着的拟像的打击，这打击无情，甚至残酷，且是随机的。你可以控制自己的动向、自己的欲望，像一个猎人、渔夫或军人。如果不那么寓意地表达，就是要像真正的罗马人那样，去城里用晚餐，在剧院、马戏团、集会场地、战神广场和花园里跟人约会。我们就在维纳斯之城，全世界最美的女人都住这儿。罗马是一座迷宫，需要用脚丈量，每一个角落都很适合巧遇。罗马是你的，花时间去探索吧！卢克莱修认为应该逃跑、躲避、压抑对对象的爱，因为这样的爱一开始让人震惊，接着就逼迫我们。奥维德的建议不是这样，他反而认为我们应该起身去寻找她。这两者的态度，南辕北辙。

最终，当你投身于这个世界，寻找年轻女性，你将会选择一个个体，用言语让她变得特别，甚至独一无二。实际上，你将对她说的是："你是我唯一喜欢的人！"说话，这一行为，把听者放在与众不同的范畴内，爱的宣言让奥维德世界中的施爱者的努力得到了奖赏。偏爱标志着未明确指向特定某一个人的欲望转变为爱情，把爱之对象和其余所有人区分开来。这种偏好，我们前面已经看到过了，它对18世纪的哲学非常重

---

1 Ovide, *L'Art d'aimer*, 1, 35:《*quod amare velis reperire labora*》.

要，此时也扭转了卢克莱修的观点。维纳斯不是由任意的拟像击打生理性的接收器，即身体和灵魂而产生。那是深刻、目标明确的注意力。爱慕不是偶然、病态的定格，而是来自于那个人——唯一的她关于幸福的承诺。

这篇论述从头到尾说明的是，欲望是关乎时间的一件事。诱惑，在一天的不同时间里，要用不同的方式进行。抓住机会意味着寻找适于相遇的时间点，懂得选择合适的时机。考验求爱者能力的，就是等待的艺术。在卢克莱修描述的世界中，拟像出其不意地击中你，而都市爱情要求的是耐心，因为让你感兴趣的这个特别的人，你必须等候她对你也产生欲望。对卢克莱修而言，时间导致的，要么是情欲之伤的溃烂，要么就是爱者嗜血般的急躁，这样的施爱者因为担心可能永远无法拥抱没有厚度的影子[1]而绝望。在《爱的艺术》中，时间是求爱者最好的朋友。[2]但愿女人们知道怎样让人喜欢；而男人们知道怎样耐心等待。等候、延迟、等待时机（*morari*）不是消极的耐心，而是积极的。等着这个女人的欲望成熟，来使我们自己的欲望被满足，这样的欲望是“独一”的，霍布斯会这样说。等待奇迹发生。等候的主动性，我们说，在于言语的主动性。这就是最基本的道理。强奸是一种暴力，因为整个过程太快；诱

1 指卢克莱修所描述的既是空气又是实体的身体/镜像，即被爱者。——译者注

2 Ovide, *L' Art d'aimer*, pp. 3, 473–447《[*mora semper amantes incitat*]》; 3, 752 [*maxima lena mora est*]. La sensualité demande également que l'on ne se presse pas en faisant l'amour (2, pp. 717–718).

惑则是合理地使用了话语的时间。

因这样谈论爱情的方式，我们让自己处于对象的位置了，萨特会这样说。更确切地说，是充满魅力的对象，努力引起他人的欲望；也是意味深长的对象，通过话语，致力于诱惑他者。

奥维德，伊壁鸠鲁主义者

卢克莱修的思想，是伊壁鸠鲁思想的高雅普及版本。[1]伊壁鸠鲁思想的核心就是享乐（*voluptas*）。在《物性论》这部长诗中，性、性欲和爱情看上去好像与快乐没什么关系。性行为被化约为借着女人的生育能力而进行的自然受精，要尽快结束，不需要无用的扭动。[2]然而，排出精液确实带来生理性的快感。在这个激情的躁动中，有非常短暂的快乐，但是很快，暴躁又回来了。[3]性交间歇性地缓和了欲望的压制。但剩余的一切，都带来伤害：从拟像给心灵带来的伤口开始，到伤口的溃烂。欲求不满、失望后悔、焦虑、欺骗……这一切充满了忧虑和悲伤。爱情的味道很差，即使在最享受的时刻，

1 Et pour un lecteur sublime, comme le remarque Gianbiagio Conte, *Generi e lettori: Lucrezio, l'Elegia d'amore, l'encyclopedia di Plinio*, Mondadori, 1991.

2 Lucrèce, IV, pp. 1263–1277 关于卢克莱修作品中身体的概念，我们参考 Mayotte Bollack, *La Raison de Lucrèce. Constitution d'une poétique philosophique avec un essai d'interprétation de la critique*, Minuit, 1978.

3 Lucrèce, IV, p. 1117.

仍然带着一丝苦涩。[1]

伊壁鸠鲁建议在向爱神让步前，要三思。他把激情和快乐分开来谈，这样的分开论述只出现在这个建议中，因为必须要计算清楚给自己和他人生命带来的副作用。他对一个年轻人这样说："你让我知道，为了爱情的关系，你肉体的运动是非常慷慨的。这只与你有关。如果你不推翻法律、不动摇现有的习俗、不让你身边的人苦恼、不纵欲过度、不牺牲掉生命必需之物，用你自己的方式满足你的喜好。然而，要想不触及上述的那些禁令是不可能的。关于爱情的事，从来就不是只有益处的，必须要在不伤害我们的前提下，享受它。"[2]正如所有的快乐，情欲的乐趣不能带来痛苦，至少要尽可能地避免痛苦。这种后果的评估，就是享乐主义的计算，或称为"抵消"，我们在罗马哲学和文学里读到的伊壁鸠鲁学者如此定义。"关于快乐，伊壁鸠鲁教导的就是所有这些，"西塞罗（Cicéron）说，"人们认为总是应该期望、寻找快乐，即使在自身之内也是如此，因为这是让人享受的，同理，必须要逃避痛苦，因为那让人苦不堪言。只是，智者练习的是抵消，如果快乐导致的痛苦更大，那么就逃避快乐；他为了获得更高的快乐，忍受痛苦。"[3]

---

1 Lucrèce, IV, p. 1134:《*surgit amari aliquid*》.

2 Épicure, *Sentences vaticanes*, 51.

3 Épicure, *Lettre à Ménécée*, 129; Cicéron, *Tusculanes*, 5, p. 95.

卢克莱修推得更远：他把生理的性行为和偏爱的爱情分开来谈——爱情是让你生病的一种激情[1]。最初的激动就是一个伤口，而这伤口会越来越痛，除非我们很快地把这个激情转移至另外一些引起人欲望的身体上，不用管这些身体是谁的。只要我们把激情锁定在一个独一的人身上，就是病态的。所以我们需要的对象是泛泛的、多个的、匿名的。

> 但，应该逃避拟像，拒绝喂养爱情的饲料，以及把注意力转向别的东西。流液可能会累积，我们需要不保留地把它排泄出去；随便找一个人，通过对他一次性的爱情——他也只要这一次，释放积液。不要自己保留着混乱和必然会临到的痛苦。如果没有新的撞击减缓最初那些伤口的溃烂，或四处寻找放纵情欲的机会去治疗所受的新伤，或成功地纠正心灵运动的偏差，你的伤口就会越来越严重，

---

1 P. Vesperini, *La philosophia et ses pratiques d'Ennius à Cicéron*, École française de Rome, 2012, pp. 354-355: 这三个信条（快乐是最高的善，不参与政治，不信诸神）并不适合出现于一部献给罗马人员议员的叙事诗中。因此，在第三卷对伊壁鸠鲁的颂赞中，享乐（*voluptas, gaudium*）被优点（*commoda*）代替，这让伊壁鸠鲁的学说看上去比较安全（西塞罗在《反皮索之辩》即 *Contre Pison* 中称之为油腔滑调的说辞），也更让人容易接受。同样地，情欲之乐应当被弃绝；而事实上，伊壁鸠鲁的半身像或许在他还在世的时候就已经被立在帕福斯的阿弗洛狄忒神殿中，他本人并没有构想出除‘阿弗洛狄忒的快乐’（尤其没有排除这种乐趣）之外的善：在他的花园（据称伊壁鸠鲁学派居于伊壁鸠鲁的住房和庭院内，与外部隔绝，因此被称为‘花园哲学家’）里至少有六位高等妓女，包括 Léontion（据传是伊壁鸠鲁的情妇，古希腊时期最美的女人之一），是他和麦特罗多洛（Métrodore）所爱的。其实，卢克莱修所选择的伊壁鸠鲁文集的大部分，都来自伊壁鸠鲁的物理学。以至于如果我们只参考卢克莱修去理解伊壁鸠鲁的教义，我们得到的是前苏格拉底物理学的一个变体，而不是从伊壁鸠鲁伦理学延伸出来的神学教义，而后者才是伊壁鸠鲁最注重的。

被喂养而扩大，一天天过去，你会越来越暴躁、焦虑[1]。

一个身体的外皮/薄膜击打了我们，而我们利用其他身体转离这个身体，是唯一的治疗方法——这个疗法非常彻底。不存在别的处方，例如旅行、去乡下、透透气。哀歌诗人在自己身上尝试了这种自我疗法。伊壁鸠鲁主张：为了让激情消失，应该取消约会、会面、共同的生活[2]，又简单又方便。但是，对卢克莱修而言，不存在替代药物。我们需要把拟像连根拔起，抵挡一切喂养爱情的东西，尤其应该改变精子的运动轨迹。这绝不让步的口气，让我们想起斯多葛主义，而不是伊壁鸠鲁。卢克莱修强调爱情这一疾病的病势发展迅速，必须在焦虑和痛苦占据地盘之前，立刻行动。要非常快，否则为时已晚。但与斯多葛主义者不同的是，卢克莱修强调了性的用途：为累积的精液找到别的发泄途径。

嫉妒，对卢克莱修而言，一个爱上别人的男人，必须是嫉妒的，因为不可能完全占有所爱的存在。首先，通过拥抱、亲

---

1 Lucrèce, IV, pp. 1063-1073:《*Sed fugitare decet simulacra et pabula amoris absterrere sibi atque alio convertere mentem et iacere umorem coniectum in corpora quaeque nec retinere semel conversum unius amore et servare sibi curam certumque dolorem; ulcus enim vivescit et inveterascit alendo inque dies gliscit furor atque aerumna gravescit, si non prima novis conturbes volnera plagis vulgivagaque vagus Venere ante recentia cures aut alio possis animi traducere motus.*》威廉·菲兹杰拉德（William Fitzgerald）强调了卢克莱修关于爱情的警告和他的运动理论之间的关联。他认为卢克莱修把空间里的两种运动对立起来：一种是确定对象的爱情和过度恋慕；另一种是流动性的情欲和游走的欲望。前一种是病态的，而后一种是释放性的。参考《Lucretius'cure for love in the *De rerum natura*》, *The Classical World*, 1984, 78, pp. 73-86.

2 Épicure, *Sentences vaticanes*, p.18.

吻、啮咬而刺穿和吸收他人身体（拟像）的欲望，是徒劳无功的。其次，事实证明在爱情中谎言肆虐，笑容暧昧、暗送秋波、半推半就，这些都是爱情经验的完整性必不可少的一部分[1]。当我们陷入爱情中，我们就必须面对掩饰、谎言、欺骗。因为我们期待情爱接触中的水乳交融，最后我们只能失望。因为拟像到处飘浮、为所有人飘浮，欲望就四处流窜。因此，嫉妒从根本上来看，就是脆弱的。爱情，我们前面说过了，只要精子专注于一个独一的身体，就变成病理性的。这里既没有相互性也没有满足感。我们生病了，就是这样而已。四处流转的维纳斯，作为物理性、也是唯一的解毒剂，成为打破这僵局的关键。来吧，愿我们追随原子的舞姿！

奥维德重新定义了所有这一切：性是一种享受，爱的艺术可以使其达到顶峰——从“爱情自卫队”充满乐趣的变化（尽心尽意地引诱、讨好）到竭力让心爱的人过上愉快的生活（交谈、歌唱、跳舞、游戏、散步……一切可能让对方高兴的方式，绝不抱怨），再到对不忠麻痹、狡猾的处理方式（为避免羞辱，绝不解释），最后到水乳交融的床笫之欢（这里是彼此分享的欢愉）[2]。而嫉妒，尤其应该接受深层次的治疗。人们不

---

1 Lucrèce, IV, pp. 1137-1140.

2 Ovide, *L'Art d'aimer*, 2, pp. 107-372.第二卷大部分描述一对恋人确定关系之后，怎样持续保持爱情的方式，重点在于保持温柔、容忍、殷勤、奉献、崇拜。关于保密和谎言：2, pp. 389-424.关于情欲的快乐：2, pp. 703-744; 3, pp. 769-808.关于奥维德思想中的快乐，我们参考T. Habinek,《The invention of sexuality in the world City of Rome》, *in* T. Habinek et A. Schiesaro (éd.), *The Roman Cultural Revolution*, Cambridge 1997, pp. 23-43, surtout pp. 30-36; C. Lévy,《Aimer et souffrir: quelques réflexions sur la "Philosophie dans le boudoir" de l'*Ars amatoria*》, art. cit.

可避免地都会不忠[1]。爱情带着翅膀，实际上根本不可能避免它飞走；女人并没有比男人更忠诚。这毫无疑问。然而，爱情导师解释道，夫妻可以经营永续的关系——只要双方可以抵抗求知的欲望和自夸的虚荣心[2]。爱情没那么容易的，它有一个伤口，名叫“病变”。但诗人会学习如何从这个伤口获得快感。他的艺术，是麻痹的艺术。

《爱的艺术》重现了伊壁鸠鲁原始的享乐主义。在西塞罗的对话中，诗人贺拉斯（Horace）和其他人物以伊壁鸠鲁之名发言，奥维德的言论并不啻于这些言论，一贯性地拥抱、支持快乐的理由。他这样做是随性而致。思想大师没有被委任却这样做，他的权威也没有被认同，但伊壁鸠鲁哲学的精华都在这里了。满足、喜悦、欢愉、对欢愉的感激之情，整部诗充满了这些情感，四处可见快乐这个词，对性行为的描述很是详尽。奥维德建议的情爱方式，非常类似于萨特提倡的爱抚[3]。那至于痛苦呢？搞清楚，并控制它，人们有时甚至假装痛苦。对于痛苦，我们无所畏惧。对于嫉妒，也是如此。

接受生理的性行为，但付出一切代价避免爱情，因那是无法治愈的痛苦——这是卢克莱修的教导。寻找快乐，以一切为乐，包括你能够转变为愉快的痛苦——这则是奥维德的主要姿

---

1 Ovide, *L'Art d'aimer*, 2, pp. 17–20.

2 G. Sissa, *Sexe et sensualité. La culture érotique des anciens, op. cit.*

3 Voir V. Rimell, *Ovid's Lovers: Desire, Difference and the Poetic Imagination*, Cambridge, 2006, pp. 89–94, 从这本书中可以看到爱抚的重要性。

态。对前者而言，快乐很快会转化为痛苦，而后者认为可以利用一切获得快乐。奥维德仿佛在挑战伟大的卢克莱修——他的榜样，然后击败他。伊壁鸠鲁真正的继承者，是奥维德。他才是真正了解享乐，明白事物本质的人。

从这个观点来读《爱的艺术》，我们会看见超越文学和意识形态的文化面貌。如果爱情可以被教导、掌握、陶塑，那么你需要的是关于语言、时间、运动、真理、虚构、痛苦和愉快的新观念。你需要一个新的伦理观。你就是一个哲学家了。

痛苦、愤怒和爱情

奥维德和萨特对于性爱的观点非常相近，虽然罕见，却很有趣，因此，到目前为止，我们把他们放在一起谈。现在是时候把他们两个彻底分开了。我们一旦开始谈论嫉妒，罗马诗人就领先了一步。我们无法连根拔起嫉妒，不能为其辩护，它是令人兴奋的，又那么自然，它就是爱情经历中不可或缺的一部分。爱情长着翅膀。但，重要的是不能表现出不忠。不忠实非常残忍，具有灾难性。那么永别了，透明化[1]！

嫉妒对奥维德的享乐主义是个极端的挑战。我们想要的是

1 前文已指出，萨特认为爱人之间要透明化以防嫉妒，而奥维德的观点是为了不给对方带来痛苦，即使发生了不忠的事，也要极力掩盖。——译者注

快乐、有趣，持久的关系，还有暗地里“偷腥”。只是，这样的快乐不能建立在别人的痛苦之上，而这痛苦是必然、可预期的。那就是情欲的愤怒。

“我好心痛，爱情与愤怒一起，从心里爆发出来。”许普西皮勒，伊阿宋的第一个妻子，如此坦言。当时，美狄亚从她手中夺走了伊阿宋[1]。一个女人，若当场把自己的情人和情敌抓奸在床，她自然一定会愤怒，就如被狗袭击的野猪、被人威胁了幼崽的狮子或被打扰的毒蛇[2]。受伤的女人怒火中烧，她无法控制，像酒神的女祭司一样四处冲撞，脸上毫无遮掩地写着心里的仇恨[3]。这样的反应自会带来始作俑者的厄运。奥维德非常理解愤怒的动力，这正是他希望让那些忽略愤怒的人明白的。唯一与之和解的方式在于——快乐，让人快乐，不让人痛苦，自己也不要痛苦——这就是爱的艺术。

奥维德眼中的嫉妒，既不可笑，也不会带来杀戮，只是爱情游戏中的一个环节。这样，为了让一段稳固、却不冷不热的爱情重燃热情的火焰，应该要唤醒猜忌。然而，如果被发现不忠，应该否认事实，并且做爱。舞台上的嫉妒，苍白、抓痕、忧郁的眼神、蓬头散发、满脸泪痕，这一切，应该让恋人高兴。这样愤怒的人是多么幸福啊！诗人幻想着这里有自己的

1 Ovide, *Héroïdes*, 76:《Hypsipyle à Jason》.
2 Ovide, *L'Art d'aimer*, pp. 373-377.
3 Ibid., 2, pp. 378-380.

位置。任凭这愤怒发作吧！让他的脸上覆盖眼泪与吻痕吧！尤其，让他做爱吧！更长时间、更有激情地做爱吧。床属于孔科耳狄亚女神和卡里忒斯三女神。性行为从来不是机械性的，而总是情色的。它拥有最高权力，让活物，尤其是人类连接在一起，和平相处。文明史就是这样开始的，从维纳斯的工作开始。但愿欢愉来把情欲的愤怒转变为情欲之爱。这部诗让我们像追踪实时报道一样跟踪此转变的整个过程。亲吻脸上挂着泪珠的人儿吧！让哀哭的人享受维纳斯的欢愉吧！然后和平就来了。愤怒只有用这种方式才能平息。[1]用愉悦平息愤怒女人的剧痛吧！这是唯一有价值的处方[2]！

听起来非常简单，但文学史中充满了笨拙的人、粗鲁之辈和无能者，以至于四处可见流血之事、愤怒的惨剧。为什么？为什么有如此之多弃妇的辛酸血泪史？为什么她们用谋杀报复或自杀而终？那是因为，在这之前，人们还没有发现爱的艺术[3]。通过奥维德的新诗，他废除了两种关于情欲之爱的言论：哀歌和无止境的哀伤；悲剧和其中复仇的怪物。克吕泰涅斯特拉在亲眼看见卡珊德拉之后，刺杀了阿伽门农。普罗克妮因她

---

1 Ovide, *L'Art d'aimor*, pp. 459–460:《*oscula da flenti, Veneris da gaudia flenti, pax erit: hoc uno solvitur ira modo*》.

2 Ibid., 435–490. 这段长篇幅的叙述以一个邀请结束："那么去吧！让那些愤怒的女人们服用强效的药剂。唯有这些药剂能够平复狂风暴雨般的愤怒，它们比马卡翁（Machaon，医神之子，著名医师）的药汁更加灵验。"

3 Ibid., 3, 41–42:《Vais-je dire ce qui causa votre perte? Vous ne sûtes pas aimer. L'art vous manqua. C'est l'art qui perpétue l'amour [*Quid vos perdiderit, dicam? Nescistis amare; defuit ars vobis; arte perennat amor*].》

的丈夫铁流士国王与她妹妹上过床，而把自己和丈夫所生的孩子做成菜肴让铁流士享用。当然，不可避免地，他还提到了美狄亚。

“狂怒的法希斯人（指美狄亚。科尔喀斯的主要河流叫法希斯，而美狄亚是科尔喀斯的公主），”我们的导师如此提醒我们，“为了报复伊阿宋的不忠，报复他对婚姻誓约的冒犯，甚至将自己的亲生儿子杀死。”[1]奥维德理解美狄亚，这正是我们的期待。他所说的就是愤怒的剪影。愤怒中存在着一种正义。“维纳斯一旦受到伤害，就会以牙还牙、以眼还眼，让伤害她的人尝尝她所受的痛苦。”[2]毋庸置疑，错在于出轨的人。谨慎的恋人们，要小心这些报复行为。所以，要好好掩饰偷腥的行为，小心不要吹嘘自己所做的。[3]

为了少忍受一些痛苦，女人需要学习很多；同样男人也应该学习让自己快乐的艺术，避免愤怒的痛苦。要理解这一点，我们必须要读一读《女杰书简》(*les Héroïdes*)，奥维德用书信独白的形式，写了这些微型悲剧。在这些诗中，神话文学中的重大角色写信给他们的恋人，如迦太基女王狄多、阿里阿德涅公主、美女海伦、萨福、俄诺涅女神、德伊阿妮拉、许普西皮

1 Ovide, *L'Art d'aimer*, 2, pp. 381–382:《*coniugis admissum violataque iura marita est barbara per natos Phasias ulta suos*》.

2 Ibid., 2, p. 399:《*laesa Venus iusta arma movet telumque remittit et, modo quod questa est, ipse querare facit*》.

3 Ibid., 2, pp. 373–408.

勒、美狄亚……这些女人都被抛弃了，大多数都是因为另外一个女人而被爱人抛弃。她们运用正常信件的格式，以第一人称写信给那些让她们饱受苦楚的男人们。我们仿佛身临其境，体验着令人撕心裂肺的痛苦、孤独、愤怒，但让她们变成这样的男人并不在场，或者不知道如何安慰。

“我看见一个女人的脸孔，我的心止不住地颤抖着。”俄诺涅这样写给帕里斯王子。她看到的脸庞，是在轮船甲板上的海伦，这艘船把这对有奸情的男女载去特洛伊。海伦正紧紧抱住她的恋人。看到这一幕，俄诺涅的愤怒溢于言表：撕裂衣裙、用力地捶胸、指甲深陷于脸颊，一面嘶喊着，一面疯狂奔走，眼泪如断了线的珍珠[1]。接着轮到美狄亚讲述了，她总是起到示范作用。当她听到献给伊阿宋和他年轻新娘的赞歌时，先是胸口仿佛吃了一记闷棍，接着每况愈下。她的一个孩子，天真欢快地叫她走近一些观看美好的庆典：“妈妈，看哪！爸爸在那里，全身都是金饰，带领着他的礼队向前。”她就爆发了。撕裂衣服、捶胸顿足、不断抓破自己的脸[2]，祈祷、恳求归还她床的公平啊！让这个男人回到她身边吧，他是她的全部呀！可是等来的，却是沉默。伊阿宋沉浸在新婚之喜中，没有回应她。“当然，”美狄亚说，“我不知道那是什么，巨大的力量在搅动

1 Ovide, *Héroïdes*, pp. 65–74:《Œnone à Pâris》.
2 Ibid., pp. 141–154:《Médée à Jason》.

我的心灵。”[1]“我不知道那是什么。”他说，但我们很清楚是什么在暗潮汹涌。我们知道后面发生了什么，尤其在塞内卡的版本中，这几个字正确的哲学含义可不会逃过他的眼睛。

我是怎么建议你的，你却不听我的话——你自己看看后果吧！事实上，我们已经知道结局了，不出意外地以悲剧收场。向爱你的女人大肆展现你的征服欲；没有想着用温柔包围她、用性吸引她；在你侮辱了她之后，还不担心痛苦、愤怒、爱情的混合物将给你带来的爆炸性后果；那么，你只要再去读一读传统悲剧的描述就会知道你自己的下场。把这样的女人晾在一边让她自己一个人，视而不见她不言自明的忧伤；充耳不闻她如此感人的呼求、用你们共同的经历来控诉你，那么，你就等着瞧吧！有时，你自己要为这一切买单。赫拉克勒斯毫不顾忌德伊阿妮拉把伊俄勒（Iole）带回家，并让她全身披戴金饰、打扮得光鲜亮丽、带着幸福的光环，于日光之下游走在全城人面前。对手获胜了！德伊阿妮拉向来忍受丈夫在外拈花惹草的传闻，此刻突然面对这不容置疑的、辉煌的公开游行，一切不再是传闻了。她求助于她认为的爱情药水，然而这药水的配方却是毒药。[2]如果赫拉克勒斯和德伊阿妮拉读了《爱的艺术》，他们就会学到应该避免这类药物，只有一种药是有效的，就是维纳斯的欢愉，明智的男人知道如何给恋爱中的女人用药。

---

1 Ovide, *Héroïdes*, p. 212.

2 Ibid., pp. 119-136:《Déjanire à Hercule》.

快乐的艺术

我们只有更深地挖掘《爱的艺术》的教育背景，才能更好地欣赏它。当诗人玩怨声载道的爱情诗——也就是哀歌游戏时，他是如何表现的？他扮演的是书中的哪个人物呢？

在《爱情三论》中，诗人已经用自己的方式经历了这个激情。他不仅承认遇到的每个女人身上都有一些小小的特点让他动心，还表现出语言的创造力，也就是他在《爱的艺术》中推荐过的技能。他把每个女人的特质（其他人可能会认为是缺点），改变成特别能引起他欲望的理由。这是一个赋予的练习，如果可以这样说的话，就是把缺点"翻译"成优点。他的欲望不是单纯地从一个女人转移到另一个女人，而是从一个细节到另一个细节。诗人说，他的爱情极有野心、充满欲望、兼容性很高。[1]不管什么都足以让他感动。[2]"不是某种确定的美，让我产生爱情。总是有上百个理由，让我爱上某人。"[3]爱情的连续性与他持续变化的多样性兼容并蓄。会让他产生性欲[4]的，不是一个身体客观、不容置疑的美丽，而是欲望的缘由，那不确定的、主观的，却也是非常强烈的理由。每个细节都带着强烈

1 Ovide, *Les Amours*, 2, 4, p. 49.

2 Ibid., 31:《*causa tangor ab omni*》.

3 Ibid., 9-10:《*Non est certa meos quae forma invitet amores. Centum sunt causae*》.

4 Priape，普里阿普斯，是希腊神话中的生殖之神，他是酒神狄俄尼索斯和阿佛洛狄忒之子，是家畜、园艺、果树、蜜蜂的保护神。他以拥有一个巨大、永久勃起的阴茎而闻名。——译者注

的情欲意味，要么是那个女人的服饰、舞蹈、歌声、性感的身体线条吸引了他，要么是诗人自己营造了细节，用自己的想象和愿景制造了情欲效果。有时，诗人仅仅就是停下来不再描述，直接走向自己欣赏的那位女性。

这里，我们已经可以捕获到一个正在行动着的聪明、谄媚、迷人的爱情高手。这里，已经可以感受到诗人的爱情是怀疑论的、相对的、纵欲的、雄辩的、艺术的，也是愉快的。他也是好嫉妒的。一次晚餐时，奥维德假装在睡觉，却发现了自己的情人科琳娜（Corinne）与另外一个宾客在偷情。他们以为他睡着了，带着强烈的意图交换眼神、互相交谈、用手指蘸了酒在桌上写字交流，最终接吻。引起欲望的那些细节，同样导致痛苦。东张西望的眼神、被酒浸湿描绘字母的手指、缠绕在一起的舌头，这些都成了折磨。他努力不让自己去看，然而还是通过半闭的眼睛，看到了所发生的一切[1]。他将进行复仇。他的情人怀疑他与自己的侍女出轨。他竭尽全力否认，只是之后我们会在另外一部诗中读到，科琳娜完全没错。

因此，奥维德的哀歌，是讽刺性的。女人并非以其整体出现。她们多得数不尽，以部分、微小、可能微不足道但足够独特的姿态出现，欲望就攀附其上。不忠是存在的，嫉妒当然也存在，这两者相辅相成。最好的防御方式就是严守秘密。最好

---

1 Ovide, *Les Amours*, 2, p. 5.

闭上眼睛，绝不承认自己偷腥。这是爱情导师自己亲身经历的教训。

当爱情伤害了你

为了治疗爱情中的痛苦，奥维德写了一本“处方”作品。《爱药》（*Les Rem èdes à l'amour*）让我们忘记《爱的艺术》中的教导[1]。乍看之下，我们可能会认为这本书让我们否认快乐，重拾爱情是悲惨、病理、致命的这样的观点：爱情是一种需要被治疗的疾病，诚如卢克莱修所言，至少应该被预防；若如那些哀歌诗人所言，就是间歇性的痛苦。有人可能认为，奥维德在编织了爱的赞歌之后，写一曲对爱情的批判，这样，《爱药》与《爱的艺术》就构成了某种修辞学的练习。这是错误的观点。因为这些诗句延续了同样的叙述理论。爱情一直都是一种快乐，但在具体处境中，它可能会变成痛苦。这些处境，总结起来就是他者的不忠。在这种情况下，应该马上断绝恋爱关系。

一旦关系让我们感到痛苦，为了停止痛苦，我们必须停

1 Sur les *Remèdes*, on verra G. Rosati,《The art of *Remedia amoris*: Unlearning to love?》, *in* R. Gibson, S. Green et A. Sharrock (éd.), *The Art of Love: Bimillenial Essays on Ovid's* Ars amatoria and Remedia amoris, Oxford University Press, 2006, pp. 143–165.

止相爱。因此，诗人主张的疗法并不是反对爱情[1]，而是反对我们无法承受的爱情，因为这个女人背叛了你，不配拥有你的爱情[2]。我们可以想象，假设你的情人没有学会《爱的艺术》中的教导而放肆地对你不忠。这种不忠有可能只是笨拙，就如同《爱情三论》发生的情形一样：她以为你睡着了呢，而你仍瞥见了所发生的一切。嫉妒，同不忠一样自然，只是当我们看见的时候，就受伤了。

这时就需要玩享乐主义真正的计算游戏。为了寻求解脱之道，那么离开痛苦，离开不去忍受暂时的忧伤——这忧伤不可避免却是可以控制的。"为了让一切都很好，你将忍受许多难以忍受的事……而这个目标，就是让你的心灵一切都很好，为此你会拒绝容忍任何事吗？"[3]当你应用治疗的艺术时，你会找

1　露丝·罗瑟斯·卡斯通（Ruth Rothaus Caston）谈及爱的治疗这个主题时，把几个诗人（提布鲁斯、普罗佩提乌斯和奥维德）和几个哲学家（卢克莱修、西塞罗笔下的一些斯多葛主义者）两个阵营进行比较。她强调他们之间的相似性，还有两个领域最终不同的走向：哲学家推荐的是哲学观点，而诗人们以无力自愈为乐，而且更加依靠他们自己的诗歌疗愈（*The Elegiaic Passion: Jealousy in Roman Love Elegy*, Oxford University, 2012, pp. 29-47）。她的研究非常有价值，但削弱了奥维德的论点。奥维德与其他哀歌诗人不同。《爱药》本应非常有效，可惜的是它只在女人们让诗人开始痛苦的时候，专门推荐给这些女人们。奥维德眼中的爱情，不是一曲凄婉、注定失败的"哀歌"，而是一种快乐，尽管有时这样的快乐转变成痛苦。这种时候，就该好好按照《爱药》的处方服用了。露丝·罗瑟斯·卡斯通还认为《爱药》教导痛苦的情人如何摆脱自己的激情，这是对西塞罗和卢克莱修的哲学的回应。奥维德把这些哲学家的观点（保持距离、换换空气、寻找别的伴侣）"融合"进他自己的思想里。"从根本上说，奥维德没有脱离哲学家使用的方法，当然除了他也站在哀歌诗人的角度给予建议这一点。"（*The Elegiaic Passion, op. cit.*, pp. 34-35）。奥维德也不同于其他任何哲学家。他既不认同斯多葛主义的伦理学，也不认同卢克莱修令人焦虑的伊壁鸠鲁学派。

2　Ovide, *Les Remèdes à l'amour*, pp. 15-44.

3　Ibid., p. 226:《*Ut valeas, multa dolenda feres*》; p. 231:《*Ut valeas animo, quicquam tolerare negabis?*》

到新的乐趣，比如园艺[1]，但肉体享受仍然是有吸引力的[2]，只是，从此后，它会让人心碎。这是西塞罗所说的“抵消”的字面应用。智者，应该“躲避会引起更大痛苦的快乐；他忍受会带来更高一级快乐的痛苦”[3]。

《爱药》的策略，基于缓和的伊壁鸠鲁主义，《爱的艺术》亦遵循着同样的教训。以同样的精神，奥维德认为我们有能力先做爱，然后不再做爱。我们尽一切所能让爱情真实。而之后，年轻女人非常有可能不再配得上我们的爱。接着，我们就得竭尽全力退回到初始阶段。没有人对痛苦免疫，但我们可以自我治疗。仍然坠入爱河的诗人自己已经测试过处方，他知道非常有效。正如爱情由习惯和时间建造起来，同样可以用时间和习惯来解构爱情。同理，假装的爱情可以变成真的，这样，“假装的健康会变成真的健康”[4]。虚构的可以制造真实，这怀疑论的理论并没有改变，爱情总是不断地改变，对爱情的这种信念也没有改变。

因此，嫉妒不是爱情隐藏的脸孔，它不断地折磨着你，你则一直需要警惕它。这是卢克莱修悲剧式的伊壁鸠鲁场景。而奥维德，我们在前面读过了，重新思考了这一切。他引导我们不把注意力放在那些变成“舞步清单”的微笑和眼神上，我们

1 Ovide, *Les Remèdes à l'amour*, p. 197.
2 Ibid., p. 103, p. 138.
3 Cicéron, *Tusculanes*, 5, p. 95.
4 Ovide, *Les Remèdes à l'amour*, pp. 497–504:《*Qui poterit sanum fingere, sanus erit*》.

要懂得如何玩弄未明确指向特定某一个人的欲望，并假装什么都没有发生。与此同时，他邀请我们避免在对方面前暴露我们的不忠，同时要让对方感受到潜在的威胁性，这可以使过于熟悉的对象重燃激情。不忠绝不能成为残忍的事。嫉妒应该是欲望运动的调剂品。但是，不忠和嫉妒还是可能作为突然发生的事件临到我们头上。如果欺骗和不专一让我们备受打击，那么就应该断绝精心培养的关系。

爱情和真相

卢克莱修的言论，不仅藐视构成爱情的本体，还尤其藐视了爱情的天性：欺骗。爱情和真相是不相容的。爱情造成影像和实体之间的认知混乱，以及感知上真实的错误：完全的盲目。而这视觉的障碍反过来让我们变成说谎者。一个人坠入爱河，总是从把影像当作实体开始。于是，不管这个实体的客观现实如何，他仍继续观看、述说这个影像。这样一来，皮肤黝黑的女人，有着健康的“蜜色”；又脏又臭的女人只是“不修边幅”；又高又壮的女人是魅力无边的胖嘟嘟的造物；矮小的女人则是“美惠三女神”般的“小巧而精致”[1]。这些赞美的言

1 Lucrèce, IV, pp. 1153-1170.

语，大多是罕见、优雅的希腊用语，强化了视觉的扭曲效果。爱情使人瞎了眼，却没有让人变成哑巴；正相反，它赋予你极佳的口才。你注视着你爱的对象，崇拜她，赞美她。你用不完全属于这些女人的品质赞美了她。[1]爱情产生于细节处，尤其在形容词当中。

在卢克莱修看来，哀歌中记载的赞美、夸大、奉承，代表的是书写的结晶，并且只有在此基础上才合理。卢克莱修的诗毫不留情地指出卡图卢斯、普罗佩提乌斯、提布鲁斯对所爱女人的赞美过分夸大。“在很多人眼中，”卡图卢斯说，“金蒂阿（Quintia）很美。在我看来，她皮肤白皙、身材修长挺拔。这些优点每一样我都很欣赏，但我不会说她很‘美’。她虽然身材高大，却不具备美与惠的品德，也不是小巧而精致。只有莱比亚（Lesbia），是所有美人中最美的一个，唯有她，散发着无尽的美丽。”[2]

突然间，一切听起来都那么虚假，就如同在歌剧院一样。“高大的，都是庄严的；矮小的，都是可爱的”，关于女人，《唐·璜》中的莱波雷洛如此唱道，这话可比卢克莱修还讽刺呢！“尽管她穿了短裙；但你知道他做过什么！”唐·璜感兴趣的就是这类女人。在卢克莱修看来，这就是拟像打中了一个血气方刚的少年人：这就是情欲！完全不需要以个体的特殊性

1 Lucrèce, IV, p. 1154:《*et tribuunt ea quae non sunt his commoda vere*》.
2 Catulle, *Poèmes*, p. 86.

为前提，一切只不过是为了毫无用处的虚构之物表现出来的病态伪装！贬低个体的特殊性和对品格的美化，立即显出对爱情沉重的谴责。正是这种思想，努力地把局部的光彩带向一种普遍概念——从字面上来看，就是中性化（neutraliser）。此思想模式来自于柏拉图，他教导我们超越特定的肉身化和修辞的可塑性去发现中性的美，也就是美本身[1]。一旦我们达到理型[2]，实体的一小部分、方式和品格都变得无关紧要。

奥维德转变了所有这一切。爱的艺术要求人们持续、绝对地崇拜女人。只有这样，你才有可能说服一个女孩在相互性中回应你的欲望。奇迹之所以存在，就是因为你充满欲求、长篇大论的言辞，刺激了对方的欲望。通过取悦对方，对方最终会爱上你。最重要的，男人们需要知道，所有女人要的，是渴望成为欲望的对象[3]。你要对自己有信心：在征途中，你迟早会成功的。最糟的情况也只是：一个女人坚决反抗，而另一个总会同意的。奥维德爱情理论的基础，就是女性欲望的确定性，女性的欲求（cupido，指过度的欲望）比男性的欲望文明一些，而她们的利比多（libdio，指无节制、任性、过度的欲望）[4]更活

1　Platon, *République*, V, 474c-475a.

2　大写的Idée，哲学专有名词，由柏拉图提出的对于本体论和知识论的一种观点，意为在物质世界背后必定存在的一个实在存在的“理型的世界”。——译者注

3　Ovide, *L'Art d'aimer*, 1, pp. 269-270:《*prima tuae menti veniat fiducia, cunctas posse capi*》; *cf.* 1, p. 343.

4　泛指一切身体器官的快感。精神分析学认为，利比多是一种本能和力量，是人的心理现象发生的驱动力。——译者注

跃、也更容易引起愤怒[1]。卢克莱修基本不关注女性的欲望，他的情欲生理学是为男性身体量身定制的。奥维德提倡恋慕女性，欣赏她们的欢愉，颂赞充满活力的诱惑。渴望成为欲望的对象[2]，让女人一直处于领先的位置。《爱的艺术》第三卷要我们知道的正是这个道理：对猎人、士兵、渔夫来说，鱼儿最终会上钩，他们下钩的位置总是那么巧合地准确。其实，只是时间的问题。

为了达到你的目的，仅仅耐心等待是不够的：你必须培育这个欲望的欲望，你得和女人们取之不尽的虚荣心玩耍。这是一个语言的游戏。你遇到的女人为数众多，各不相同，不可避免地，也总是不完美的。你的赞美得更多才行！别怕用她身上并没有的魅力称赞她。用言语减少、弱化、淡化她的缺点是绝对合法的[3]。奥维德在这点上完全呼应卢克莱修，他推荐大量、甚至过度使用调情的言辞，而不是禁止它们；他认同而不是藐视这样的过度。“如果某个女人的皮肤比一个伊利里亚人的沥青还要黑，我们称这样的女人为‘黑美人’。如果她斜视，我们说她‘像维纳斯一样’。如果她的头发棕红，告诉她，她像密涅瓦女神一样。如果她瘦得皮包骨头、弱不禁风，就形容她体态轻盈。如果她非常矮小，形容她‘娇小玲珑’；肥胖的，

1 Ovide, *L'Art d'aimer*, 1, p. 342:《*acrior libido*》.
2 Ibid., 1, p. 710:《*cupit illa rogari*》.
3 Ibid., 2, p. 657:《*Nominibus mollire licet mala*》.

就形容为‘丰满’。你得用恰当的形容词代替缺点，就会让这些缺点好像都消失了。”[1]

奥维德把委婉的表达当作不可估量的源泉。他抬举这些特别的个体——不管高矮、胖瘦、金发黑发、精心保养或天然质朴、身材优美与否，不应责备这样的抬举，而卢克莱修则非常不认同。用这种方式使用语言，是完全被允许的，这样我们就可以减轻、缩小、淡化缺陷。被容许，因为这是必不可少的：若没有用修改过的修饰语言形容别人的身体，在那些直接、原始的描述下，就不存在诱惑了。因此，必须进行引诱。因为拟像不会从天上掉到你身上，最好奉承那些你想要抓住其欲望的女人们。在卢克莱修看来，语言的功能就是它本身所指的。而对奥维德来说，语言是说客；语言有一个对象，他会因此而高兴。这是合法的，因为无论如何，这些语言的修正不是谎言，而是把最好隐藏起来的缺点转移至一个令人愉悦的优点上，它们有着相近的意思。这样我们再次看到，奥维德以爱情的艺术之名，回应对爱情的理性化。运用意思相近、渐进的语言，话语制造了一个现实，一个并非伪造的现实。话语模塑出一个新的身体，更美更可爱的身体[2]。

奥维德告诉我们，多亏了不断重复这些委婉的奉承，不是真的最终都变成真的了。“假装的人，常常最后都真的相信了。

1 Ovide, *L'Art d'aimer*, 2, pp. 657–662.

2 Ibid., 2, pp. 641–662.

年轻的女人们啊！对那些假装的人宽容一些吧，他们的爱情，起初可能是假的，到最后都会变成真的。”[1]爱情需要时间。时间的长度创造了适宜爱情的真相体制。不存在真或假、真诚或意图撒谎的对立；与其说是这个体制的产物，不如说是从谎言变成了真话。我们向所爱之人表达的形容词起初是过度的赞誉，最终表达了我们的仰慕之情。就是这个，这就是爱情。这是流变（devient）的爱情。因为我们谈论它，它就变成真的了。这就是为什么诗人才是最佳情人。在合适的时机，我们应该让所有这些温柔的奉承之语流于爱人的脸庞、头发、纤细的手指和她的玉足间，就像水流渗入河岸，语言也这样浸入不完美的身体，让身体的表面光滑起来，溶化它的粗糙、让它变得美丽。[2]卢克莱修关于水的比喻，表达的要么是不可能的快乐，要么就是为了适应毫无魅力之人的可用之物。[3]相比之下，奥维德用另一种语言创造了别样的水流。在《爱的艺术》中，字词起到修辞学的作用，这是毋庸置疑的，但也产生额外的具有可塑性的美学效果，简言之，就是比喻。

1 Ovide, *L'Art d'aimer*, 1, pp. 613–616:《*Verus amor fiet, qui modum falsus erat*》.
2 Ibid., 1, pp. 618–620.
3 Lucrèce, IV, pp. 1284–1285.

嫉妒和真相

爱情，需要在时间的流逝中寻找和制造独一性，通过不断装饰细节并将其扩大而形成；这就是奥维德的维纳斯。这就是真相。我们需要先勾勒好这个轮廓，才能谈及嫉妒。

卢克莱修讨论爱情的主题时，曾驳斥了怀疑论者的观点。具体地说，他拆解了他们关于感官的论述。让我们回忆一下：新学院时期[1]的怀疑主义，从公元前1世纪就贯穿着整个罗马文化。西塞罗的很多对话中都说明：批判我们的认知能力非常重要。

怀疑论者认为必须要暂停判定，对感官的引导持保留态度。第一，他们声称，真相不是那么显而易见的；正确或错误的观点与说法之间并没有清晰的区分标志。[2]我们不能相信这些。第二，他们坚持认为，我们从某一特定观点、在一定距离以外、以某种角度感知到的一切——所有这些情况形成了我们独特的经历，而这独特性绝不可能是客观的。卢克莱修否认了这个理论。他说，我们不可能怀疑自己的感知，因为感官感受是不可反驳的。[3]感官不会错，而且从不会欺骗我们——只有当我们诠释它们提供的事实时才有可能会出错。“别大着胆子

1 néoacadémique，柏拉图学院思想流变中的一支，从古学院、到中期学院，到这里提到的新学院派。——译者注

2 Cicéron, *Académiques*, 2, 18.

3 Lucrèce, IV, p. 479:《*neque sensus posse refelli*》.

承认眼睛会看错！”[1]“别把心灵里的恶归咎于眼睛。”[2]总之，我们需要的是避免野兽们才会犯的错误，它们只会定睛看着自己的脚！卢克莱修用柏拉图式的藐视，完全、简单地避开了怀疑论的挑战。[3]奥维德则相反，他承认感官有犯错的可能，并且认为怀疑带来一定的好处。嫉妒的艺术坚持这一点：最好不要什么都表现出来，不要什么都知道。要学习暂停对事物的判定，并且要潜移默化地让对方也这样做。

一方面，奥维德建议不要在恋人面前表现不忠。我们前面说过了，这样做造成了悲剧的后果。另一方面，他甚至建议恋爱中的男人，如果恋人让人跟他说她出门了，而他却在家里看到她本人，那么“还是要认为她已经出门了，你看错了”。[4]相信那个报信的女仆，而不是你的眼睛！一定是你的眼睛搞错了！不确定性是多么宝贵啊。当然最好什么都不知道[5]，尤其不应该努力让事情的真相水落石出。最后，奥维德建议不要在别的男人面前赞美自己所爱的对象，因为他们可能会动心。一个朋友，即使是最亲密的朋友，如果他相信了你的称赞，立刻会成为你的情敌。男人满脑子想的都是快感，

1 Lucrèce, IV, p. 379:《*Nec tamen hic oculos falli concedimus hilum*》.

2 Ibid., p. 386:《*Animi vitium hoc oculis adfingere noli*》.

3 Ibid., p. 462-472. M. Burnyeat,《Protagoras and self-refutation in later Greek philoso-phy》, *Philosophical Review*, 1976, 75, p. 44-69, pp. 57 n. 22. Voir aussi《The up-side-down back-to-front skeptic of Lucretius IV 472》, *Philologus*, 1978, 122, p. 197-206.

4 Ovide, *L'Art d'aimer*, 2, pp. 521-522:《*Dicta erit isse foras, quom tu fortasse videre; isse foras, et te falsa videre puta*》.

5 Ibid., 2, p. 555:《*melius nescisse fuit*》.

尤其是牺牲别人而获得的快感[1]。装饰所爱对象的话语必须保密且低调。明智的做法是不要相信任何人，以防背叛的发生。所以，在这里我们看到恋人话语的另一个作用：赞美的话有能力唤醒欲望。你要毫不吝啬地称赞所爱的女人，但同时也要在潜在的对手面前有所保留，因为世上充满了这样的潜在对手。

爱情是怀疑论的。卢克莱修把理性的比喻解释清楚了。对自然的研究应该已经显明我们错误的原因，以至于我们克服这些，"把所有一切都曝光"[2]。在爱情中，当我们脱下一个女人的衣服，揭开她的拟像美化了的面纱之后，她的真面目显露出来：糟糕的身材、肮脏、比例失衡、口吃、不忠、异味，这才是恋人盲目而独特的赞美言辞真正的目的。奥维德的观点相反，他把"光—暗"理论化。艺术要求人们放弃把一切置于光中，这样的要求既是隐喻，又是物理性的。我们需要尊重某些情况的不确切和模糊性，尤其当涉及背叛的情况时。不要在女仆面前坚持什么！不要碰她的书桌[3]（原文涉及若她写信给情夫，千万不要碰她的书桌，随她来去自由）！

1 Ovide, *L'Art d'aimer*, 1, pp. 737–752.
2 Lucrèce, IV, pp. 1188–1189:《*protrahere in lucem*》.
3 Ovide, *L'Art d'aimer*, 2, p. 543:《*Ne tange tabellas!*》

爱情令人轻信

能够恰如其分地说明嫉妒之爱的艺术的，就是普罗克里斯（Procris）和刻法洛斯（Céphale）的故事。在雅典近郊，有一片风景如画的田园，那里有茂密的森林，狩猎的田地。这个城市传说中的国王厄瑞克修斯（Érechthée），他的一个女儿和迷人的猎人刻法洛斯结婚了。他们两个人在一起同心合意、非常相爱。“爱情赐给我这个年轻的女人。人们都说我很幸福，我曾经确实很幸福。”[1]《变形记》记载了刻法洛斯刚被曙光女神欧若拉不幸掳走时，他如此回忆道。

刻法洛斯去打猎。一天，曙光女神欧若拉看到了他，爱上了他，并把他带走了。但刻法洛斯仍然忠于普罗克里斯：尽管女神很美，他仍然爱自己的妻子。普罗克里斯被留在他的心里，挂在他的嘴边。他对着美丽的欧若拉，只讲述这一件事：他们不久前在婚姻之床上的嬉戏。欧若拉听得不耐烦了，就让他回到普罗克里斯的身边吧，只是他之后要后悔的！在他不安的心灵里，撒下猜忌。如果普罗克里斯背叛了他呢？他已经离开了，而她又那么美丽。最重要的是：“我们，恋爱的人，我们惧怕一切。”[2]刻法洛斯想了想他的惧怕，思考了他相信的和不想相信的。于是，他做了以后会后悔的决定：调查和试探妻

1　Ovide, *Métamorphoses*, VII, pp. 698–699:《*hanc mihi iunxit amo; felix dicebar eramque*》.

2　Ibid., VII, p. 719:《*cuncta timemus amantes*》.

子的忠诚度。欧若拉就帮助他，改变了他的外貌，让他看上去是另一个年轻男人。

披着另外一张脸的刻法洛斯回到自己家中，看望他的妻子。他追求她，攻势猛烈。普罗克里斯的表现无可指摘。她沉浸在丈夫失踪的伤痛中，拒绝了追求她的漂亮陌生男子。她说，她的欢愉，只留给一个人。对哪个好男人来说，这种确认忠诚度的试验会不够呢？刻法洛斯如此自问，接着就承认自己是愚蠢的。可是，在不确定、怀疑的痛苦中，他仍然不满足。他想通过承诺慷慨赠予礼物强逼她同意，他不断加码，普罗克里斯开始怀疑了。然后他愤怒了，亮出自己的身份，严厉地指责那个不幸的女人。普罗克里斯逃走了。这对夫妻被拆散，但后来他们又重新在一起。比过去更加契合，幸福地彼此相爱。他们情欲的火焰与过去一样熊熊燃烧着，彼此建立深厚的友谊，温柔地彼此照顾着。生活重新开始了。

刻法洛斯又去打猎。天气很热，非常热。这个年轻男人很喜欢微风拂过胸膛的感觉，那给他带来一丝丝凉意。在森林里只有他一个人，他玩乐似的跟自己说话，或者说，呼唤着这微风，他喜欢这轻风的抚摸。他唱着："欧拉（即微风，Aura），来这里啊！欧拉，你真是我的快乐啊！"有好事之徒，我们不知道是谁，急着向普罗克里斯报告，她心爱的刻法洛斯应该和某个欧拉有不可告人的关系。难道是欧若拉？角色转换了。现在轮到普罗克里斯怀疑了。她悲伤得快要昏过去了，自言自语地说自己是不公命运的受害者；她抱怨着不忠，担心着并不存在的一桩罪行。她惧怕这个没有实体的名字，这个可怜的女人极其痛苦，好像真的有一个竞争对手存在一样。她时常怀疑，同时希望着听到的是谎言。她拒绝相信蛛丝马迹，而且除非自己亲眼所见，否则绝不定丈夫的罪。这还是刻法洛斯的叙述，他总结道："爱情令人轻信。"[1]

然而，正如奥赛罗、马塞尔或刻法洛斯自己一样，普罗克里斯没有做梦，也不幻想，更没有自己找来这些猜忌。莎士比亚很熟悉这个故事，他会说，她不是天生的嫉妒者[2]。直到这一刻为止，她都完全信任自己的丈夫，是含沙射影的话干扰了她。在她的情况里，问题不在于伴侣是否可靠，而是那些令人不安的话是否合情合理。普罗克里斯不相信这些话，或者更准确地说，希望这些话不是真的。她要去亲眼证实这一切。可怜的人啊！这恰恰是最不应该做的。调查、试探性的确认、测

1 Ovide, *Métamorphoses*, VII, pp. 798-865, 记载了嫉妒的酒神女祭司——普罗克里斯和对着空气歌唱的刻法洛斯之间的故事。关于这一幕，许多研究一般强调其中文学性和文章内部的呼应，或者其他神话版本中人物的性伦理观念。对此的总结，我们参考 F. Brenk, *Clothed in Purple Light*, Franz Steiner Verlag, 1999, pp. 166-175. 另有研究停于符号的诠释，但研究者以诠释学者的角度质疑普罗克里斯作为女性的主体化，参考 P. Lowell Bowditch,《Hermeneutic uncertainty and the feminine in Ovid's *Ars amatoria*. The Procris and Cephalus digression》, *in* R. Ancona et E. Greene (éd.), *Gendered Dynamics in Latin Love Poetry*, Johns Hopkins University Press, 2005, pp. 271-295. 此外还有研究注重幻象，G. Hutchinson,《Telling tales. Ovid's *Metamorphoses* and Callimachus》, *in* D. Obbink et R. Rutherford (éd.), *Culture in Pieces. Essays on Ancient Texts in Honour of Peter Parsons*, Oxford University Press, 2011, pp. 239-261. 约翰森（Johnson）把"*credula resamor est*"，即"爱情是轻信的东西"，翻译为"爱情不是怀疑论的"，这实在过于牵强，他并未真正理解奥维德在文中所强调的怀疑论。

2 Voir L. Starks-Estes, *Violence, Trauma, and Virtus in Shakespeare's Roman Poems and Plays. Transforming Ovid*, Palgrave MacMillan, 2014, pp. 173-183.

试、建立在迹象和分析之上的信以为真，都会毁了爱情。普罗克里斯怀疑，并进行辩论，毫无疑问，她停止了听—说的判定功能，但她仍然过于天真地依靠眼睛的能力。像其他命运多舛的人物一样，例如那耳喀索斯被拟像——他自己在水里面的倒影迷住了，观赏这倒影直到为对它的爱情而死，普罗克里斯追随的，更多是卢克莱修的教训，而不是奥维德的[1]。她就躲在树丛中，监视刻法洛斯，结果最后被他当作猎物刺死了。刻法洛斯的嫉妒伤害了她，她的嫉妒引来了自己的杀身之祸。

《变形记》的故事是《爱的艺术》完美、和谐的共鸣，两者共同绘制出情爱的认知论：要学会容忍疑虑，学习停留在暂停判定之中，因为感知会误导人。关于欧拉的谣言是假的。然而，在田园诗的灌木丛中，猎人、牧羊人、女神所做的，毕竟只有一件事：做爱。这不是首例，读诗的人清楚得很。既然有这么高的背叛的可能性，普罗克里斯就像奥赛罗一样，要“亲眼看见”。要怀疑，但又不能太过、停留在其中，我们需要的是适当的不确定性，而普罗克里斯想深挖到底，让真相水落石出。怀疑主义的悲剧就此展开。这个年轻女人努力用眼睛检测可疑言论的真实性，隐藏了自己；可是就在她移动的时候，不小心发出了模棱两可的声音，而被刻法洛斯听成了别的声音。这个故事让我们看见，在我们正想让真相大白时，我们就做得

1 P. Hardie,《Lucretius and the delusions of Narcissus》, *in* P. Knox (éd.), *Oxford Readings in Ovid*, Oxford University Press, 2006, pp. 123–142.

太多，以至于让感官造成了灾难性的错觉。

爱情导师在《爱的艺术》中就是这样警示罗马的女人："不要贸然相信！过快相信带来的危害多么大！看看普罗克里斯的例子，多么沉痛的教训啊。"[1]刻法洛斯呼喊欧拉，她一听到这样恶意的谣言就失声了。她因痛苦而缄默，她暴怒，她撕裂衣裙、捶胸顿足、抓破面孔、跌跌撞撞、蓬头散发，像酒神巴克斯的女祭司一样四处奔走、无法停下来。我们再一次看到爱情愤怒的剪影。《爱的艺术》试图帮助我们避开的，正是这样的痛苦。这部诗没有谴责你的激情，但是把轻信和感官错误引导带来的后果摆在你的眼前。普罗克里斯不懂得等待，她太急于知道真相。她确实暂停了判定，但暂停的时间不够长。或者，更确切地说，如在《变形记》中刻法洛斯所说："爱情令人轻信……我们，恋爱的人，我们惧怕一切。"诗人纠正了所有这一切：过度相信（不要相信你察觉到的）、惧怕（要相信啊）、着急（学习等待）。

这里勾勒出来的，是一个关于激情的理论。让我们想象一下：如果塞内卡是这个普罗克里斯的作者，她的形象与美狄亚那么相似，他就会主张，从情欲愤怒最起初的那些运动开始，就完全不要认同它们。看看她，这个怪物是如何放任自己发怒

---

1 Ovide, *L'Art d'aimer*, 3, pp. 685-686:《*Nec cito credideris; quantum cito credere laedat exemplum vobis non leve Procris dabit*》. Le récit complet des amours de Procris et de Céphale, que j'ai résumé, s'étend sur plusieurs vers: 3, pp. 683-746. Voir le commentaire de ce long passage dans R. Gibson, *Ovid, Ars amatoria: Book 3*, Cambridge University Press, 2003.

的！压抑它！奥维德不是斯多葛主义者。他邀请我们容忍不确定性，无限期地停留在判定的暂停中，并真实地去考虑保护爱情的到底是什么。他邀请女人们不要落入过快赞同的陷阱中，这样的逻辑与他给男人们的建议是一样的：可能你在家里看见你的情人，而她要别人告诉你她出去了。这只是一种可能。你要对你自己说：她不在家。不要相信你的眼睛。绝对不要去翻看她的信件！

判定的暂停，是共同策略和相互性的一部分：不要试图去看什么，也不要被人看见。这样，男人和女人就能一起维护着维纳斯的欢愉。这是一个美好的蓝图：现实、机灵、嘲讽。很显然，也非常困难。借着爱的艺术，美狄亚就消失了。然而，美狄亚一直都存在。她是没有羞耻的嫉妒的图标，要求我们尊重爱情。

结论

说出不可言说的

Médée, c'est moi !

嫉妒是正常的。不是因为我们变成了普通意义下的坏人，嫉妒才成了正常；而是因为让我们成为对象的爱情和欲望，把我们与别人区分开来，看中我们，抬高我们。爱情使我们个体化。更进一步说，我们欲望的对象是他者的欲望。爱情需要相互性。因为情欲经验与傲慢、彻底地占为己有完全相反，这经验让我们不断地处于混乱之中，嫉妒事实上与我们所认为的，也就是传统反复指责的激情完全相反。

嫉妒是现实主义的。在指责它是想象出来的痛苦、甚至是幻觉之前，我们最好认真倾听如此强烈的情感，它通常是有根有据的，有时还是创伤性的。把嫉妒等同于想象出了问题的疾病，似乎可以让我们忽略四处流窜的未明确指向特定对象的欲望，剪断爱神的翅膀，或用最通俗的说法来说，就是让我们无视一夫一妻制下的夫妻遇到的困难；也导致我们误解那些虚构的作品：它们描绘偶遇，最初相遇时对方魅力四射、有着彼此吸引的欢愉，而结局通常都那么令人心碎——那个人成了他人的愉悦。

嫉妒是有益的。恰恰是压抑把嫉妒演变成病理症状。一旦我们承认爱情中脆弱的独一性，我们就可以说：我（男人或女人）嫉妒了，因为这个人对我而言意味着唯一的存在，虽然我不是很清楚为什么。说出来，而不是保持沉默；承认，而不是否认。这样，我们就拒绝了羞辱的恐吓，得到情绪净化的启示。这是一种方式，让我们不在欲望上让步，并让对方明白，哪个事件如此有效且颠覆性地让我们万般痛苦。

嫉妒是诚实的。容许自己没有任何伪装地承受嫉妒的痛苦，是需要勇气和谦卑的行为。我们无须假装如此淡漠，仿佛他者的爱情根本算不得什么；无须假装如此无动于衷，仿佛失去爱情根本不影响我们；无须假装如此无懈可击，仿佛被抛弃只让我们变得冷静。我们有力量击退否认，拒绝虚荣心的要挟，挑战荒谬。我们用卑微的尊严接受负面的事。这个人的爱情对我如此重要，当它消逝时，我只会觉得非常受伤。

嫉妒是痛苦的。它不是自尊心、虚荣心、自恋，抑或相反，是缺乏安全感和自我肯定的表现；把正常的嫉妒看作是现实主义的、有益的、诚实的，这样的视角可以帮助我们首先注意到它带来的痛苦。这样，对嫉妒的训诫和讽刺就大错特错了。责备嫉妒，首先是非常残酷的。我们会问为什么，毫无疑问是因为我们承受了非常大的痛苦，需要用压抑来自我保护。而当压抑成为现有文化的正常状态：人们不停地重复必须治疗、排解这种恶劣的激情，必须把它连根拔起，这样我们其实是加倍地被鼓励压抑所真正影响我们的因素。为什么关于爱情和婚姻的思想会产生麻痹嫉妒的命令？答案很简单，因为在现今这个痴迷于自我肯定的世界中，我们害怕自己的脆弱暴露在别人面前。而我，我选择回顾历史。

这本书描绘的历史卷轴，把我们从美狄亚的悲剧带向奥维德的爱的艺术。情欲的愤怒具有悲剧性、充满英雄色彩，但也带来无限的痛苦。古时的嫉妒在爱情导师的哲学诗中，被赋予智性、清晰的角色，并补充了两个真理来持守：不忠是一种快乐；嫉妒则是“病变”。如普鲁斯特、弗洛伊德、司汤达一样，奥维德理解嫉妒，就像卢梭和狄德罗笔下的人物那样，他并不认同嫉妒是最血腥、最粗俗的情绪。他并没有用蜜糖裹住爱情的两面性——爱情与嫉妒共存，无须用美好的借口掩饰。

这是对相互性的不忠进行残忍的嘲讽啊！我越明白情欲的自由带来的感觉、感受，就越容易猜到对方，我的他者，所体会到的一切。我越知道如何撒谎、如何在模糊的情况下游刃有余，我就越担心自己的恋人会做同样的事。尤其是我越沉醉于快乐和欲望的多边关系，我就越发品尝到新奇感、心不在焉、兴奋、计谋、恭维——简而言之就是成功，也就越容易把所有这些归因于我所爱的人，不是我的错，至于我，我想要的，就是唯独我一人成为这个人所爱的对象。爱情也总是虚荣心的爱情。爱情这种激情比所有其他激情更加苛刻：因为我恋爱了，他者的眼神、他特殊的喜好就显得更加珍贵和重要。

我们也需要用同样的真诚来认识嫉妒，我们需要承认最明显也最残忍的真相：出轨的感觉很好。在一段稳定恋情之外同时拥有别的性关系，或一段新的恋情接替了现有的爱情或长期的婚姻关系，这让你觉得自己变年轻了，拥有重新开始的能量，证明你还可以让人喜欢，那也是一种幸福。这双眼睛的颜色不同，他用不一样的方式仰慕你；有时他用另外的语言、另外的口音，开完全不一样的玩笑；那些与你配偶完全相反的小习惯，开着窗户睡觉、早起、喜欢煮泰餐而不是法餐……多么快乐啊！然后，当然还有性爱的方式。所有一切都更加有趣，即使你不喜欢的部分也让你觉得有趣。

还有最现实的理由：身体。对大部分找年轻女孩做情妇的男人而言，一个客观上更结实、更强壮、线条更优美的身体当然更有吸引力。而与更年轻的男人做爱的女人，寻找的是皮肤紧致、肌肉明显、阴茎勃起得更硬动得更快的身体。一个陌生的身体，没有意外的残疾、没有疾病或怀孕的印记。一个“当下”的身体，我们没看过它变胖或瘦、脱过毛、按摩过、涂过乳液或敷过面膜。一个没有过去的身体。在出轨的经历里，我们要的不就是这些吗？没有过去。作为年轻人，那是全新的存在，无人能与之相比；不会无意中发现你和妻子在打电话（你出于一些考量，还没有和妻子分手)，所有一切都是新的。他们所做的，终究就只是制造麻烦或历史，只要你没发现这一点，那么你在每个向度上看起来，都是大赢家。

不忠是引起正常嫉妒的原因，我想强调的是正常的嫉妒。而忠诚，它身在何处？在情欲上的忠诚，有时是自己选择的，有时是强逼自己这样做，它是我们送给所爱之人的礼物。我们可以说出很多需要忠诚的理由，其中最不自以为是的就是：我们想到了关系破裂、出轨或一场冒险，若这个人知道了，会给他带来什么后果。不同于定言命令或宗教性的服从，快乐和不悦的思想提供了假设的指南针：如果他知道了，这会让他痛苦。而事情暴露时常比我们想象的更容易发生。尽管，通过奥维德所说的爱的艺术，可以避免悲剧的发生。

这种艺术坚决而彻底地反对透明化的仪式和证明爱情存在的观点。所以，我前面花了很长时间研究西蒙娜·波伏娃，她创立的女权主义理论至今仍枝繁叶茂，尤其在美国。此思想建立在人与物的对立之上，阐述了性行为如何把人当作物来处理。伊曼努尔·康德是该观点的理论创立者，波伏娃跟随他的脚步，与萨特的观点相左。女人是物件/肉体/身体，也是私有财产。据为己有是可耻的，由于对嫉妒的谴责必须以此为前提，所以我重新构建了这一理念的变迁。

不是让自己成为对象—物件，而是“……的对象”，即欲望的对象、关注的对象、欣赏的对象，这一姿态有其固有价值，今天则有作为范例的价值。我们知道索取、唤醒、保持对象的欲望，就是和谐地活出我们自己的欲望。从一开始我们就知道，我们不是处于征途之中，至少，不是要把对象据为己有，我们只是诱惑人。那当我去引诱的时候，我要做什么呢？我不攻击、不勾引、不强暴。我让自己变得可爱。如果对方并没有爱上我的意愿，那么他有说出来的主动权。说出人们对我没有欲望，意思就是人们不要我的欲望；而欲望的目的无非就是让对象对我产生欲望。我准备好接受他人的欲望，而他人也在做同样的事。让我自己成为对象，意味着去见他，而且坦诚说：我这样做，并非因为是无私、狂热、慈善的利他主义者；我只是清楚知道我们两个是自恋的人，有享乐的欲望，是性的存在、有说服力的存在，我们因成为对象而欢喜，或许还能成为彼此的对象呢。

如果我们要玩语言游戏，就会说我进入的关系不是互为主体而是互为客体。如果我自吹自擂，努力让人高兴并让自己变得可爱，就是为了让自己被人渴望。我为了获得他者的欲望，把自己放在他的轨道中，这样更加稳固了我的主体性。

在习惯于藐视魅力、奉承、调情的情爱文化中，前面这些内容听起来会很离谱。人们可能谴责我把暴力（去个体化、去人性化、物化）归咎于“对象—物件”，而这暴力的对象被迫成为物质、无辜的受害者。在一个诱惑的文化中，一切正相反。我的意图、策略，甚至作弊的手段，我都不需要以此为耻。有未明确特定对象的欲望，我以此为乐；有爱情，我就做爱。这样，我是在玩歇斯底里症的游戏吗？事实上，这种病确信自己对对象的幻想。是的，当然是！我还赋予这行为以审美的氛围，同时完全负起我自己欲望的责任。我抹上了口红，我是个成人了。

在上述意义下思考过，实际的性，远比充满康德禁令的思想要谦逊得多。主体式的言辞带来傲慢，比如我和你。而承认担心"失去平衡"地成为对象，通过一个手势、一个姿势、一种香水、一个有趣的故事，在所有对象中成为其中一个的对象；这样的承认很谦逊、很嘲讽，也很真实。文学、电影和精神分析，就是这样进行的，这些体裁长期以来都想让我们明白这一点：我通过把我自己的欲望给对象，渴望着这个人。换言之，我的欲望是一份礼物。这是一种希望获得感激的抗争，因为我以赠予而非要求开始我们的关系。我赠予我的欲望，它很脆弱，但那是我的。这是情欲的伦理学。

在这伦理学中，不是女人需要学习让自己成为主体，因为她本身就很清楚地知道如何成为主体，而且一直以来都是以主体自居；而是异性恋的男人（或简单地说，爱上女人的男人）需要学习如何让自己成为对象——欲望的对象、对象的缘由；是阴茎崇拜的男性需要学习发现自己是阴茎的持有者、不让自己被身体的转化毒化、培养接受苍老的现实——就像女人所做的那样，她们一直以来都这样做。是男人需要学习在女性的眼睛里看见自己，取悦她们，采取主动姿态；以她们为榜样，包括在嫉妒这件事上。因为我们情欲的愤怒逃避一切物的比喻。它表达的恰恰相反，是爱情的智慧。女人们是典范。

当然，这样的伦理假定快乐不是罪。快乐是好的享受。钦佩卢克莱修的康德，排斥这样的欢愉。而今天在西方国家，女人们活在人权、民法、可选择的道德、真实的身体和全新的兼容并蓄中，她们知道欢愉的许多形式——权利、生活方式、生理感受的欢愉，这些对她们来说是最珍贵的财产。欢愉站在我们这一边。这种女权主义观点，比痛斥客体化的女权主义更具现实意义。本着这样的精神，重新给爱情中的嫉妒赋予价值才有意义。

女人们随时准备着，说出不可言明的一切。

拉罗什富科的同代人，安托万·德·库尔坦（Antoine de Courtin），就是《论嫉妒》的作者，他很清楚地知道：女人抗议丈夫的不忠，是因为她们自认为与丈夫平等。她们要求相互性。这在库尔坦看来，这是荒谬的诡辩术。他认为女性低男性一等，必须学习顺从。当她们看见配偶“放弃秩序”时，他们有权利给予好的建议，但需要用温和的态度。绝不可以用指责或“苦涩的言语”[1]。“谁能描述一个喋喋不休、乱喊乱叫、专横、爱争吵、爱辱骂、爱生气、狡猾、固执、忧伤、难相处的

1 A. de Courtin (1682), *Traité de la jalousie ou Des moyens d'entretenir la paix dans le mariage*, Pierre Mortier, 1696, p. 123–124.

女人带来的不悦、恶心、厌烦、可怕呢？她们不正是嫉妒所生的怪物吗？”[1]那些被嫉妒折磨的人“耻于说出来”，库尔坦重复道。[2]

“喋喋不休的女人”无视这些嘲笑，以享受肉欲为豪。[3]她一笑置之。

1 A. de Courtin (1682), *Traité de la jalousie ou Des moyens d'entretenir la paix dans le mariage*, p. 128.

2 Ibid., p. V.

3 Ibid., p. 55

致 谢

感谢许多优秀的学者在多次学术研讨会上帮助我更好地理解文本，提出更精确的论点。尤其感谢：Sylviane Agacinski, Ann Bergren, Philipp Blom, Sanja Bojanic, Romain Brethes, Veronica Buckley, Shadi Bartsch–Zimmer, Sandra Boehringer, Shane Butler, Barbara Cassin, Leslie Dean–Jones, Maria–Pia Di Bella, Joshua Dienstag, Jacqueline Fabre–Serris, Roberto Farneti, Michel Henaff, Thomas Hubbard, Brooke Holmes, Françoise Gorog, Carlos Lévy, John McCumber, Claudia Moatti, Ramona Nadaff, Gloria Origgi, Mariella Pandolfi, Yoav Rinon, Peter Stacey, Davide Susanetti, Ramie Targoff, Cristina Viano, Froma Zeitlin。

借此机会缅怀 Nicole Loraux 和 Victor Wolfenstein。

我深深感谢 Odile Jacob 出版社对这本书的出版给予了极大的支持和信任。

Marie-Lorraine Colas在本书的编辑上给出了专业的意见和建议，这些弥足珍贵，我心存感激。